王珊珊　王爱伟 / 著

碳中和之路

THE ROAD
TO CARBON NEUTRALITY

U0384514

中国环境出版集团·北京

图书在版编目（CIP）数据

碳中和之路 / 王珊珊，王爱伟著 . —北京：中国环境出版
集团，2023.4
　ISBN 978-7-5111-5505-4

　Ⅰ.①碳…　Ⅱ.①王…②王…　Ⅲ.①二氧化碳—节能
减排—研究—中国　Ⅳ.①X511

　中国国家版本馆 CIP 数据核字（2023）第 077039 号

出 版 人　武德凯
责任编辑　田　怡
封面设计　彭　杉

出版发行　中国环境出版集团
　　　　　（100062　北京市东城区广渠门内大街 16 号）
　　　　　网　　址：http：//www.cesp.com.cn.
　　　　　电子邮箱：bjgl@cesp.com.cn.
　　　　　联系电话：010-67112765（编辑管理部）
　　　　　发行热线：010-67125803，010-67113405（传真）
印　　刷　玖龙（天津）印刷有限公司
经　　销　各地新华书店
版　　次　2023 年 4 月第 1 版
印　　次　2023 年 4 月第 1 次印刷
开　　本　787×1092　1/16
印　　张　13
字　　数　268 千字
定　　价　60.00 元

序言
PREFACE

近来，因人类活动过多排放温室气体而导致的以全球变暖为主要形式的气候变化，已经对我国的自然环境和生态系统产生了深远的影响。碳中和对于应对气候变化、促进资源循环利用、推动经济发展模式转型以及推进生态文明建设等具有重大的意义。中国在碳中和过程中面临减排时间紧迫、产业结构升级难度大以及能源结构转型困难等诸多挑战。我国的碳中和目标既体现了我国主动承担应对气候变化的国际责任和推动构建人类命运共同体的责任担当，也是我国转变经济发展模式、推动低碳减排技术发展和产业升级革新的重大机遇。

本书对碳中和的发展、内涵、机理、意义等各方面进行了较为系统的分析，对以往研究中较为模糊甚至是错误的概念进行精确定义，形成对碳中和及相关概念的系统性的完整综述。同时对中国碳中和的实际操作进行了细致的描述和分析，对中国能源结构、产业结构以及相关政策进行了详细介绍，并对中国碳中和行动的各方面的优势和困难进行深入剖析，在此基础上分别在政府、企业以及个人层面针对如何实现碳中和目标提出了一系列切实可行的建议。本书不仅包含了对能源和技术方面的分析，还将碳金融等投资工具纳入碳中和实现路径的研究，创新性地将国际最新流行的 ESG 投资理念融入碳中和的体系。目前，国外资本市场已将气候变化广泛纳入 ESG 投资范畴，中国企业也正在积极践行 ESG 投资，让 ESG 理念成为未来实现碳中和目标的重要推动力量之一。本书可作为碳中和学习和研究的一个重要工具。

目 录
CONTENTS

1 碳中和的基本概念 ……………………………………………………… 1

  1.1 碳中和提出的背景以及基本定义 ……………………………………… 3
    1.1.1 碳排放和气候变化 ………………………………………………… 3
    1.1.2 碳中和的定义和内涵 ……………………………………………… 4
    1.1.3 与碳中和相关的国际气候谈判 …………………………………… 5
    1.1.4 为什么要实现碳中和 ……………………………………………… 8
  1.2 影响碳中和的主要因素 ………………………………………………… 9
    1.2.1 能源结构、能源效率及产业结构 ………………………………… 9
    1.2.2 减排新技术因素 …………………………………………………… 10
    1.2.3 政策和市场因素 …………………………………………………… 10
  1.3 碳中和的重大意义 ……………………………………………………… 11
    1.3.1 应对气候变化 ……………………………………………………… 11
    1.3.2 促进资源循环节约 ………………………………………………… 12
    1.3.3 推动经济发展模式转型 …………………………………………… 12
    1.3.4 推进生态文明建设 ………………………………………………… 12
  1.4 中国实现碳中和所面临的挑战 ………………………………………… 13
    1.4.1 碳减排时间紧迫 …………………………………………………… 14
    1.4.2 产业结构升级转型难度大 ………………………………………… 14
    1.4.3 能源结构转型挑战多 ……………………………………………… 15

2 碳中和的基本思路及实现路径 …………………………………………… 17

  2.1 碳排放影响因素及碳减排机理 ………………………………………… 19

2.1.1 碳排放影响因素 ·· 19

2.1.2 我国碳减排机理 ·· 20

2.2 碳中和的目标和原则 ·· 20

2.2.1 全球碳中和整体目标 ·· 20

2.2.2 中国碳中和目标 ·· 26

2.2.3 碳中和的基本原则 ·· 27

2.3 碳中和实现路径 ·· 29

2.3.1 实现碳中和的基本路径 ·· 29

2.3.2 行业实现碳中和路径 ·· 30

2.3.3 个人参与碳中和路径 ·· 38

2.4 碳中和重点方向 ·· 41

2.4.1 清洁能源的发展 ·· 41

2.4.2 传统化石能源转型 ·· 43

2.4.3 能源消费全面实现电能替代 ···································· 43

2.4.4 产业结构调整和优化 ·· 44

2.5 碳中和关键技术 ·· 45

2.5.1 清洁发电技术 ·· 45

2.5.2 碳捕集、利用与封存技术 ······································ 51

2.5.3 负排放技术 ·· 52

2.5.4 先进输电技术 ·· 55

2.5.5 大规模储能技术 ·· 55

3 碳金融 ·· 59

3.1 碳金融的产生背景及相关理论 ···································· 61

3.1.1 碳金融的产生背景 ·· 61

3.1.2 碳金融的相关概念 ·· 63

3.1.3 碳交易的理论基础 ·· 74

3.2 主要碳金融产品 ·· 78

3.2.1 碳资产 ·· 79

3.2.2 碳金融产品 ·· 86

3.3 碳交易价格及影响因素分析 ······································ 88

3.3.1 供给因素 ·· 88

3.3.2 需求因素 ·· 89

　　　3.3.3　政策因素 ································· 91

　　　3.3.4　国际环境 ································· 92

　　3.4　中国碳交易市场发展历程及现状 ················· 92

　　　3.4.1　中国碳交易市场发展历程 ················· 92

　　　3.4.2　中国碳交易市场发展现状 ················· 95

　　3.5　碳金融的重要意义及面临问题 ··················· 97

　　　3.5.1　碳金融的重要意义 ····················· 97

　　　3.5.2　碳金融面临的问题及建议 ················· 98

4　ESG 与碳中和 ······································ 101

　　4.1　ESG 概述 ·································· 103

　　　4.1.1　ESG 的起源和发展 ····················· 103

　　　4.1.2　ESG 相关的基本概念和理论 ··············· 107

　　　4.1.3　中国 ESG 发展现状及相关建议 ············· 117

　　4.2　ESG 评级体系 ····························· 122

　　　4.2.1　ESG 评级体系简介 ····················· 122

　　　4.2.2　国内外知名评级机构 ···················· 123

　　　4.2.3　ESG 评级基本流程 ····················· 133

　　4.3　碳中和背景下的 ESG ························· 136

　　　4.3.1　ESG 是实现碳中和的重要抓手 ············· 137

　　　4.3.2　碳中和背景下的 ESG 投资 ················ 137

　　　4.3.3　ESG 推动碳中和的相关建议 ··············· 139

5　个人如何参与碳中和 ······························ 141

　　5.1　生活参与减碳活动 ························· 143

　　　5.1.1　生活及消费方式 ······················· 143

　　　5.1.2　移动支付 ···························· 146

　　5.2　从业参与减碳活动 ························· 150

　　　5.2.1　碳中和专业技术人员 ···················· 150

　　　5.2.2　碳中和创业者 ························· 153

　　　5.2.3　个人碳中和交易 ······················· 156

　　5.3　碳中和服务与实践 ························· 157

　　　5.3.1　碳中和推广及教育培训 ·················· 157

    5.3.2 新能源运营维护和回收 ……………………………………… 158

    5.3.3 科技企业引领的相关实践 ……………………………………… 162

6 碳中和综合效益和发展前景 ……………………………………… 169

  6.1 碳中和综合效益 ……………………………………………………… 171

    6.1.1 生态环境效益 ………………………………………………… 171

    6.1.2 经济效益 ……………………………………………………… 173

    6.1.3 社会效益 ……………………………………………………… 178

    6.1.4 国家利益 ……………………………………………………… 181

  6.2 碳中和发展前景 ……………………………………………………… 185

    6.2.1 生态环境层面 ………………………………………………… 185

    6.2.2 经济层面 ……………………………………………………… 185

    6.2.3 产业层面 ……………………………………………………… 186

    6.2.4 能源层面 ……………………………………………………… 186

    6.2.5 金融层面 ……………………………………………………… 188

    6.2.6 社会层面 ……………………………………………………… 188

参考文献 ………………………………………………………………… 191

致　谢 …………………………………………………………………… 199

1

碳中和的基本概念

1.1 碳中和提出的背景以及基本定义

1.1.1 碳排放和气候变化

碳排放（Carbon Emission）是温室气体排放的总称。温室气体（Greenhouse Gas，GHG）是指任何会吸收和释放红外线辐射并存在于大气中的气体。《京都议定书》规定控制的 6 种温室气体为二氧化碳（CO_2）、氧化亚氮（N_2O）、甲烷（CH_4）、氢氟碳化合物（HFCs）、全氟碳化合物（PFCs）、六氟化硫（SF_6）。温室气体会产生温室效应，Wood 于 1909 年第一次提出温室效应的概念（Manabe，1997）。太阳短波辐射会通过大气到达地面令地表受热后向外放出大量长波热辐射线，但是因为二氧化碳等温室气体的存在，这些长波热辐射线被大气吸收，这样就使地表与低层大气温度升高，这被称为"温室效应"。

温室气体中占比最大的为二氧化碳，其排放量要大于其他温室气体排放量之和，并且二氧化碳所造成的温室效应最为显著，所以碳排放一般指二氧化碳的排放。如果要把其他温室气体纳入其中，一般会将其他温室气体的排放量在乘以其相应的温室效应值（GWP）之后换算为等效的二氧化碳排放量。人类进入工业文明之后，煤炭、石油等化石燃料的大量燃烧导致二氧化碳的排放量急剧增加，这造成大气中的二氧化碳浓度升高，其温室效应导致了全球气温的上升，众多科学家及相关实验都验证了温室效应的存在性（高学杰等，2001；邓祥征等，2021）。

近一个世纪以来，全球气候出现了以全球变暖为主的系统性变化。政府间气候变化专门委员会（IPCC）到目前为止共发表了 6 份关于全球气候变化的评估报告，这些报告基于观测事实，确认了全球正在不断升温的趋势，并指出这是人类活动所排放的温室气体在大气中不断累积的结果。2019 年地球大气中的二氧化碳、氧化亚氮和甲烷的平均浓度分别约为 410.5 ppm[①]、332 ppm 和 1 877 ppm，为过去数十万年以来的最高水平，温室气体浓度的升高是全球气候变化最主要的影响因素（世界气象组织，2020）。2020 年全球气候变暖的情况进一步加剧，全球平均气温较工业化之前的温度高出约 1.2℃，并且 2020 年全球冬季温度年际增量出现较大正值，结合温室气体、海冰和海表温度距平信号，预测未来 20 年全球变暖将持续（中国气象局，2021）。

气候变化对所有大陆和海洋的生态系统以及人类社会产生了影响。气温上升的主要危害包括海平面上升、沿海地区遭受高潮危害、城市因洪水受灾、极端天气危害基础设施、城市酷暑导致死亡和疾病、干旱和降水量的变化导致食物不足等。同时，

---

① ppm=mg/L。

气候变暖会使贫困和经济危机等的概率增加，导致发生内战和暴力活动的风险上升。因人类活动过多排放的温室气体而导致的以全球变暖为主要形式的气候变化，是全人类目前面临的最大生态威胁。

中国是受全球气候变化影响较为显著的国家，在全球变暖的大背景下，近 100 年来中国的气温也呈现了明显上升的趋势，上升速率约为每百年 1.56℃，这明显高于每百年 1.00℃的世界平均水平（中国气象局，2020）。全球变暖已经对我国的自然环境和生态系统产生了深远的影响。2021 年举行的第一次全国自然灾害综合风险普查情况发布会报告，中国是世界上受气象灾害影响最严重的国家之一，气象灾害的种类多、影响范围广、发生频率高，例如，百年一遇的暴雨导致的洪灾、极端高温事件、干旱、台风等发生的次数均有增加，所造成的损失占到了自然灾害损失的 70% 以上。特别是在全球变暖的背景下，气象灾害所造成的损失更大，造成的影响也更大，这将给我国的可持续发展带来重大的挑战。

气候变化的影响是不分国界的，虽然世界各国处在不同的发展阶段，国情差异较大，社会经济政治条件也各不相同，但是气候变化的问题已经是全人类共同面临的难题，需要世界各国积极行动起来，通力协作实现全球性的碳减排，才能对目前全球气候不断恶化的情况进行有效控制。

1.1.2　碳中和的定义和内涵

面对全球变暖的严峻形势，"碳中和"一词逐渐进入大众的视野。碳中和即二氧化碳净零排放，指的是企业、团体或个人测算在一定时间内直接或间接产生的温室气体排放总量，并通过植树造林、节能减排等形式，抵消自身产生的二氧化碳排放量以达到全球平衡。Bento 等认为碳中和活动是一种降低二氧化碳排放量，保护地球生态环境的环保行为。

地球的生态环境是全人类赖以生存的基础，由碳循环失衡导致的全球气候变化极大地威胁着全人类的生存和发展。整个地球系统中的碳通过海洋—陆地—大气的相互作用与物理、化学和生物过程中的不断交换，形成了地球的碳循环。碳源（Carbon Source）是指向大气中释放二氧化碳的母体。碳汇（Carbon Sink）是与碳源相对的概念，是指自然界中碳的沉积，主要表现为陆地与海洋等吸收并储存二氧化碳的生态系统，以及这个系统吸收并储存二氧化碳的过程与能力。地球上的碳元素主要存在于陆地、海洋以及大气中，在没有人类过度影响的情况下，总体上碳源释放的碳和碳汇吸收的碳基本是平衡的。

但是，工业革命以来人类消耗了大量的化石燃料，向大气中排放了总量巨大的二氧化碳，同时在开垦土地以及城市化的进程中破坏了大量的植被，降低了自然环境吸收二氧化碳的能力。人类活动的碳排放使得碳的排放量要远大于吸收量，破坏了地球原本碳循环的平衡。目前，全球每年排放的二氧化碳大约是 400 亿 t，其中 14% 来自土地利用，86% 来自化石燃料利用。排放出来的这些二氧化碳，大约 46% 留在大气，23% 被海洋吸收，31% 被陆地吸收（丁仲礼，2021）。这些停留在大气中的碳排放就是造成气候变化的"罪魁祸首"。碳中和的本质就是降低人类活动对地球整个系统的影响，让人类活动不再产生多余的碳排放，实现人与环境和谐共生。碳中和是全世界共同应对气候变化威胁，实现可持续发展的共识，将深刻改变人类和生态环境的关系，是涉及经济、社会、政治等各方面的一场全面的系统性变革。

要实现碳中和，首先要实现碳达峰。碳达峰是指在某一个时间点，二氧化碳的排放不再增长并达到峰值，之后逐步回落，是二氧化碳排放量由增转降的拐点。一般认为，碳排放在某年达到峰值之后的至少 5 年都没有出现排放大于峰值年的年份，则认为是达峰年。目前，一些发达国家已经实现了碳达峰，其碳排放已经开始逐步下降。但大多数国家的碳排放仍在持续、快速增长，我国目前的碳排放增速虽然已经逐步放缓，但总体还是呈现上升趋势，还未实现碳达峰。

2020 年 9 月，国家主席习近平在第七十五届联合国大会一般性辩论上发表重要讲话时指出，中国将提高国家自主贡献力度，采取更加有力的政策和措施，二氧化碳排放力争于 2030 年前达到峰值，努力争取 2060 年前实现碳中和。这既是我国可持续发展的内在要求，也是我国主动承担应对气候变化的国际责任、推动构建人类命运共同体的责任担当。

1.1.3 与碳中和相关的国际气候谈判

气候变化是一个全球性的问题，地球大气资源是全球共有的，气候变化的影响是全球性的，在全球性的合作框架下解决气候危机已经刻不容缓。1988 年，IPCC 宣告成立，它是世界气象组织（WMO）和联合国环境规划署（UNEP）下属的一个机构，专责评估人类活动引致气候变化所带来的风险。IPCC 的主要工作是定期编写评估报告，其中：1990 年发表的第一份评估报告对《联合国气候变化框架公约》的确立发挥了决定性的作用。1995 年发表的第二份报告为《京都议定书》的谈判提供了重要参考资料。2001 年发表的第三份评估报告和多份特别报告为《联合国气候变化框架公约》及《京都议定书》的发展提供了相关依据。2007 年发表的第四份评估报告确认全球气候变暖是毋庸置疑的。2013 年发表的第五份评估报告除重申第四份报告的结论外，更指出人类的影响极有可能是自 20 世纪中期以来所观测到的全球气候变暖之主要原因。2023 年发表的第六份评估报告表示，全球可能会在未来 20 年内超过危险的升温阈值。

1992 年 5 月 9 日，联合国大会通过了《联合国气候变化框架公约》（United Nations Framework Convention on Climate Change，UNFCCC，以下简称《公约》），中国是缔

约国之一。《公约》是世界上第一个应对全球气候变暖的国际公约，也是国际社会在应对全球气候变化问题上进行合作的一个基本框架。以后历年召开的气候变化大会谈论的气候问题，都是以《公约》为基础的，而且该公约具有法律效力。1994 年 3 月 21 日，《公约》正式生效。自 1992 年《公约》诞生以来，各国围绕应对气候变化进行了长达 20 多年的一系列谈判，气候变化已经从单纯的科学问题转变为错综复杂的涉及人类命运和发展的政治问题。

《公约》的主要目标是控制大气温室气体浓度升高，防止由此导致的对自然和人类生态系统的不利影响。《公约》还根据大气中温室气体浓度升高主要是发达国家早先排放的结果这一事实，明确规定了发达国家和发展中国家之间负有"共同但有区别的责任"，即各缔约方都有义务采取行动应对气候变暖，但发达国家对此负有历史和现实责任，应承担更多义务；而发展中国家的首要任务是发展经济、消除贫困。

1995 年以来，每年在全球不同国家轮换举行一次缔约方会议，即联合国气候变化大会（Conference of Parties to the United Nations Framework Convention on Climate Change，UNFCCC–COP）共同研究减缓气候变化的举措。缔约国大会也是各国围绕发展与责任开展博弈的阵地。依据年代次序，本节列出了以下较为重要的缔约方会议及其相关成果和意义（图 1.1）。

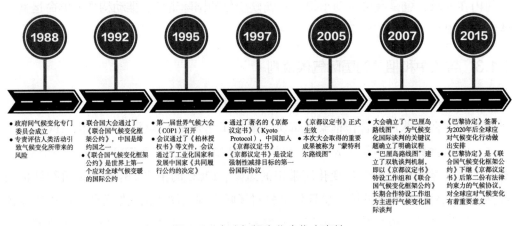

1988	1992	1995	1997	2005	2007	2015
• 政府间气候变化专门委员会成立 • 专责评估人类活动引致气候变化所带来的风险	• 联合国大会通过了《联合国气候变化框架公约》，中国是缔约国之一 • 《联合国气候变化框架公约》是世界上第一个应对全球气候变暖的国际公约	• 第一届世界气候大会（COP1）召开 • 会议通过了《柏林授权书》等文件，会议通过了工业化国家和发展中国家《共同履行公约的决定》	• 通过了著名的《京都议定书》（Kyoto Protocol），中国加入《京都议定书》 • 《京都议定书》是设定强制性减排目标的第一份国际协议	• 《京都议定书》正式生效 • 本次大会取得的重要成果被称为"蒙特利尔路线图"	• 大会确立了"巴厘岛路线图"，为气候变化国际谈判的关键议题确立了明确议程 • "巴厘岛路线图"建立了双轨谈判机制，即以《京都议定书》特设工作组和《联合国气候变化框架公约》长期合作特设工作组为主进行气候变化国际谈判	• 《巴黎协定》签署，为2020年后全球应对气候变化行动做出安排 • 《巴黎协定》是《联合国气候变化框架公约》下继《京都议定书》后第二份有法律约束力的气候协议，对全球应对气候变化有着重要意义

图 1.1　全球气候变化合作大事件

1995 年 3 月底至 4 月初，在德国柏林举行的《公约》第 1 次缔约方会议，简称"柏林气候会议"，是第一届世界气候大会。会议通过了《柏林授权书》等文件，同意立即开始谈判，就 2000 年后应该采取何种适当的行动来保护气候进行磋商，以期最迟于 1997 年签订一项议定书，议定书应明确规定在一定期限内发达国家所应限制和减少的温室气体排放量。会议通过了工业化国家和发展中国家《共同履行公约的决定》，要求工业化国家和发展中国家"尽可能开展最广泛的合作"，以减少全球温室气体排放量。

《公约》虽确定了控制温室气体排放的目标，但没有确定发达国家温室气体量化减排指标。1997年12月，在日本东京召开《联合国气候变化框架公约》第3次缔约方大会，简称"（日本）京都气候会议"。会上通过了具有法律约束力的《京都议定书》（Kyoto Protocol），限制发达国家温室气体排放量，以此应对全球气候变化，中国加入《京都议定书》，该协议于2005年2月16日正式在全球范围内实行。《京都议定书》是《联合国气候变化框架公约》的补充条款，其目标是"将大气中的温室气体含量稳定在一个适当的水平，进而防止剧烈的气候改变对人类造成伤害"。它对2012年前主要发达国家减排温室气体的种类，减排时间表和额度等作出了具体规定，也是设定强制性减排目标的第一份国际协议。

2005年11月，在加拿大蒙特利尔举行第11次缔约方会议暨《京都议定书》第1次缔约方会议（CMP1），通过了双轨路线的"蒙特利尔路线图"，即在《京都议定书》框架下，157个缔约方将启动《京都议定书》2012年后发达国家温室气体减排责任谈判进程；在《公约》基础上，189个缔约方也同时就探讨控制全球变暖的长期战略展开对话，以确定应对气候变化所必须采取的行动（此举主要是为了使美国不至于脱离全球控制气候变化的行动进程）。会议达成了40多项重要决定，其中包括启动《京都议定书》新一轮第二阶段温室气体减排谈判。

在发展中国家与发达国家积极展开议定书二期减排谈判的同时，发达国家则积极推动发展中国家参与2012年后的减排。2007年12月，在印度尼西亚旅游胜地巴厘岛举行了《公约》第13次缔约方会议暨《京都议定书》第3次缔约方会议（CMP3）。会议着重讨论《京都议定书》一期承诺在2012年到期后如何进一步降低温室气体的排放，致力于在2009年年底前完成"后京都"时期全球应对气候变化新安排的谈判并签署协议。经过艰难谈判，会议最终通过了"巴厘岛路线图"，建立了双轨谈判机制，即以《京都议定书》特设工作组和《联合国气候变化框架公约》长期合作特设工作组为主进行气候变化国际谈判。按照"双轨制"要求，一方面，签署《京都议定书》的发达国家要执行其规定，承诺2012年以后的大幅度量化减排指标；另一方面，发展中国家和未签署《京都议定书》的发达国家则要在《公约》下采取进一步应对气候变化的措施。各方同意所有发达国家（包括美国）和所有发展中国家应当根据《公约》的规定，共同开展长期合作，应对气候变化，重点就减缓、适应、资金、技术转让等主要方面进行谈判，在2009年年底达成一揽子协议，并就此建立了《联合国气候变化框架公约》长期合作行动谈判工作组。自此，气候谈判进入了议定书二期减排谈判和《公约》长期合作行动谈判并行的"双轨制"阶段。

根据"巴厘岛路线图"缔约方大会应该在2009年结束谈判，但当年的《哥本哈根协议》未被通过，而是在次年的坎昆大会上，《哥本哈根协议》的主要共识被写入2010年通过的《坎昆协议》。其后两年，逐步明确了各方的减排任务和行动目标，从而确立了 2012 年之后的国际气候制度。

2015 年 12 月，联合国 195 个成员国在法国巴黎举行《公约》第 21 次缔约方会议，为 2020 年后全球应对气候变化行动做出安排。巴黎世界气候大会通过了著名的《巴黎协定》——各方将加强对气候变化威胁的全球应对，到 21 世纪末把全球平均气温升幅较工业革命前的水平控制在 2℃ 之内，并为把温升控制在 1.5℃ 之内而努力。《巴黎协定》是《公约》下继《京都议定书》后第二份有法律约束力的气候协议，对全球应对气候变化有着重要意义。要实现《巴黎协定》的目标，全球温室气体排放需要在 2030 年之前减少一半，在 2050 年前后达到净零排放，即碳中和。为此，很多国家、城市和国际大企业作出了碳中和承诺并展开行动，全球应对气候变化行动取得积极进展。国际社会普遍认为《巴黎协定》是一个全面平衡、持久有效、具有法律约束力的国际气候变化协议，传递了全球向绿色低碳转型的积极信号，为 2020 年之后全球合作应对气候变化指明了方向和目标。

从全球视角来看，2020 年可以被称为"碳中和元年"，世界各国纷纷提出了自己的碳中和目标，全球开启了迈向碳中和之路的国际进程，对未来全球经济和国际秩序有着极为深远的影响。

1.1.4 为什么要实现碳中和

当前全球变暖的主要原因是人类活动向大气中排放了过多的以二氧化碳为主的温室气体。如果不对碳排放加以控制，未来全球变暖的趋势将会进一步加剧，全球变暖的过程将会对全球的各个方面产生极大的影响。

根据科学家对未来气候变化的预估，21 世纪末全球的平均气温相较于工业化之前将会高出 4℃ 左右，并且南极和北极的升温可能会远高于这个幅度（Sherwood, et al., 2014）。大气中二氧化碳浓度的增加将会导致海洋的酸化。海洋酸化、气候变暖、过度捕捞和栖息地的破坏给海洋生物和生态系统带来了不利影响。到 2100 年 4℃ 的增温将可能导致海平面上升 0.5～1 m，并将会在接下来的几个世纪内带来几米的上升。届时每年 9 月北极可能会出现没有海冰的情况。气候变化将从水供给、农业生产、极端气温和干旱、森林山火和海平面上升风险等方面带来严重影响。未来全球干旱地区将变得更加干旱，湿润区将变得更湿润。极端干旱可能出现在亚马孙森林、美洲西部、地中海、非洲南部和澳大利亚南部地区。未来可能会给许多地方带来更高的经济损失。极端灾害气候（如大规模的洪水、干旱等）可通过影响粮食生产引起营养不良、流行性疾病的发病率升高等。洪水可以将污染物和疾病带到健康的供水系统，使得腹泻和呼吸系统疾病的发病率升高。部分物种的灭绝速度将会加快。

气候变化所造成的多方面的影响是我们无法承受的，多方面的研究结果和各国的探索实践表明，只要我们积极行动起来，实现低碳转型发展，人类有充足的技术条件以减少温室气体的排放，尽快实现碳达峰以及碳中和。只有坚定地走碳中和之路，人类才有可能实现全球性的温室气体净零排放，进而解除全球变暖的威胁。

1.2　影响碳中和的主要因素

碳中和进程涉及人类政治、经济、社会等各个方面，受到人口、经济结构、产业和能源结构、碳中和相关技术发展、相关政策和市场等因素的共同影响。其中能源结构和产业结构是内在的驱动因素，碳中和相关技术、政策和市场是外在引导因素，这些因素共同影响碳中和实现的进程。

1.2.1　能源结构、能源效率及产业结构

一级能源（Primary Energy），又称天然能源或一次能源，是指自然界取得的未经改变或转变而直接利用的能源。全球一级能源主要指石油、天然气、煤炭及其他能源（包括核能、水能，以及风能、热能、太阳能等可再生能源）四大类。当前全球一级能源消费仍以化石能源为主，2020年石油、天然气、煤炭消费占比分别为31.2%、27.2%、24.7%（余娜，2021）。碳排放主要来自化石燃料的燃烧，因此加快能源结构调整，减少化石燃料的燃烧，增加低碳清洁能源的比重，对实现碳中和目标有着极为重要的意义。调整能源结构从而实现降碳目标，正在业内形成更多共识。

目前，全球的能源结构总体呈现的是石油降、煤炭稳、清洁能源快速发展的趋势。从1979—2019年的数据来看，石油消费占一级能源比例由1979年的47%降至2019年的33%，煤炭消费占比稳定在25%～28%，天然气消费占比由18%提高至24%，非化石能源占比由9%提升至16%。由于我国富煤、贫油、少气的资源禀赋，我国能源供给体系以化石能源为主。2019年，在我国一级能源消费总量33.84亿 t 油当量中，煤炭消费占比58%，石油、天然气及其他非化石能源分别占比20%、8%、15%（胡敏，2020）。与全球主要国家相比，我国煤炭消费占比较高，天然气消费占比远低于全球平均24%的水平。这样的能源结构使得我国能源碳排放强度比世界平均水平高约30%。碳排放强度是指每单位国内生产总值（GDP）所带来的二氧化碳排放量。所以为实现2060年前碳中和目标，我国必须加快能源结构调整的步伐。

调整能源结构的同时，能源效率也同样重要。目前主要用能源强度来反映能源效率，所谓能源强度就是创造单位 GDP 所消耗的能源，提高能源利用效率从而控制能源消费总量是实现碳减排的重要手段。全球能源强度的降低是近年来碳排放下降的主要推手，这是未来的发展方向。能源排放强度主要受能源结构清洁化和电气化水平的影响，刘青莲（2015）的研究表明，提高清洁能源在一次能源消费中的占比将能够有效降低能源强度水平。2019年，我国清洁能源在一次能源消费中的占比仅为15%，仍有

较大发展空间。

产业结构对碳中和同样有着很重要的影响。产业结构的调整和优化将会对减少碳排放以及碳中和有着十分积极的意义。产业发展由高投入、高耗能、高污染的传统产业逐步向低排放、低污染、高投入产出比的中高端产业转型，产业结构的优化可以有效减缓碳排放的增长趋势。

1.2.2 减排新技术因素

实现全社会碳中和，离不开相关的脱碳、零碳和负排放技术。相关创新技术为实现碳中和目标提供了强有力的科技支持。技术进步可以通过改进提升能源利用效率、管理效率以及碳捕集与封存等技术发展水平，进而减缓甚至降低二氧化碳的排放。可以预见，在未来几十年，以碳捕获、利用与封存技术（Carbon Capture，Utilization and Storage，CCUS，是应对全球气候变化的关键技术之一）、可再生能源技术、电气化技术、信息技术等为中心的一系列低碳技术发展路线将在能源转型中发挥不可替代的作用。

数据显示，相关减排技术的进步是减少碳排放的主要驱动因素。2006—2015 年，我国能源利用效率提高技术、能源转换效率提高技术和可再生能源技术分别实现减排约 13.45 亿 t、2.44 亿 t 和 8.5 亿 t。2017 年年底，我国的单位 GDP 碳排放量比 2005 年下降了 46%，其中技术进步的贡献率达到了约 60%。

当今世界已进入低碳为主的大调整、大变革时期（陈波，2013）。全球已有 100 多个国家或地区以不同形式提出了碳中和目标，并针对低碳、零碳发展技术需求纷纷出台科技发展规划。欧盟为实现 2050 年碳中和目标，于 2019 年颁布了《欧洲绿色新政》，明确能源、工业、建筑、交通、消费等重点领域的技术需求，围绕需重点突破与推广的核心技术，通过加大"地平线"项目投入等方式支持技术创新。美国 2020 年发布了《清洁能源革命和环境正义计划》，将液体燃料、低碳交通、可再生能源发电、储能等列为重点方向，明确了技术发展目标，并提出要加大研究投入。减排相关技术的不断进步，必定会给碳中和带来全新的局面。

1.2.3 政策和市场因素

碳中和涉及全人类的生存和发展，需要世界各国共同参与和协调。碳中和涉及全社会的各个方面，其相关政策也相当复杂，其政策体系涉及经济和社会的多个领域。针对全球气候变化的各种国内外的政策对实现碳中和的总体方向、总体思路以及具体实现路径和技术有着重要的影响。

碳中和对产业结构、能源消费方式以及民众的生活方式都提出了相对严格的要求。这些要求需要各国政府制定一系列的政策去引导和监督企业及个人的行为，充分发挥引导、规范和约束的作用。对于企业而言，碳中和意味着碳排放成本的上升，因此企业很难主动参与实现碳中和的行动。另外，低碳技术在研发初期存在投入高、投资周期长、经济效益不确定等诸多困难，很难获得资金支持。所以政府需要完善相关的行业排放标准、建立碳税征收机制、建立健全碳排放权交易市场以及构建绿色金融体系等，为企业提供政策引导和技术支持，帮助企业实现低碳转型，并降低相关风险。

利用市场机制来促进碳中和的实现，就要提到"碳定价机制"。所谓碳定价，就是本着"谁污染谁付费"的原则，要求温室气体排放者，为其排放一定量的温室气体的权利支付相应费用的过程。目前的碳定价机制主要有两种，分别为"碳税"和"碳排放权交易"。碳税一般指由政府指定碳价，市场决定最终排放水平和最终排放量的大小；而碳交易是由政府确定最终排放水平，由市场来决定碳价。碳排放权指大气或大气容量的使用权，即向大气中排放二氧化碳等温室气体的权利。从政策落地来看，碳税政策更适用管理规模以下的排放，且对政府管理能力要求不高；碳排放权交易则更加适用规模以上的碳排放企业或行业，但相应制度设计难度更大。碳税的问题在于，它是惩罚性的，难以对企业形成有效的正面激励。碳交易本质就是碳排放权的交易，通过将二氧化碳排放权作为商品进行交易的市场机制，即鼓励减排成本低的企业超额减排，将富余的碳排放配额或减排信用通过交易的方式出售给减排成本高、无法达到碳排放要求的企业，帮助后者达到减排要求，同时降低社会碳排放总成本。

发挥市场机制的资源配置作用是降低碳中和社会成本的重要手段。建立完善的市场机制和财政金融政策，能够充分利用价格信号，优化碳排放资源配置，能够根据社会经济的发展持续做出改进，引导参与方高效率、低成本地实现碳中和目标，这是最被看好的治理模式，也是未来的主要发展方向。

1.3 碳中和的重大意义

1.3.1 应对气候变化

人类活动向大气中排放了过多的以二氧化碳为主的温室气体，导致全球气候出现了以全球变暖为主要表现形式的气候变化。如果不对碳排放加以控制，未来全球变暖的趋势将会进一步加剧，全球变暖的过程将会对全球的各个方面产生极大的影响。当前，全球应对气候变化形势紧迫，日益严峻的气候危机是全人类面临的巨大挑战，需要世界各国联合行动、加强合作、共同应对。

2015 年的《巴黎协定》为全球应对气候变化指明了方向，各国必须采取切实行动，保护地球家园。中国作为世界上最大的发展中国家，向国际社会庄严承诺 2030 年前碳达峰、2060 年前碳中和，为全球能源与气候治理合作注入强大动力，推动了世界的绿色低碳发展进程，为构建人类命运共同体描绘了浓墨重彩的一笔。碳中和最重要的意义就在于，通过阻止碳排放量的增长并在此基础上逐步实现碳的"净零排放"，改变全球变暖的大趋势。

1.3.2　促进资源循环节约

传统的粗放型发展方式资源利用效率低、消耗量巨大、资源循环利用率低，这种发展模式会对本不丰富的资源造成巨大的浪费，同时也会因为大量的碳排放而给气候治理带来压力。为达到碳中和的要求，必须大力发展循环节约型经济，减少产品的加工和制造过程，延长材料和产品的生命周期，减少由原材料开采、材料初加工、产品废弃处理处置等环节所造成的能源资源消耗，从而减少二氧化碳排放。

碳中和将强化资源环境等约束性指标管理，以减排为抓手，构建覆盖全社会的资源循环利用体系，促进生产、流通、消费过程的减量化、再利用；推动生产消费从低效、粗放、污染、高碳的方式转向高效、智能、清洁、低碳的方式，实现经济社会与资源协调发展。

1.3.3　推动经济发展模式转型

碳中和目标为各国加速经济发展模式转型升级提供了倒逼机制，加速了经济发展范式调整进程。在此过程中，高碳排放的传统能源产业和重化工业将首先触及产能发展的天花板，大量资产将面临被搁置和被淘汰的压力，一大批产业工人将被分流安置，这将在一定程度上影响经济增长速度和经济增长方式。一系列实践证明，主动抑制和淘汰落后产能，不断加大减碳力度，积极推动经济发展动能升级，有利于提高经济增长质量，培育并带动新的产业和市场，扩大就业，改善民生，保护环境，提高人民健康水平，塑造适应当今时代发展需要的经济发展范式。

碳中和是引领经济发展模式转型、推动低碳减排技术和产业升级的一次重大机遇。各国应当更加坚决地贯彻和执行碳达峰、碳中和目标，通过碳达峰、碳中和实现社会经济发展模式的系统性转型升级。

1.3.4　推进生态文明建设

碳达峰、碳中和工作和生态文明建设是相辅相成的。从传统工业文明走向现代生态文明是应对传统工业化模式不可持续危机的必然选择，也是实现碳达峰、碳中和目标的根本前提。同时，大幅减排，做好碳达峰、碳中和工作，又是促进生态文明建设的重要抓手。

　　工业革命后建立的基于传统工业化模式的工业文明，代表着人类历史的伟大进步，但这种以工业财富大规模生产和消费为特征的发展模式，高度依赖化石能源和物质资源投入，必然会产生大量碳排放、资源消耗和生态环境破坏，导致全球气候变化和发展不可持续。这就要求大幅减少碳排放，及早实现碳达峰、碳中和目标。

　　一方面，实现碳达峰、碳中和目标，其根本前提是生态文明建设。碳中和意味着经济发展和碳排放必须在很大程度上脱钩，从根本上改变高碳发展模式，从过于强调工业财富的高碳生产和消费转变到物质财富适度和满足人类的全面需求的低碳新供给，这又取决于价值观念或对"美好生活"概念理解的转变。"绿水青山就是金山银山"的生态文明理念，就代表着价值观和发展内容向低碳方向的转变。

　　另一方面，深度减排、实现碳中和是促进生态文明建设的重要抓手。传统工业化模式向生态文明绿色发展模式转变是一个"创造性毁灭"的过程，在这个过程中，新的绿色供给和需求在市场中"从无到有"，非绿色的供给和需求则不断被市场淘汰。我国宣布 2060 年前实现碳中和目标，并采取大力减排行动，为加快这种转变建立了新的约束条件和市场预期。全社会的资源朝着绿色发展方向有效配置，绿色经济会越来越有竞争力，生态文明建设进程将加快。

　　碳达峰、碳中和是保证生态环境明显改善和根本性整体性好转的必要前提。实现碳达峰、碳中和，将全面提高环境治理的现代化水平，持续改善生态环境质量，提升气候韧性，加快建设生态适宜的人居环境，真正实现人与自然和谐共生。

1.4　中国实现碳中和所面临的挑战

　　随着经济的高速发展，我国目前已经成为全世界最大的碳排放国，减排形势非常严峻。2019 年我国温室气体排放量达到 140 亿 t 二氧化碳当量，人均约为 9.7 t 二氧化碳当量，排放总量约占全球温室气体排放总量（不包括土地利用变化）的 27%。2010—2019 年，我国温室气体排放总量年均增长约为 2.3%，高于全球平均水平。2010 年以来，我国温室气体排放总量增加了约 24%，其中二氧化碳排放量增加了 26%（荷兰环境评估署，2020）。为了实现碳中和目标，我国提出"30·60"双碳目标规划，即力争 2030 年前实现碳达峰，2060 年前实现碳中和目标。这彰显了我国承担应对气候变化国际责任的决心和担当。

　　作为全球人口众多的发展中国家，我国目前仍然保持着较高的发展速度，也伴随着巨大的碳排放量，在未来不到 40 年内实现净零碳排放对我国来说是一项极具挑战性的任务，我国实现碳中和面临着巨大压力。

1.4.1 碳减排时间紧迫

我国目前已是世界第二大经济体，经济体量巨大，并且还处于工业化的进程中，能源消耗以及碳排放都处在不断上升的阶段。目前全世界已经有 49 个国家实现碳达峰，欧盟于 1979 年实现碳达峰，美国于 2005 年实现碳达峰，分别有 70 多年和 45 年的时间从峰值走向净零排放。所有这些国家或组织的碳达峰都是在发展过程中因为产业结构变化、能源结构变化、城市化完成、人口减少而自然形成的。也就是说，已碳达峰国家基本都是由于它们的工业化和城镇化都达到峰值才实现的。相较于欧美从碳达峰到碳中和的 50～70 年过渡期，我国碳中和目标隐含的过渡时长仅为 30 年。

我国目前面临着"从高碳到低碳，从低碳到无碳"两条任务线并行的巨大压力。我国还没有完成从高碳能源到低碳能源的第一次能源转型，在未来很长一段时间内仍将处于快速城镇化和现代化的发展过程之中，高碳发展还将在某种程度上持续一段时间，而全球其他一些主要国家已经完成了由高碳到低碳的转型。所以，现阶段其他一些国家的转型目标是进一步降低碳排放，实现由低碳到无碳，而我国既要实现由高碳到低碳，同时又要实现低碳到无碳。我们仅有 10 年左右的时间实现碳达峰和 30 年左右的时间实现从碳达峰到碳中和，所以我国没有时间像发达国家那样走"先发展后减排"的路子，只能走"边发展边减排"的路子，在这个过程中如何平衡发展与减排将是一个难题，王灿等利用情景模拟的方法计算得出，如果我国强制减排 4 成，会导致 GDP 下降 3.9%，不顾客观规律地强行减排会对经济发展造成不利影响。我国目前碳排放量已经是世界第一，在此基础上还需要在兼顾发展的同时实现快速减排，时间紧，任务重，面临的挑战十分严峻。

1.4.2 产业结构升级转型难度大

我国高耗能产业在 GDP 中的占比非常高，产业结构需要调整。第二产业一直是我国国民经济的主要支柱，增加值在 GDP 中占比 40% 左右，传统的"三高一低"（高投入、高能耗、高污染、低效益）产业比重很高。经过多年的发展和调整，碳排放较低的第三产业的增加值已经增至 GDP 的 54%，但与世界平均水平的 65% 相比，差距依然较大。总体来看，我国的产业结构整体仍呈现以高耗能的资源型产业为主的特征，以制造业为主体的第二产业仍处于全球价值链的中低端，碳排放强度低的服务业整体竞争力不强，这种产业结构结合化石燃料的广泛使用，共同造成了我国碳排放高度集中的特征，产业结构不符合低碳发展的趋势。

我国走向碳中和的过程中必将对产业结构进行升级转型，这会给众多产业带来深远影响，尤其是电力、供暖、制造业、建筑业和交通运输业等，2018 年这些行业在碳排放总量中合计占比接近 90%。在升级转型过程中将会面临诸多困难，首先是我国产业结构的转型升级需要协调与经济增长的关系；其次是我国产业结构的转型升级需要协调与就业的关系；最后是我国加工制造业内部的关键环节薄弱，缺乏转型升级的技术基础（何要武，2014）。这使得我国产业结构转型升级的过程相当艰难。碳中和大趋势必将对中国未来的发展产生深远的影响，虽然会有困难和挑战，但同时也是中国实现可持续发展，实现一次全面产业升级的难得的机会。

1.4.3 能源结构转型挑战多

目前，我国能源领域是二氧化碳排放的主体，约占总排放量的85%，能源系统对实现碳排放目标起决定性作用。在我国当前的能源体系下碳排放强度较大，2019年，在我国一次能源消费总量33.84亿t油当量中，煤炭消费占比58%，远高于27%的世界平均水平。此外，石油和天然气分别占比约20%和8%，清洁能源的比例仅为15%（胡敏，2020）。这样的能源结构是不健康的，以煤为主的能源结构对我国碳达峰、碳中和目标的实现形成挑战。过分依赖化石类高碳排放能源，使得我国能源消费的整体碳排放强度要远高于世界平均水平。所以，如果我国不对能源结构进行深度调整，碳中和的目标是很难实现的。

我国特有的资源禀赋使得我国是一个以煤炭为主要能源的国家，电力供给结构以火电为主导。根据统计，2019年我国发电量中火电的占比高达72%，电力领域碳排放占全国碳排放总量的30%以上。大量以煤炭为主的能源基础设施在减排的要求下将会面临巨大的转型成本，能源系统在短短30年内快速淘汰占85%的化石能源来实现零碳排放，这不是简单的节能减排就可以实现的转型，而是一场真正的能源革命。

大力发展清洁能源特别是可再生能源，是弥补、解决化石能源固有缺陷弊端的关键。清洁能源虽然增速较快，但在一级能源中占比依然较低，仅为15%。并且由于电网调节能力不够灵活、电网配置能力不足、市场机制制约等因素，清洁能源目前还无法大规模开发和配置，这些都严重限制了清洁能源的快速发展。能源转型任务艰巨、困难重重，需要各方面的广泛参与和共同努力。

2

碳中和的基本思路及实现路径

碳达峰和碳中和是为了积极应对全球气候变化所提出的行动目标。深入理解碳中和的基本思路及实现路径的相关概念和知识是实现碳达峰和碳中和的基本前提。根据我国碳中和的总体要求,本章将对我国生态环境、经济社会发展、能源和电力发展情况等方面进行综合研究和分析。我国将以各项碳中和关键技术为保障,通过全社会各行业的共同努力,加快实现"两个替代"(以清洁能源代替化石能源,以电能替代煤炭及初级生物质能),提高能源利用效率,使化石能源回归原材料属性,通过电力将二氧化碳、水等物质转换为以燃料和原材料为表现形式的能源利用新格局,确保我国实现 2030 年之前实现碳达峰和 2060 年之前实现碳中和的目标。

2.1 碳排放影响因素及碳减排机理

2.1.1 碳排放影响因素

碳排放是人类经济社会活动的总体反映。碳排放的量受到多种因素的影响,一般来说,一个国家的碳排放的总量主要受到技术创新因素、能源结构因素、经济发展因素、能源强度以及能源消费模式等方面的影响。

第一,从技术方面来看,在能源消费持续快速增长、能源结构和产业结构转变难度较大的情况下,通过技术进步来提高能源利用效率、管理效率以及碳捕集与封存等技术发展水平,进而减缓甚至降低二氧化碳的排放。

第二,在能源结构方面,碳排放主要产生于化石燃料的燃烧。相对于传统的化石燃料,太阳能、风能、水能等可再生能源以及核能等能源在使用中的碳排放接近零。加快调整能源结构,形成以清洁能源为主导的能源消费模式已经成为全球共识。

第三,在经济发展方面,经济发展主要体现在居民收入水平、产业结构和城市化发展等方面。当一个国家的居民收入水平较低时,其考虑最多的肯定还是经济增长,高速增长必然带来高碳排放,而随着经济增长速度放慢,碳排放会逐步下降。只有当居民收入达到一定的水平,碳排放的拐点才有可能出现。调整产业结构,积极发展低排放、低污染、高投入产出比的中高端产业,逐步淘汰传统的高投入、高耗能、高污染的产业,对能源消费以及碳排放都有积极的作用。发达国家的城市化已经到达相当高的水平,碳排放主要由消费型社会驱动;发展中国家的城市化尚处在高速发展的阶段,大规模的基础设施建设和生产相关的投资将会产生大量的碳排放。

第四,在能源强度方面,能源强度的下降是近年来碳排放量下降的重要因素之一。降低能源强度能提高能源利用效率并降低能源消费总量。1990—2018 年,全球平均的能源强度下降约 25%,有效抑制了全球碳排放快速上涨的趋势。同期我国能源强度下降约 75%,远超世界平均水平,为全球碳减排做出了突出贡献。但是我国的能源强度依然高于欧美发达国家，还有较大的下降空间。

第五，在消费模式方面，能源消耗及其排放在根本上受到全社会消费活动的驱动，发展水平、自然条件、生活方式等方面的差异导致不同国家居民能源消耗和人均碳排放差异明显，能源消费习惯和生活行为习惯对碳排放有很大的影响。比如，美国人均资源丰富且人均收入水平很高，美国人习惯 24 小时开着空调，即使没人也不关灯，在浪费大量能源的同时也产生了大量的额外碳排放，导致美国人均碳排放水平是同为发达国家的欧盟诸国的两倍以上。

2.1.2　我国碳减排机理

经过对碳排放各影响因素进行综合考虑，从我国国情、发展阶段和现代化建设总体目标出发，我国碳减排机理是在保证国民经济持续稳定健康发展的前提下，积极推进以下多项举措，统筹推进各区域以及各行业的减排工作，以尽快实现碳达峰和碳中和的目标。

①清洁能源代替化石能源：大力发展清洁能源，形成以清洁能源为主导的能源消费模式，从根源上降低碳排放。

②能源消费电气化：电能是清洁、高效的二级能源。大力推进能源消费电气化将使得最终能源消费以电力为主导，而未来电力大部分将来自清洁能源。

③构建能源互联网：将清洁能源在智能电网的控制下通过先进的输电技术传输到能源负荷中心。这将促进清洁能源大范围优化配置，快速扩大清洁化和电气化发展规模。

④能源结构和产业结构的转变：积极转变传统的以化石能源为主的能源结构，提高清洁能源在一级能源中的比例。将产业发展由高投入、高耗能、高污染的传统产业逐步向低排放、低污染、高投入产出比的中高端产业转型，大幅降低能源强度和碳排放强度。

⑤发展碳减排技术：加大科研攻关和推广应用的投入，积极发展零碳和负碳技术，综合运用各项技术组合，充分发挥技术进步在碳减排中的作用，用技术支撑我国碳中和目标的最终实现。

2.2　碳中和的目标和原则

2.2.1　全球碳中和整体目标

2015 年正式签署的《巴黎协定》为 2020 年之后全球合作应对气候变化制定了明确的目标，其核心目标是通过加强对气候变化威胁的全球应对，将 21 世纪末全球平均气温相较于工业化之前水平上升的幅度控制在2℃以内，并努力将这个升温幅度控制在1.5℃以内。《巴黎协定》代表了全球绿色低碳转型的大方向，是保护地球上适合人类居住环境所需采取的最低限度行动，各国必须采取相应措施积极应对。根据IPCC的测算，若实现《巴黎协定》对气候变化的推测和控温目标，全球必须在2050年达到二氧化碳净零排放，且在实现净零排放后要逐步实现负排放，将大气中的温室气体吸收一部分，以减轻温室效应。越来越多的国家政府正在将其转化为国家战略，提出了无碳排放的愿景。目前主要有以下国家和地区设立了净零排放或碳中和的目标（图2.1）。

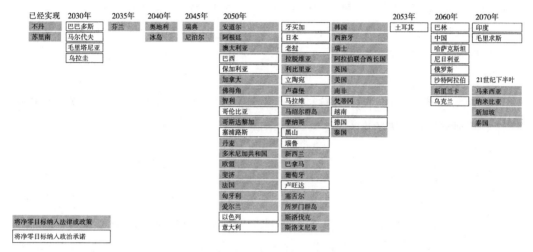

图2.1　不同国家和地区承诺实现净零排放目标的年份

图片来源：WORLD RESOURCES INSTITUTE 2021年数据。

中国

目标日期：2060年

承诺性质：政策宣示

中国在2020年9月22日向联合国大会宣布，努力在2060实现碳中和，并采取"更有力的政策和措施"，在2030年之前达到排放峰值。

奥地利

目标日期：2040年

承诺性质：政策宣示

奥地利联合政府在2020年1月宣誓就职，承诺在2040年实现气候中立，在2030年实现电力100%清洁，并以约束性碳排放目标为基础。右翼人民党与绿党合作，同意了这些目标。

不丹

目标日期：目前为碳负，并在发展过程中实现碳中和

承诺性质:《巴黎协定》下自主减排方案

不丹人口不到 100 万，收入低，周围有森林和水电资源，平衡碳账户比大多数国家容易，但经济增长和对汽车需求的不断增长正给排放增加压力。

美国加利福尼亚州

目标日期:2045 年

承诺性质:行政命令

如果把美国加利福尼亚州视为一个独立经济体，它的经济规模排在世界第五。前州长杰里·布朗在 2018 年 9 月签署了碳中和令，该州几乎同时通过了一项法律，在 2045 年前实现电力 100% 可再生，但其他行业的绿色环保政策还不够成熟。

加拿大

目标日期:2050 年

承诺性质:政策宣示

特鲁多总理于 2019 年 10 月连任，其政纲是以气候行动为中心的，承诺净零排放目标，并制定具有法律约束力的 5 年一次的碳预算。

智利

目标日期:2050 年

承诺性质:政策宣示

皮涅拉总统于 2019 年 6 月宣布，智利将努力实现碳中和。2020 年 4 月，政府向联合国提交了一份强化的中期承诺，重申了其长期目标。已经确定在 2024 年前关闭 28 座燃煤电厂中的 8 座，并在 2040 年前逐步淘汰煤电。

哥斯达黎加

目标日期:2050 年

承诺性质:提交联合国

2019 年 2 月，时任总统奎萨达制定了一揽子气候政策，12 月向联合国提交的计划确定 2050 年净排放量为零。

丹麦

目标日期:2050 年

承诺性质:法律规定

丹麦政府在 2018 年制定了到 2050 年建立"气候中性社会"的计划，该计划包括从 2030 年起禁止销售新的汽油和柴油汽车，并支持电动汽车。气候变化是 2019 年 6 月议会选举的一大主题，获胜的"红色集团"政党在 6 个月后通过的立法中规定了更严格的排放目标。

欧盟

目标日期:2050 年

承诺性质：提交联合国

根据 2019 年 12 月公布的"绿色协议"，欧盟委员会正在努力实现整个欧盟 2050 年净零排放目标，该长期战略于 2020 年 3 月提交联合国。

斐济

目标日期：2050 年

承诺性质：提交联合国

作为 2017 年联合国气候峰会 COP23 的主席国，斐济为展现领导力做出了额外努力。2018 年，这个太平洋岛国向联合国提交了一份计划，目标是在所有经济部门实现净零碳排放。

芬兰

目标日期：2035 年

承诺性质：执政党联盟协议

作为组建政府谈判的一部分，五个政党于 2019 年 6 月同意加强该国的气候法。预计这一目标将要求限制工业伐木，并逐步停止燃烧煤炭发电。

法国

目标日期：2050 年

承诺性质：法律规定

法国国民议会于 2019 年 6 月 27 日投票将净零目标纳入法律。在 2022 年 6 月的报告中，新成立的气候高级委员会建议法国必须将减排速度提高 3 倍，以实现碳中和目标。

德国

目标日期：2050 年

承诺性质：法律规定

德国第一部主要气候法于 2019 年 12 月生效，这项法律的导语说，德国将在 2050 年前"追求"温室气体中和。

匈牙利

目标日期：2050 年

承诺性质：法律规定

匈牙利在 2020 年 6 月通过的气候法中承诺到 2050 年实现气候中和。

冰岛

目标日期：2040 年

承诺性质：政策宣示

冰岛已经从地热和水力发电获得了接近无碳的电力和暖气，2018 年公布的战略重点是逐步淘汰运输业的化石燃料、植树和恢复湿地。

爱尔兰

目标日期：2050 年

现状：执政党联盟协议

在 2020 年 6 月敲定的一项联合协议中，三个政党同意在法律上设定 2050 年的净零排放目标，在未来 10 年内每年减排 7%。

日本

目标日期：2050 年

承诺性质：政策宣示

日本政府于 2019 年 6 月在主办 20 国集团领导人峰会之前批准了一项气候战略，主要研究碳的捕获、利用和储存，以及作为清洁燃料来源的氢的开发。值得注意的是，逐步淘汰煤炭的计划尚未出台，预计到 2030 年，煤炭仍将供应全国 1/4 的电力。

马绍尔群岛

目标日期：2050 年

承诺性质：提交联合国的自主减排承诺

在 2018 年 9 月提交给联合国的最新报告中提出了到 2050 年实现净零排放的愿望，尽管没有具体的政策来实现这一目标。

新西兰

目标日期：2050 年

承诺性质：法律规定

新西兰最大的排放源是农业。2019 年 11 月通过的一项法律为除生物甲烷（主要来自绵羊和牛）以外的所有温室气体设定了净零目标，到 2050 年，生物甲烷将在 2017 年的基础上减少 24%～47%。

挪威

目标日期：2050/2030 年

承诺性质：政策宣示

挪威议会是世界上最早讨论气候中和问题的议会之一，努力在 2030 年通过国际抵消实现碳中和，2050 年在国内实现碳中和。但这个承诺只是政策意向，而不是一部有约束力的气候法。

葡萄牙

目标日期：2050 年

承诺性质：政策宣示

葡萄牙于 2018 年 12 月发布了一份实现净零排放的路线图，概述了能源、运输、废弃物、农业和森林的战略。葡萄牙是呼吁欧盟通过 2050 年净零排放目标的成员国之一。

新加坡

目标日期："在 21 世纪后半叶尽早实现"

承诺性质：提交联合国

新加坡避免承诺明确的脱碳日期，但将其作为 2020 年 3 月提交联合国的长期战略的最终目标。到 2040 年，内燃机车将逐步淘汰，取而代之的是电动汽车。

斯洛伐克

目标日期：2050 年

承诺性质：提交联合国

斯洛伐克是第一批正式向联合国提交长期战略的欧盟成员国之一，目标是在 2050 年实现气候中和。

南非

目标日期：2050 年

承诺性质：政策宣示

南非政府于 2020 年 9 月公布了低排放发展战略（LEDS），概述了到 2050 年成为净零经济体的目标。

韩国

目标日期：2050 年

承诺性质：政策宣示

韩国执政的民主党在 2020 年 4 月的选举中以压倒性优势重新执政。选民们支持其"绿色新政"，即在 2050 年前使经济脱碳，并结束煤炭融资。这是东亚地区第一个此类承诺。韩国约 40% 的电力来自煤炭，一直是海外煤电厂的主要融资国。

西班牙

目标日期：2050 年

承诺现状：法律草案

西班牙政府于 2020 年 5 月向议会提交了气候框架法案草案，设立了一个委员会来监督进展情况，并立即禁止发放新的煤炭、石油和天然气勘探许可证。

瑞典

目标日期：2045 年

承诺性质：法律规定

瑞典于 2017 年制定了净零排放目标，根据《巴黎协定》，将碳中和的时间表提前了 5 年。至少 85% 的碳减排要通过国内政策来实现，其余由国际减排来弥补。

瑞士

目标日期：2050 年

承诺性质：政策宣示

瑞士联邦委员会于 2019 年 8 月 28 日宣布，打算在 2050 年前实现碳净零排放，深化了《巴黎协定》规定的碳减排 70%～85% 的目标。议会正在修订其气候立法，包括通过研发技术来去除空气中的二氧化碳（该领域的研究项目是瑞士最先进的试点项目之一）。

英国

目标日期：2050 年

承诺性质：法律规定

英国在 2008 年已经通过了一项碳减排框架法，因此设定净零排放目标很简单，只需将 80% 改为 100%。议会于 2019 年 6 月 27 日通过了修正案。苏格兰议会正在制定一项法案，在 2045 年实现净零排放，这是基于苏格兰强大的可再生能源资源和日渐枯竭的北海油田储存二氧化碳的能力。

乌拉圭

目标日期：2030 年

承诺性质：《巴黎协定》下的自主减排承诺

根据乌拉圭提交联合国《公约》的国家报告，加上减少肉牛养殖、废弃物和能源排放的政策，预计到 2030 年，该国将成为净碳汇国。

2.2.2 中国碳中和目标

2020 年 9 月，中国国家主席习近平在第七十五届联合国大会一般性辩论上发表重要讲话，宣布力争 2030 年前碳达峰，2060 年前实现碳中和。作为碳排放大国，宣布 2060 年之前实现碳中和难度巨大但意义非凡，是中国对构建人类命运共同体的重要贡献。碳达峰、碳中和目标既能使我国顺应并引领未来国际发展潮流，提升我国未来国际地位和竞争力，也是助推我国发展转型、实现社会主义现代化目标的重大战略决策。

根据我国的基本国情，统筹协调近期和远期目标，兼顾减排与发展的关系，我国实现碳中和主要分为以下两个阶段。

2.2.2.1 碳达峰阶段（2030 年之前）

要实现碳中和，首先要实现碳达峰。习近平主席在气候雄心峰会上再次强调，到 2030 年中国单位 GDP 二氧化碳排放将比 2005 年下降 65% 以上，非化石能源占一次能源消费比重将达到 25% 左右，森林蓄积量将比 2005 年增加 60 亿 m^3，风电、太阳能发电总装机容量将达到 12 亿 kW 以上。

为实现以上目标，中国将积极推进产业结构优化和能源体系转型升级。顺应全球产业发展趋势，把握关键性行业，大力培育战略性新兴产业，加快发展服务业、推进区域经济协调发展，发展现代信息技术产业。提高第三产业在国民经济中的比重和对经济增长的贡献率，服务业向专业化和价值链高端发展。预计 2030 年三大产业比例由 2019 年的 7∶39∶54 转变为 6∶37∶57。2016 年 12 月，我国发布《能源生产和消费革命战略（2016—2030）》，明确能源革命总体目标：2021—2030 年，可再生能源、天然气和核能利用持续增长，高碳化石能源利用大幅减少，能源消费总量控制在 60 亿 t 标准煤以内，非化石能源占能源消费总量的比重达到 20% 左右，天然气占比达到 15% 左右，新增能源需求主要依靠清洁能源满足。

2.2.2.2　碳中和阶段（2060 年之前）

我国是全球主要碳排放国家中率先提出碳中和承诺的发展中国家，为世界各国做了一个很好的引导和示范。在 2030 年之前实现碳达峰目标之后，我国将迅速开启实现碳中和的进程，并于 2060 年之前实现碳中和的目标。

在此阶段，我国将加速形成清洁能源体系，建设完善的中国能源互联网，控制石化能源的消费，构建以新能源为主体的新型电力系统。相关研究显示，能源消费方面，按照一级能源消费总量在 60 亿 t 标准煤左右考虑，我国 2050 年、2060 年非化石能源占比将分别达到 75%、90%。2060 年，我国人均能源消费水平达到 4.4 t 标准煤。2035 年以后，能源消费与经济增长逐渐脱钩，能源消费量进入平台期后稳中有降。电力消费方面，电力消费有效促进我国经济发展和产业结构转型，全社会用电量将持续增加。2050 年、2060 年，全社会用电量将分别增至 16 万亿 kW·h、17 万亿 kW·h 左右。2060 年，我国人均用电量达到 1.27 万 kW·h。同时，我国将进入后工业化时代，整体向服务经济和知识经济转变，预计 2030 年三大产业比例将调整为 4∶30∶66，经济增长逐步和碳排放脱钩，实现经济社会和环境的协调发展。

2.2.3　碳中和的基本原则

实现碳中和是一个艰巨而漫长的过程，是一个系统性的工程，其目的就是要减少碳排放以应对气候变化。碳从根本上改变了传统的生产方式、生活方式和消费方式，对能源结构和产业模式提出了新的要求。但是碳中和绝不仅仅是减排，在减排过程中需要统筹兼顾各方面的因素，保证整个减排的过程是平稳的，不能因为强行减排而使整个社会无法健康发展。所以在碳中和的过程中必须要遵循几个基本原则。

第一，碳中和最重要的原则就是要统筹好碳减排与安全发展的关系。世界各国的基本国情有很大差别，不同地区、不同国家开始工业化的时间不同，发展现状各异。发达国家无论是经济基础、技术积累还是经济结构，都有着巨大优势。它们早已走过"先发展后治理"的阶段，很多欧洲国家甚至已经进行了持续几十年的产业外迁，在 20 世纪已实现碳达峰，现在主要依靠高端的金融业和服务业来支配全球经济，大部分高排放、高污染行业已经转移到发展中国家，而本国碳排放很少，这也是为何在气候问题上，西欧国家态度总是更为积极。但发展中国家不能直接放弃碳排放，它们既不能放弃工业化，也不可能像发达国家一样通过发展第三产业实现经济增长，更没有足够的技术积累进行碳捕捉或低碳生产、规模利用可再生资源，若强行控制碳排放，代价很可能是牺牲国民经济。

作为一个负责任的大国，我国一定会积极履行碳中和承诺，但绝不会让碳中和成为某些国家用来恶意限制中国发展的政治工具。与发达国家不同，我国是一个正处在快速发展时期的发展中国家，面临着加快发展、改善民生的重任。我国应在碳中和和保证经济发展之间保持平衡，既要加快促进碳减排、控制化石能源消费，又要保障经济发展的能源需求；既要加快绿色低碳转型发展，又要保证能源安全、稳定、经济供应，加快实现能源发展、经济增长与碳排放脱钩，落实碳中和战略目标。

第二，要把握好不同行业的减排模式。受碳排基数、用能方式、技术路线、产品性质差异等因素的影响，不同行业在碳达峰、碳中和进程中发挥的作用不同。要在总量达峰最优框架下测算哪个行业能最先达峰、哪个行业减排对社会的影响最大、哪个行业减排成本最低，然后确定最为经济有效的降碳顺序和路径。

第三，碳排放高质量达峰、早日达峰是实现碳中和的前提，但不应该脱离我国资源禀赋的现实、跳出经济发展阶段。过度追求提前达峰，不仅会大大增加成本，还可能对国民经济造成负面影响。国家"十四五"规划纲要草案明确提出，实施以控制碳强度为主、降低碳排放总量为辅的制度，支持有条件的地方和重点行业、重点企业率先碳达峰。所以应该在充分考虑碳达峰和碳中和目标的基础上制定科学的时间规划，在条件成熟的地区和领域，碳达峰时间可以稍微提前，但不能过早，更不能不顾客观条件盲目提前，尤其要防止出现层层加码、过度执行的现象。

第四，要统筹好市场驱动与政策引导的关系。要充分发挥好市场在碳中和过程中的资源配置方面的决定性作用，建立高效的碳中和金融和市场机制，充分利用相关政策的保障作用和战略规划的引导作用，推进标准、技术、模式和机制等方面的创新，加快形成碳中和发展的新格局。

第五，要把握好国内发展与国际合作之间的关系。我们应该顺应全球低碳经济发展趋势，加快制定和实施低碳发展战略，积极发展绿色低碳产业，树立勤俭节约的消费理念，践行文明简约的生活方式，推动我国能源改革和经济发展方式脱碳转型。与此同时，我们必须坚持公平、共同但有区别的责任和各自能力的原则，建设性地参与和引导气候变化国际合作，倡导国际气候交流和磋商机制，参与全球碳交易，积极开展气候变化南南合作，与"一带一路"共建国家携手，探索发展气候友好型低碳经济。

2.3 碳中和实现路径

2.3.1 实现碳中和的基本路径

我国实现碳中和目标，既是挑战，也是机遇。我国正处在迈向高质量发展的阶段，在生产、生活方式转型的过程中，碳中和与经济发展、新兴产业的发展是协同关系。实现碳达峰、碳中和中长期目标，既是我国积极应对气候变化、推动构建人类命运共同体的责任担当，也是我国贯彻新发展理念、推动高质量发展的必然要求。就全局而言，实现碳中和主要有以下 3 个方面的基本路径。

第一个方面是控制和减少碳排放，包括限制化石能源的使用，增加清洁能源的使用。要达到减排的目的，首先要大力调整能源结构，推进能源体系清洁低碳发展，稳步推进水电发展，安全发展核电，加快光伏和风电发展，加快构建适应高比例可再生能源发展的新型电力系统，完善清洁能源消纳长效机制，推动低碳能源替代高碳能源、可再生能源替代化石能源。同时，推动能源数字化和智能化发展，加快提升能源产业链智能化水平。简单来讲，就是用可再生能源替代化石能源，在能源供给端实现少排，甚至是不排。其次要加快推动产业结构转型，大力淘汰落后产能、化解过剩产能、优化存量产能，严格控制高耗能行业新增产能，推动钢铁、石化、化工等传统高耗能行业转型升级。积极发展战略性新兴产业，加快推动现代服务业、高新技术产业和先进制造业发展。再次要着力提升能源利用效率，完善能源消费双控制度，严格控制能耗强度，合理控制能源消费总量，建立健全用能预算等管理制度，推动能源资源高效配置、高效利用，继续深入推进工业、建筑、交通、公共机构等重点领域节能，着力提升新基建能效水平。最后要坚持以市场为导向，更大力度推进节能低碳技术研发推广应用，加快推进规模化储能、氢能、碳捕集利用与封存等技术发展，推动数字化信息化技术在节能、清洁能源领域的创新融合。

第二个方面是促进和增加碳吸收，主要采用生态吸收和技术吸收两大类手段。在进行大力减排的同时，人类的生产、生活中总是不可避免地会产生一些无法替代的排放，这些排放如何处理才能实现碳中和？需要采取措施吸收排放出去的二氧化碳，其重要路径是利用自然系统吸收二氧化碳的能力，加强森林资源培育，开展国土绿化行动，不断增加森林面积和蓄积量，加强生态保护修复，增强草原、绿地、湖泊、湿地等自然生态系统固碳能力。其他生态系统，如海洋也可以吸收二氧化碳，也可增加碳汇。工业上的吸收二氧化碳的方法，被称为碳捕获、碳利用、碳封存技术，即制造工业设备，捕获大气里面的二氧化碳，并把其封存在地球系统里，如地底、海底，实现负排放。

第三个方面是健全完善绿色低碳发展体制机制，加快完善有利于绿色低碳发展的价格、财税、金融等经济政策，推动合同能源管理、污染第三方治理、环境托管等服务模式创新发展。完善绿色低碳政策和市场化机制：首先政策扶持，强化政府资金预算的管理，有效监督资金使用绩效。通过政府性资金的引导，吸引社会资本投资。改革资源环境类价格机制，侧重节能环保电价体系，优化差别化电价和峰谷电价的形成机制，支持绿色行业用电。落实资源税收优惠政策，完善环境保护税制，健全绿色低碳税收优惠制度。其次发展绿色金融，开发绿色融资产品和渠道，完善绿色金融标准体系，强化环境权益金融市场。绿色金融的快速发展，成为绿色发展的重要推手。截至 2020 年年末，中国本币和外币绿色贷款余额约 12 万亿元，存量规模居世界第一；绿色债券存量约人民币 8 000 亿元，居世界第二。再次建设节能降碳的制度体系，加强节能领域事中事后监管，对高耗能企业实施节能监察；加快健全重点用能单位能源计量体系，促进精细化能源管理，提高节能宏观调控能力。最后健全市场化机制，完善碳排放权、用能权、节能量、绿证交易、绿色电力交易等相关市场化机制，加强政策机制间协同效应。

简而言之，我国实现碳达峰、碳中和目标的主要路径：建立清洁低碳安全高效的能源体系，优化产业结构，加强重点领域节能降碳；创新绿色技术，巩固提升生态碳汇能力；完善绿色低碳政策和市场化机制，增强应对气候变化的国际合作，提倡绿色低碳生活新风尚。虽然我国实现碳中和比发达国家实现碳中和的难度大、时间短，但是我国主动顺应全球绿色低碳发展潮流，提出有力的碳中和目标，释放了清晰、明确的信号，彰显了大国的责任与担当。

2.3.2 行业实现碳中和路径

我国提出的"二氧化碳排放力争于 2030 年前达到峰值，努力争取 2060 年前实现碳中和"的目标，正在深刻地影响经济形势和产业走向，并改变着人们的生活。随着碳中和行动的全面展开，对各行各业，尤其是能源、工业、交通、建筑等重点碳排放领域都会产生深远的影响。同时各个行业根据自身特点，各自有不同的碳中和路径。

2.3.2.1 能源行业

实现碳达峰、碳中和的目标，是全社会的共同责任，能源行业作为减排的重中之重，任务尤其艰巨、责任重大。根据国际能源署的统计，2019 年中国的碳排放总量是 113 亿 t，能源领域碳排放是 98 亿 t，占到了 87%，能源行业的减排关系着整个碳中和目标的成败。经过多年发展和革新，我国能源行业已经初步告别了粗放式发展，但是距离优质、高效、清洁的目标还有很大距离。

现阶段我国能源结构中的化石燃料占比依然很高，煤电在接下来较长一段时间仍是我国主要电力来源，我国能源结构主要有以下特点：总体能源效率偏低，碳排放强度依然比发达国家高出不少；电力系统不够灵活，受制于体制机制，需求侧调节能力没有得到充分利用，导致部分清洁能源所生产电力无法消纳；部分清洁能源技术暂时无法实现国产化，高温结构材料、热障涂层技术、风电主轴承、齿轮箱轴承等一些关键技术被发达国家垄断，而且对中国进行封锁，导致部分装备只能依赖进口；能源系统的碳排放主要包括能源生产过程和能源消费过程中的碳排放，能源系统的碳中和主要通过清洁能源替代和电能替代来实现。

为实现能源系统的快速碳达峰以及最终实现碳中和，在能源生产领域，大力推进太阳能、风能、水能、生物质能和潮汐能等清洁能源的发展，并逐步代替传统的石化能源，同时利用先进的碳捕集和封存等技术进一步降低能源生产过程中的碳排放。在能源消费领域，加快将能源使用转向以电力为中心，加快工业、交通和建筑等重点领域的电气化的速度，实现主要能源消费的电气化，提升能源利用效率。

加快建设中国能源互联网，推动能源系统向绿色低碳转型，逐步构建一个以清洁能源为主、电气化程度极高、互联互通和能源供应充足的先进能源体系。在能源供应方面，一级能源的供应量保持在每年 60 亿 t 标准煤，电力消费份额持续上升，用电总量增长至 17 万亿 kW·h 左右。在能源清洁化方面，摆脱传统化石能源依赖，清洁能源占比不断提升，清洁能源消费占比在 2060 年应增至 90% 左右。电力替代方面，消费领域的电气化水平不断上升，终端能源消费的电气化水平在 2060 年应增至 66%。

预计到 2028 年，能源领域产生的碳排放将达到峰值，约为 102 亿 t，随后将逐步下降，预计能源领域将在 2050 年实现净零排放。减排过程中，能源生产领域的减排约占 45%，能源消费领域的减排约占 46%，使用碳捕集和封存等技术的减排量约为 9%。

2.3.2.2 工业

工业是我国第一大能源消费和碳排放领域，是我国实现减排减碳的重要领域之一。中国有完整的工业体系，是全世界唯一拥有联合国产业分类当中全部工业门类的国家，工业碳排放一直是我国碳排放的主要来源之一，并且随着制造强国战略的深入实施，中国制造业规模持续快速增长，碳排放依然有持续增长的趋势。实现"双碳"目标，能源是源头，工业是重点。构建绿色低碳的工业体系，不仅是实现应对气候变化目标的必要手段，对工业可持续发展同样意义重大。

统计数据显示，工业耗能约占全社会总耗能的 70%，要实现工业部门的碳中和，应继续推进工业节能，大力提高全行业的电气化水平。现阶段仍有较多工业领域需要使用化石能源，这些行业的减排难度较大。针对这些行业，减排主要有两个选择，使用碳捕获、封存与利用技术或者进行工艺技术的变革，采用碳排放较少的技术，目前讨论最多的是氢基工业，即利用绿氢替代化石能源作为原料或者工艺用材料。

由于太阳能、风能等新能源发电成本比煤发电高，而且峰谷稳定性差，调峰技术不成熟，加之风、光等可再生能源在并网过程中存在巨大的不稳定性，使其难以直接被大规模利用，国家发展改革委将氢能纳入新型储能方式，氢燃料电池是最优选择（国家发展改革委，国家能源局，2021）。氢能具有来源丰富、质量能量密度高、使用过程环境友好、无碳排放等优点，因此采用可再生能源制取氢气，再将氢气转化为终端能源，可以提高可再生能源消纳水平，带动能源结构绿色转型，促进碳密集型行业实现碳中和（余碧莹等，2021）。

减少碳排放、实现碳中和的其中一项很重要的对策是碳替代，碳替代主要包括用电替代、用热替代和用氢替代等。用电替代是利用水电、光电、风电等"绿电"替代火电，用热替代是指利用光热、地热等替代化石燃料供热，用氢替代是指用"绿氢"替代"灰氢"，这些都可以有效降低二氧化碳排放。目前，中国已经将发展氢能与燃料电池纳入"十四五"规划。但是，氢能产业链复杂，且多项技术尚不成熟，导致成本居高难下，各界对其未来发展存在争议。在氢能发展的过程中，逐渐暴露出资源零散、利用率低、重复建设等问题。与传统化石能源制氢（"灰氢"）相比，可再生能源制氢（"绿氢"）的成本较高，配套的二氧化碳捕集与封存技术也不成熟。氢能技术存在多元化特征，国家应研究和把握氢能技术发展规律，在不同阶段、不同资源禀赋、不同供需条件下选择合适的技术布局，规划氢能发展模式，这样才能保证氢能产业高水平可持续发展（邹才能等，2021）。

钢铁、石化、水泥等高排放行业需要在减排方面加大技术投入，推进工艺技术节能、电机节能以及创新工艺节能。现有的需要使用热生产工艺的工业部门，其热源的提供逐步替换为电热锅炉是实现电气化的主要措施。一般情况下短期应对大气污染治理的措施包括建立产业园清洁能源中心，用大锅炉替代小型锅炉。因此，长期来讲，工业供热需要电力化是一个相对成本较高的措施。另外，有一些工艺用能源，可以改成电热方式。

对于难以减排的钢铁制造、水泥制造、化工等行业，需要积极推进工艺的技术创新，为长期的氢基产业技术转型做好准备。氢气具有高能量密度性，可以通过氢燃料电池或燃气轮机转化为电能和热能；同时氢气也是重要的化工原料和还原气体，被广泛应用于各个领域（徐硕等，2021），例如，在工业领域，合成氨、合成甲醇、原油提炼等均离不开氢气（Marnellos, et al., 1998; Babich, et al., 2003）。在电子工业中，芯片生产需要用高纯氢气作为保护气，多晶硅的生产需要氢气作为生长气（Ramachandran, et al., 1998）。电子工业使用高纯氢气，一般采用现场电解水制氢。化工行业用氢一般以煤或天然气为原料制取，部分使用工业副产氢，总体使用成本较低。在钢铁行业，用氢气直接还原法代替碳还原法是降低炼钢行业碳排放量的有效手段（徐硕等，2021）。

在建筑行业，一方面，在家用燃料中混合天然气和氢，可以减少燃气的碳排放；另一方面，氢燃料电池驱动的热电联合供应系统，提高了建筑物综合能源利用效率。在医疗领域，氢气有去除氧化基、治疗氧化损伤等疗效。在食品工业中，经常采用氢气实现油脂氢化，以提高油脂的使用价值。为推动工业领域脱碳，用"绿氢"和"蓝氢"代替"灰氢"是大势所趋。然而，氢基工业需要大量氢气供给，这需要成熟且低成本的氢能供应链作为支撑，也需要相关技术和材料的突破，降低氢气的使用成本才能推动绿氢在工业领域广泛应用（徐硕等，2021）。

2.3.2.3　交通行业

交通行业是我国第二大能源消费和碳排放领域，是碳排放的重要来源之一，交通行业在 2019 年的碳排放总量约 11.4 亿 t，约占全国当年全国碳排放总量的 9%。交通行业按照运输路径的不同可分为公路运输、铁路运输、水路运输和航空运输。据国家发展改革委相关人员介绍，2019 年，我国交通运输领域碳排放总量为 11 亿 t 左右，占全国碳排放总量的 10% 左右，其中公路占 74%、水运占 8%、铁路占 8%、航空占 10% 左右。由此可见公路运输的碳排放是交通领域的减排重点。

现阶段我国交通运输行业在实现碳中和的过程中面临着诸多的困难和挑战。一是我国的货物运输业依然以高耗能、高排放的公路运输为主；二是我国公路客运规模还依然处在快速增长时期，且因为新能源汽车的渗透率不高，新增车辆将仍以燃油车为主；三是航空业的新能源替代还未有突破性进展，暂时没有可行的减排途径，且我国航空市场还处在高速发展时期，未来航空业的碳排放还将继续增长。

交通运输行业实现碳中和的主要措施可以分为交通运输结构优化、发展燃料替代技术、能效标准持续升级以及交通发展智能化四大类。

（1）交通运输结构优化

全面推进客运和货运结构调整能够有效降低交通行业的碳排放总量。铁路运输、水路运输的成本要远低于公路运输，且碳排放量更低。所以加速轨道交通以及航运的发展，扩大铁路和水路运输的范围是有效降低碳排放的重要途径。同时普通民众应提高绿色出行的比例。比如，城市间高铁出行，城市内地铁、共享单车出行，尽量少开车，少乘坐飞机，减少交通出行方面的碳排放。

（2）发展燃料替代技术

推动道路运输和铁路运输的大规模电气化是重要的减排措施。同时促进新型绿色能源技术突破，通过标准制定、完善产业链等政策推动氢燃料、氢能等技术的发展，明确氢能源在特定交通场景中应用路径和推广目标，加速产业规模化发展，实现重卡、水运、航空等运输领域的能源替代。通过完善购置补贴、税收优惠、双积分制等政策和充电站等配套设施的建设等多种方式提高电动汽车的普及率。

以氢燃料为动力，可以实现车辆使用端的零碳排放。相较于电动力，氢动力可以实现更长续航，在低温环境下有很好的适应力，同时氢气加注速度远高于充电速度。此外，氢动力在使用过程中仅产生水，且避免了噪声和高温的产生。因此，氢动力广泛应用于货用卡车、长途汽车、氢动力飞机、氢动力船舶、航天领域等。如果燃料电池系统和储氢系统的成本下降，则氢燃料车辆会推广普及，氢气加注的价格和便利程度会大大影响氢动力技术扩散路径。

纯电动汽车在行驶过程中使用电，二氧化碳排放为零。电动汽车不但在运营阶段是零排放，并且在生命周期中，整体的碳排放水平比同等情况的燃油车要低。然而，关于纯电动汽车是不是真的零碳仍有争议。从燃料周期来看，发电环节，以及车辆零部件制造和组装成车的过程还是会有二氧化碳排放。有反对观点认为，如果能源结构不改变，即电力主要来自煤电，那电动车仍然会增加碳排放，只有电网里大部分的电力是由可再生能源产生时，使用电动车才能算得上是低碳行为。

（3）能效标准持续升级

交通部门能耗强度下降是最直接有效的碳减排方式，我国在未来一段时间内，燃油车仍然是主流，交通行业仍将依赖化石燃料，不断提高汽车能效标准和汽车内燃机排放标准，将会有效降低汽车能耗以及污染物的排放。例如，在碳氢化合物和一氧化碳的排放限制方面，要求重卡燃油车降低颗粒物指标限值；同时，强制淘汰高耗能高排放燃油车，逐步升级能效标准，从而降低整体碳排放。又如，推广 LNG 动力船舶，促进内河水运电气化，提高船舶能效水平，降低水运碳排放；航空运输优化飞行过程，采用连续上升、连续下降和截弯取直的航线方式，提高运行效率，进而实现降碳。

（4）交通发展智能化

加大互联网＋、5G、车联网、AI 等智能化技术在交通运输行业的应用，支持自动驾驶、智能汽车产业发展，发挥智能系统在通行状况实时监测、诊断分析、趋势推断、预报预警方面的作用，通过大数据进行资源配置优化，有效规避交通拥堵，降低汽车出行碳排放。通过多项技术的协同，实现货车运输业的车货精确匹配，降低货车空驶率，有效降低货车运输业的成本和碳排放。

2.3.2.4 建筑行业

建筑行业是我国第三大能源消费和碳排放领域，作为国家支柱产业，建筑行业及其相关领域能否健康可持续发展，能否有效节能减排，对于新时代能否实现经济平稳增长和绿色发展至关重要。随着全球建筑行业的迅猛发展和城市化进程的加快，建筑行业及其相关行业在二氧化碳排放量中占据了很高的比重。国际能源署（IEA）和联合国 UNEP 发布的《2019 年全球建筑和建筑业状况报告》的相关内容显示：建筑业占全球能源和过程相关二氧化碳排放量的 40%。2017—2018 年，全球建筑业的碳排放量增加了约 2%，超过历史最高水平。更值得关注的是，全球人口总数在 2060 年或将突破 100 亿大关，在这之前将建造超过 2 300 亿 m^2 的新建筑来满足新增人口的居住需求，而这一过程产生的碳排放将是一个天文数字。

建筑行业的碳排放主要分为两大类：一类是建筑建造过程的碳排放，主要来自建筑材料的生产、运输以及施工过程；另一类是建筑运行过程中产生的碳排放，主要来自供暖、空调、照明、炊事及家用电器运行。

（1）建筑材料的生产、运输以及施工方面

建筑材料的生产是建筑业碳排放的一个重要来源之一。传统建筑材料（如钢铁、水泥等）都是高能耗的工业产品，而我国生产了超过全球一半以上的钢铁和水泥。因此建筑材料的生产需要进行工艺的改进和提升，减少生产过程中的能耗及碳排放。同时需要寻找钢筋混凝土结构的替代产品，如在低层建筑中采用木结构，这种天然的材料可以固定大气中的二氧化碳。此外，也需要提倡循环经济模式，鼓励废弃建筑材料再利用，减少对资源的消耗及温室气体排放。材料运输和建筑施工也具有减排的潜力，引入先进工业技术和管理机制可以减少碳排放，如装配式建筑、3D 打印技术以及资源的高效管理等。

（2）建筑运行方面

要实现建筑运行过程中的碳达峰、碳中和，应从下述 4 个路径入手：一是加速提升建筑节能水平，在我国北方地区，采暖能耗是第一大能耗；而在我国南方空调是第一大能耗。大部分地区的建筑采暖和空调能耗，超过了建筑总能耗的 50%，因此采暖和空调是建筑节能的重点。通过提升建筑保温隔热性能、提高设备能源利用效率和建筑节能运行管理水平等方式有效减少采暖和空调能耗。二是规模化推广屋顶太阳能发电和地源热泵等可再生能源技术的应用，提高建筑自身产能，发展绿色能源供暖技术。三是大力推广居民生活能耗电气化，以清洁的电能代替采暖、炊事以及热水等常用的化石能源。四是加大小区绿化和城市绿地面积，提高固碳、碳汇能力。

建筑行业实现降碳减排的有效途径之一是发展绿色建筑。绿色建筑是指在全寿命期内，节约资源、保护环境、减少污染，为人们提供健康、适用、高效的使用空间，最大限度地实现人与自然和谐共生的高质量建筑（李南枢等，2022）。绿色建筑充分利用诸多资源（能源、土地、水等），为用户提供健康、舒适、高效的空间，保护环境和减少污染，符合低碳经济和可持续发展的新方向，因此随着绿色建筑行业的不断发展，绿色建筑也获得社会公众的普遍认可，这也是"十四五"规划的明确要求。

随着我国绿色建筑政策不断出台，绿色建筑标准体系逐步完善。《绿色建筑评价标准》（GB/T 50378—2019）完善了绿色建筑的评价指标体系，扩大了绿色建筑的内涵，重新定义了绿色建筑，提高了绿色建筑评价的可操作性（王清勤等，2019）。《绿色建筑评价标准》（GB/T 50378—2019）包含安全耐久、健康舒适、生活便利、资源节约、环境宜居五类评价指标，每类指标均规定了控制项和评分项，结合了建筑工业化、海绵城市、健康建筑、建筑信息模型等高新建筑技术和理念（苏欢等，2022）。

建筑行业体现了人类经济社会财富情况，要让环境保护与经济协调发展，必须走共同治理、良性互动、循环共生的绿色发展道路。积极发展绿色建筑，就要实施绿色建筑全产业链发展计划，着力扩大绿色建筑材料产业规模，推进新建建筑全面实施绿色设计，设置建筑建设控制标准，推动绿色建筑标准实施和立法。加强绿色建筑科技研发，积极探索5G、物联网、人工智能、建筑机器人等新技术在工程建设领域的应用（吕指臣等，2021）。

2.3.2.5　农林业

农林业作为低成本的减排部门，具有很大的减排潜力，主要通过生物固碳和减排碳汇来减少碳排放。利用生态系统管理技术，保护现有的碳库和生态系统的长期固碳能力，通过人工造林、林地管理、减伐林木和森林灾害管理等手段开展大规模土地绿化行动，提高生态碳汇能力。加强土地空间规划和利用控制，有效发挥森林、草原、湿地、海洋、土壤和冻土的固碳作用，提高生态系统固碳增量。

近年来，联合国《生物多样性公约》《联合国气候变化框架公约》都在强调保护生物多样性的重要性，以及保护、养护及恢复自然和生态系统以实现《巴黎协定》目标的重要性，要求统筹协调应对气候变化与保护生物多样性。基于自然的解决方案（Nature-based Solutions，NbS）因其系统性、完整性、多元性、经济可行性、包容性等准则，逐渐成为国际社会广泛认同的应对气候变化与保护生物多样性、防灾减灾、协调经济与社会发展等一系列社会挑战的重要途径。2016年，世界自然保护联盟（IUCN）定义NbS为"通过保护、可持续管理和修复自然或人工生态系统，从而有效和适应性地应对社会挑战并为人类福祉和生物多样性带来益处的行动"（IUCN，2016）。

2020年，IUCN正式发布《IUCN基于自然的解决方案全球标准》，提出了8项准则，包括：①NbS应有效应对社会挑战；②应根据尺度来设定NbS；③NbS应带来生物多样性净增长和生态系统完整性；④NbS应具有经济可行性；⑤NbS应基于包容、透明和赋权的治理过程；⑥NbS应在首要目标和其他多种效益间公正地权衡；⑦NbS应基于证据进行适应性管理；⑧NbS应具有可持续性并在适当的辖区内主流化（世界自然保护联盟，2021）。准则①明确NbS所应对的社会挑战，包括气候变化（适应和减缓）、防灾减灾、生态系统退化和生物多样性丧失、粮食安全、人类健康、社会和经济发展以及水安全等。准则②指导 NbS 根据问题的尺度进行规划，包括地理尺度及其经济、社会和生态方面的内容。准则③、④、⑤强调环境可持续性、社会公平性和经济可行性。准则⑥重视多效益间的权衡。准则⑦要求 NbS 过程坚持以变革理论和迭代学习过程为基础的适应性管理原则。准则⑧关注 NbS 项目在时间和空间上主流化的进程，倡导将 NbS 概念和行动纳入国家政策或监管框架（王夏晖等，2022）（图 2.2）。

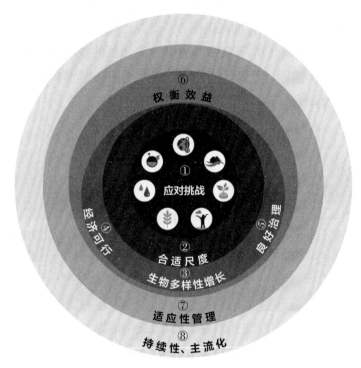

图 2.2　NbS 全球标准的 8 项准则

　　NbS 可以统筹应对气候变化与保护生物多样性，实现协同增效。NbS 可以保护、修复和可持续管理生态系统，提升生态系统服务功能，增加碳汇，从而有效减缓和适应气候变化，提高气候韧性，同时增加人类福祉和生物多样性。NbS 有以下 3 点具体优势：一是 NbS 尊重自然规律，通过倡导人与自然和谐共生的生态文明理念（卢风，2020），构筑尊崇自然、绿色发展的社会经济体系。例如，大力植树造林、加强农田管理、保护湿地和海洋等生态系统、改善生态管理等，以有效应对气候变化、实现可持续发展目标。二是 NbS 要求人们系统地理解人与自然的关系，更好地认识地球家园的生态价值，倡导依靠自然的力量应对气候变化，建立温室气体低排放和具有气候韧性的社会，打造可持续发展的人类命运共同体。三是 NbS 提倡借助自然的力量，提升绿地、湖泊、湿地等自然生态系统的吸碳固碳能力，增强社会经济和生态系统韧性，以保护生物多样性，提升生态文明思想（安岩等，2021）。

　　另外，以往自然气候解决方案绝大多数基于绿碳（陆地）生态系统，很大程度上忽视了基于沿海和海洋的碳固存机会。蓝碳生态系统包括海草草甸、红树林、潮汐沼泽、海藻床等。蓝碳生态系统是广泛的、高产的沿海栖息地，承载着不同的生态群落。蓝碳生态系统通过光合作用从大气中吸收二氧化碳，提升植物生物量和沉积物中有机碳的净积累。蓝碳生态系统还可以从外部来源（如通过陆地径流和浮游生物）积累有机碳。缺氧沉积条件和蓝碳生态系统在沉积环境中的定位使其非常适合碳积累，减少碳排放。相反，蓝碳生态系统的扰动可能成为一个巨大的潜在温室气体源。例如，气候变化和沿海开发等环境因素会使储存的蓝碳更容易被微生物降解为无机碳或温室气体（如二氧化碳），从而减少蓝碳储量（图2.3）。蓝碳生态系统的破坏不可能完全停止，也不是所有损失都能恢复。然而，海岸保护工程和规划为保护和恢复提供了机会，特别是通过评估共同利益（Macreadie，et al.，2021）。

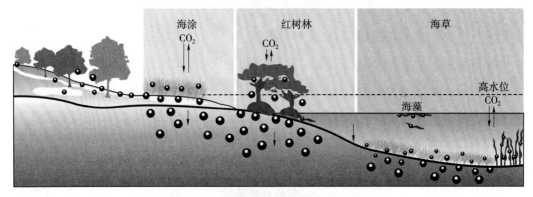

图 2.3 蓝碳循环的关键要素和过程

图片来源：Macreadie，Costa，Atwood（2021）。

2.3.3 个人参与碳中和路径

人类活动对气候变暖产生着重要影响，IPCC（2007）指出，近50年来的气候变暖，主要是人类活动所排放的温室气体导致的（翟超颖等，2022）。在此气候变暖背景下，"碳足迹"的概念逐渐引起了人们的广泛关注。碳足迹是指企业、机构、活动、产品或个人通过交通运输、食品生产和消费以及各类生产过程等引起的温室气体排放的集合，碳足迹描述了一个人的能源意识和行为对自然界产生的影响。相较于碳排放，碳足迹关注全生命周期，从产品生产、消费等相关活动中分析所有直接和间接的碳排放或温室气体排放。碳排放多侧重生产者视角，关注生产者的责任；碳足迹则侧重消费者视角，关注消费者的责任和控碳意识。碳足迹关注排放的源头、周期和过程，基于生命周期理论，从地域、空间和时间等视角全面评估碳排放的过程，并采取科学的方法从源头上制定合理的、有针对性的、全面的碳减排计划（翟超颖等，2022）。

　　为了统一量化分析碳足迹，国际组织、研究中心和政府机构等制定了许多碳足迹量化分析的方法、指标和评价体系，这些共同组成了碳足迹标准。目前，主流的4个碳足迹标准分别是2006年国际标准化组织（ISO）制定并不断完善的标准、2008年英国标准协会制定的《产品和服务生命周期内的温室气体排放评估规范》（PAS 2050）（以下简称"PAS 2050"）、2009年日本制定的《碳足迹标准》（TSQ0010）（以下简称"TSQ0010"）、2010年世界企业永续发展协会和世界资源研究所制定的《产品和供应链标准》（以下简称"PSCS"），国内企业的碳足迹评估采用2009年中国标准化研究院和英国标准协会共同发布的《PAS 2050：2008及使用指南（中文版）》（翟超颖等，2022）。

　　我们每个人在生活中的各个方面都会留下碳足迹，哪怕什么都不做，呼吸也会产生碳排放，人类排放的温室气体主要是因为人类的消费而产生的，其中70%左右的碳排放直接来自家庭和个人的消费。这些碳足迹可以被标识，即碳标签，是对产品或服务碳足迹量化的注释和标识。碳标签能够发挥信息引导、传递低碳信号、引导消费和促进节能减排等作用。碳标签可以直观地显示碳排放规模，向消费者传递碳排放信息，引导其做出对气候和生态环境友好的选择、消费和行为，从而激励产品生产商改进工艺、节能减排、降低碳排放量。此外，碳足迹标识还能够挖掘企业节能减排潜力、增强品牌效应、强化企业声誉等（翟超颖等，2022）。

　　微观个体角度的碳足迹计算主要是测算个人或家庭日常生活中的衣食住行所涉及的碳排放。例如，2007年英国环境、食品及农村事务部向公众公开发布了碳排放计算器，用于计算个人每日生活中的碳排放量。2006年以来，我国也开始发布碳排放量计算器。现阶段，我国已经在"网上国网"App上推出了"居民碳足迹计算器"功能用以估算每人/户的月度碳排放量（翟超颖等，2022）。作为负责任的公民，我们也需要尽量减少我们每个人造成的环境负担，并通过自己的努力在衣食住行的各个方面减少自己的碳足迹，尽量降低碳排放，为碳中和目标的实现贡献个人的力量。

2.3.3.1　饮食方面

　　我们日常所需的食物是人们通过辛勤劳动并消耗大量能源得到的。据测算，目前人类食品行业产生的温室气体在全球温室气体中占比高达29%。2015年，全球食品系统排放量达到180亿 t二氧化碳当量，占温室气体排放总量的34%（Crippa, et al., 2021）。平均每人每年在饮食方面的碳排放为2.5 t左右，这是个非常大的数字，所以我们应该积极行动起来，在饮食方面寻找减排的空间和方法。

　　首先人们应该在保证营养均衡的前提下尽量多食用蔬菜和谷物等素食食品，减少肉类的食用总量。联合国粮农组织提供的数据显示，生产1 kg的牛肉需要大约10 kg的谷物，同时带来约36.4 kg的碳排放，生产猪肉以及鸡肉等肉类虽然消耗的谷物和带来的碳排放要相对较低，但也远高于素食食品。其次要减少纸杯、一次性筷子以及塑料袋等一次性餐具产品。这些一次性产品的原料大多来自石油和木材，其生产过程中会消耗大量能源并产生碳排放，并且这些一次性产品使用周期极短，按照使用时间来算，其碳排放量非常大。此外，一次性筷子由于生产工艺的问题，会给使用者带来安全隐患，塑料袋等塑料制品在大自然中很难降解，会给环境带来压力。再次尽量食用当地的食材。当地食材与外地或者进口食材相比，其在运输过程中的碳排放要少得多，进口食材的碳排放一般为本地食材的4～5倍。最后一定不要浪费食物。根据联合国粮农组织提供的数据，全球有近1/3的食物被白白浪费掉，食物从生产到消费，再到废弃食物的处理的每一个环节都会产生碳排放。只要不浪费粮食，全球就能减少近40亿 t 碳排放。

2.3.3.2　交通方面

交通是人类生活中必不可少的一部分，随着科技水平的提升，人类出行的方式越来越多样化，人类在享受多样化的交通带来的便利的同时，也使得交通领域的碳排放总量不断提高，交通领域的碳排放已经成为人类碳排放中不容忽视的一个重要组成部分。选择绿色低碳的交通方式，减少不必要的出行，在兼顾交通效率的同时也能降低能源消耗，减少环境污染。不同的交通方式所产生的人均能源消耗和产生的碳排放是不同的，中国环境与发展国际合作委员会给出的数据显示，乘坐地铁所产生的人均能源消耗约为燃油汽车的5%，乘坐公共汽车所产生的人均能源消耗约为燃油汽车的8.4%。所以在出行时应该尽量选择公共交通，短距离出行可以选择步行或者骑行这样的零碳排放的出行方式。

2.3.3.3　穿衣方面

现在的服装行业整体越来越像是快消品行业，为了每年能有很好的销售额，很多服装企业试图把服装定义为一年一扔的快消品，企业在设计、生产和销售过程中只考虑服装是否时尚而不考虑服装的耐久性，导致生产出来的服装质量较差，基本一年之后就无法穿着，只能被扔进垃圾箱。这些衣服基本在穿了一季以后就进了垃圾桶。据统计，2010—2015 年，全球每件衣服的平均穿着的次数下降了大约25%。我国每年大约生产570亿件服装，其中有大约3/4的衣服将会在一年后进入垃圾场（中国服装协会，2021），由此可见现今服装使用寿命普遍偏短。所以我们在购买衣物时，应该根据个人需求购买，而不是一次性买很多。现在很多人的衣服还没穿就过时了，而这些过时的服装最后也只能是出现在垃圾箱。在购买时，尽量不要选择快消品牌，而是应该选择一些质量优良、经久耐用的品牌。在穿衣方面，低碳环保才是真正的时尚。

2.3.3.4 消费习惯方面

尽量延长购买产品的使用寿命，降低购买频率。现在各类消费品更新换代的速度很快，商家为了获得更多的利润，也会通过各种途径诱导消费者不断更换新产品，导致很多产品还没有到使用周期的一半就被替换甚至丢弃。但实际上，新产品在各方面相对于老产品并没有什么本质上的提升。比如手机，各大厂商每年都会推出新品，但实际上性能提升很有限，老款手机的性能对于现在的使用场景来说依然是过剩的，完全没有必要频繁更换手机。频繁购买新产品一方面会增加产品生产方面的碳排放，另一方面处理丢弃的旧产品也将产生大量的碳排放。

近年来，相关部门持续推出政策，各地加快废旧物资循环利用体系建设，例如，家电生产企业积极开展回收目标责任制行动，各方合力促进完善废旧家电回收处理体系，推动家电更新消费。又如，现已有从使用寿命已尽的轮胎中回收炭黑的技术，也可热解油、铁、天然气和其他新型优质可回收材料。该技术可回收构成轮胎的所有材料，并将其重新用于其他以橡胶为原料的产品。国际上，福特宣布与惠普合作，将废弃的 3D 打印粉末和零部件转变为注塑成型的汽车零部件，从而形成生产的闭合回路，新方法首次实现了废弃粉末的高价值应用（3D 打印技术参考，2021）。

另外，推进废旧纺织服装回收利用，可以减少资源浪费，缓解资源不足的压力。纺织服装业的资源来自大自然的储存和消耗，其中棉花是纺织服装业中生态耗用自然资源最少的绿色资源；毛类、植物类虽然也是可再生资源，但对自然资源的消耗很大；占纺织产品比重越来越大的化纤产品，主要资源来自石油，而石油是不可再生的化石能源。在纺织服装生命周期全过程中，包含着对资源的攫取和环境污染，回收利用废旧纺织服装可以缓解纺织服装加工和处理中产生的环境问题（生物多样性保护绿色发展，2022）。

在全球环保都在行动的当下，"限塑"已成为全球共识，在 2022 年开年各国的新一轮限塑令中，透露出的是对替代性环保及再生包装材料的强大需求，以及对可持续循环经济发展的重视。金属包装作为绿色环保、易回收利用的包装形式，将成为替代塑料制品的首选。常见的金属包装无论是马口铁还是铝制品，其废弃物经过翻修整理、回收重复利用，或经过回收后的回炉重新铸造，轧制成新的铝材或钢材。金属包装替代塑料包装，对绿色环保、循环经济和实现可持续发展具有重要意义（奥瑞金，2022）。

2.4 碳中和重点方向

2.4.1 清洁能源的发展

随着世界各国对能源需求的不断增长和环境保护的日益加强，新能源的推广应用已成必然趋势。到 2050 年前后，新能源的发电量预计可达全球用电总量的 80%，其中风电和光伏发电可达总发电量的 50% 左右（IRNEA，2020）。发展清洁能源是碳中和的必然途径，到 2060 年，清洁能源在一次能源消费中的比重需增长至 90% 以上，以至全面取代传统化石能源。我国将按照集约高效、优化布局的总原则，大规模开发各类清洁能源，全面提高我国清洁能源的开发规模和质量。

2.4.1.1 高效开发风力发电

我国西北区域和东南沿海海域风力资源丰富，具备大规模开发风力发电的基本条件。风电发展应形成西北陆上和东南沿海海上并举的格局，在西北区域和东南沿海区域建设大型风电项目，同时在中东部的适合区域发展分散式风电。2030 年风电装机总量将达到 8 亿 kW，2050 年装机总量将达到 22 亿 kW，2060 年装机总量将达到 35 亿 kW。

2.4.1.2 大力发展太阳能发电

在西部和北部区域充分利用沙漠、戈壁等无人区的土地资源优势，大规模开发集中式大型太阳能发电。在中东部区域因地制宜，有效利用建筑屋顶、草场、园林以及河湖水塘等区域发展分布式光伏太阳能发电。2030 年光伏装机总量将达到 10 亿 kW，光热装机总量将达到 0.25 亿 kW，2050 年光伏装机总量将达到 32.7 亿 kW，光热装机总量将达到 1.8 亿 kW，2060 年光伏装机总量将达到 35.5 亿 kW，光热装机总量将达到 2.5 亿 kW（全球能源互联网发展合作组织，2021）。

2.4.1.3 积极稳妥开发水电

中国水力资源理论蕴藏量、技术可开发量、经济可开发量及已建和在建开发量均居世界首位，水力资源是中国能源资源的重要组成部分。我国水力发电技术成熟，成本低于风力发电和太阳能发电，经济性较高。我国水资源分布区域特性显著，水资源主要分布在中西部地区，我国将进一步实施水电"西电东送"战略，重点建设长江上游、金沙江、澜沧江、黄河、雅砻江、大渡河、南盘江、雅鲁藏布江、红水河、怒江等大型水电设施。通过加强北、中、南输电通道建设，继续扩大水电"西电东送"规模，完善其结构，加强通道互联互通，实现更大范围的资源优化配置。2030 年水电装机总量将达到 4.4 亿 kW，2050 年装机总量将达到 5.7 亿 kW，2060 年装机总量将达到 5.8 亿 kW（全球能源互联网发展合作组织，2021）。

2.4.1.4 大力发展核电

一方面，核电是极为高效的发电方式，使用燃料体积小，运输存储方便，一座百万 kW 级核电站每年仅需补充约 30 t 核燃料，1 辆普通卡车单次即可完成补给。一座同样规模的火电厂，每年消耗约 300 万 t 原煤，需要 10 万辆次卡车的运力。另一方面，与其他低碳可再生能源相比，核电很少受天气、季节或其他环境条件的影响，可长期稳定运行，是充当基荷电源的可靠选择，也是完成碳减排承诺的现实途径。相较于高能耗、高污染的传统火力发电，核电凭借自身清洁、低碳、高效的特点，拥有广阔的发展前景与巨大的市场潜力，正在成为火力发电的有效替代者之一。在我国，核电可以优化能源结构、保障能源安全、推动产业升级、减少环境污染。作为非化石能源，核电将成为未来清洁能源体系的重要一员（张凡等，2022）。

除了风力发电、太阳能发电和水力发电，潮汐发电以及生物质能发电等也是实现清洁能源替代的重要组成部分。多种清洁能源协调互补，对推动整个能源结构快速转型起着至关重要的作用。

2.4.2　传统化石能源转型

清洁能源替代传统化石能源是能源转型的必然趋势。为实现碳中和目标，到2060年，清洁能源在一次能源消费中的比重需增长至90%以上，发电、工业、交通和建筑等重点碳排放领域需要进行深入的能源转型，形成煤电逐渐减少、气电适度调峰、石油回归材料属性的发展格局。按照清洁、低碳、结构优化的原则，开展传统能源改造，重点是严格控制煤电规模，优化燃气发电功能布局，合理有序减少化石能源使用，实现从高碳到低碳再到零碳的转变。对材料进行基础改造，发展碳循环利用和非能源利用技术产业，推动化石燃料的材料属性转变，更好地发挥经济效益和社会效益。

传统化石能源转型，首先是严格限制煤电，逐步淘汰落后产能。我国中东部已核准未开工的煤电项目必须停建，已经在建的要合理安排进度，并且不再核准新的煤电项目，力争煤电在2025年实现装机容量达峰。增加煤电的灵活性，将煤电由电力供应的主力调整为辅助，主要起到保障电网的灵活性和可靠性的作用。争取到2050年，煤电装机容量降至3亿kW左右，到2060年，煤电将完全退出市场。其次是降低石油消耗量，推动石油的非能利用。在交通领域逐步降低燃油的使用量，提升石油的化工原材料属性。石油消费在2030年达峰，峰值为10.6亿t标准煤，交通领域燃油消耗量锐减的同时大力发展石油化工原料产业。到2050年，石油消费量降至4.8亿t标准煤。到2060年降至2.2亿t标准煤，其中交通领域降至0.6亿t，居民、商业等领域石油消费接近零，非能利用领域约为1.2亿t。此外，限制煤炭和石油的同时还应科学稳妥发展气电，发挥其调峰作用；推动煤电设施科学有序改建，降低煤电资产投入使其逐步退出市场。

2.4.3　能源消费全面实现电能替代

电能替代是实现终端能源消费高效化、低碳化的必然要求。从能源消费来看，能源革命的实质是实现能源的高效利用和绿色低碳，有研究表明，我国电力占终端能源消费比重每提高一个百分点，单位 GDP 能耗可下降 4%。电能的终端利用效率最高可以达到 90% 以上；燃气的终端利用效率为 50%～90%，燃煤的终端利用效率相对更低。随着清洁替代的程度提高，电能在终端能源消费中的比重大幅提升，将极大减少化石能源消费量。

电能替代是解决能源环境问题的有效途径。从电力生产利用全过程来看，火力发电也会排放二氧化硫和氮氧化物，但电力行业可以采取脱硫脱硝等方法集中处理其排放物。经脱硫脱硝处理后，电能的硫化物排放量远低于原煤、焦炭和柴油，氮化物排放量远低于原煤、焦炭、汽油、柴油和天然气。未来，随着清洁能源的发展，电能替代的环保优势将进一步显现。稳步推进电能替代，不仅能有效降低碳排放，还有利于提升我国电气化水平，提高人们生活质量，让人们享受更加舒适、便捷、智能的电能服务；有利于提升部分工业行业产品附加值，促进产业升级。此外，电能替代将进一步扩大电力消费，缓解我国部分地区当前面临的电力消纳与系统调峰压力。

能源消费全面电气化有 4 个重点领域。一是北方居民采暖领域，主要针对燃气（热力）管网覆盖范围以外的城区、郊区、农村等还在大量使用散烧煤进行采暖的地区，使用蓄热式电锅炉、蓄热式电暖器、电热膜等多种电采暖设施替代分散燃煤设施。从电采暖的发展方向可以看出，电采暖在整个供暖体系中属于补充供暖方式，未来北方地区居民采暖主要还是依靠热电联产集中供热，特别是背压式热电联产，这是能源利用效率最高的方式。未来将力争实现北方大中型以上城市热电联产集中供热率达到 60% 以上。二是生产制造领域，生产制造领域的电能替代需要结合产业特点进行，有条件地区可根据大气污染防治与产业升级需要，在工农业生产中推广电锅炉、电窑炉、电灌溉等。三是交通运输领域，主要针对各类车辆、靠港船舶、机场桥载设备等，使用电能替代燃油。四是电力供应与消费领域，主要是满足电力系统运行本身的需要，如储能设备可提高系统调峰调频能力，促进电力负荷移峰填谷。

电能替代前景广阔。1971—2012 年，电能在世界终端能源消费中的比重从 8.8% 增长至 18.1%，仅次于石油位居第二位；预计到 2030 年，电能占世界终端能源消费的比重将达 25%；到 2050 年，这一比重将超过 50%。国家发展改革委、工信部、财政部等十部门于 2022 年联合发布的《关于进一步推进电能替代的指导意见》明确提出，到 2025 年，电能占终端能源消费的比重达到 30% 左右。随着清洁能源供应的大幅增加，未来终端能源需求大部分将通过电能得到满足。

2.4.4 产业结构调整和优化

我国作为全世界工业门类最齐全的国家，2020 年粗钢产量达到 10.53 亿 t，占全球比例达到 56.5%，超过美、日、印、俄等其他各国之和。我国还是全球最大的石油进口国、最大的天然气进口国、最大的煤炭进口国、最大的铁矿石进口国，甚至在大量出口稀土的同时，也是全球最大的稀土进口国。而这背后，则是我国工业的粗放式发展和高碳排放。因此，有效降低碳排放，必须加快产业结构转型升级。

产业结构是影响一个经济体碳排放和碳排放强度的重要因素。实现碳中和目标，需要推动我国产业转型升级，提高经济质量、效益和核心竞争力，实现经济绿色低碳可持续增长。按照创新引领、优化布局、提质增效的原则，能源产业转型升级将带动战略性新兴产业发展，推动传统高耗能、高污染产业低碳转型，加快产业结构优化升级和现代经济体系建设，实现经济绿色低碳高质量发展。

产业结构的调整和优化应该在以下几个方面发力：一是要大力发展高端装备制造、生物科技、新一代信息技术和高端材料技术等战略性新兴产业，使我国成为世界最重要的创新和高端制造中心。二是要推动绿色产业快速高效发展，完善绿色金融体系建设，构建以市场为导向的绿色科技创新体系和绿色产业体系，以绿色发展理念促进产业结构健康发展。三是要对高耗能行业格局进行优化，提高准入门槛以加速裁汰落后产能，持续降低高耗能、高排放、高污染产业的比重。四是以技术密集型企业和生产性服务企业为主导，对产业结构进行全面的优化调整和绿色转型。

2.5 碳中和关键技术

2.5.1 清洁发电技术

2.5.1.1 风力发电技术

把风的动能转变成机械动能，再把机械能转化为电力动能，这就是风力发电。风力发电的原理，是利用风力带动风车叶片旋转，再通过增速机将旋转的速度提升，来促使发电机发电。1891年丹麦人制造出世界上第一个发电风轮，实现了人类对风能的应用，经过一个多世纪的发展，风力发电已经成为电力生产中的重要方式之一，是继火电和水电之后的第三大发电方式，全球风电装机容量目前已接近500 GW（智研咨询，2022）。

由于风力发电可以有效解决目前能源紧缺和气候风险的问题，因此风力发电受到各国的重视和支持。2021年全球新增风电装机93.6 GW，中国、美国、巴西占据前3位，我国装机占比超过全球装机的50%。其中，全球海上风电新增装机21.1 GW，排名前3位的为中国、美国、越南，我国装机占比达80.02%（全球风能理事会，2022）。其余诸如英国、丹麦以及印度等国家也都保持着较高的风电装机容量和较快的发展速度。风力发电技术在全球范围内发展迅猛。

风力发电能取得如此之快的发展速度，一方面是因为风力发电对环境友好且取之不尽用之不竭；另一方面是很多国家对风电采取扶持政策，当前无论是传统风电市场还是新兴风电市场，都制定了针对风电行业的大力度支持政策。例如，中国针对风力发电采取了电价补贴政策以保障风力发电企业的发展；欧洲风电强国——法国和葡萄牙，采用固定电价政策以保障发电企业的利润；西班牙采取了溢价政策以帮助发电企业降低投资风险。另外，世界上大部分国家针对风力发电的建设和运维都有税收减免、金融优惠等扶持政策。虽然各项扶持政策在风力发电发展的初期有着重要的保障作用，但是风力发电不能永远在政策的保护之下发展，必须回归市场，风力发电必须不断降低设备生产成本并进行技术革新，以使风电在成本上更具竞争力。接下来，提高风电单机装机容量和发电效率、大规模开发海上以及极地风电、提升风电的电网友好性是未来风电技术的主要发展方向。其中，叶片结构设计、新型叶片材料研发、海上风机基础结构选择和结构模态分析、载荷计算和疲劳分析及风机抗低温运行技术、叶片除冰技术等都是重要的攻关方向。

2005 年之前，中国风电发展还处在起步阶段，此时欧美、日本等发达地区和国家已在风电技术方面研究了几十年，但是中国在起步就落后的情况下，仅用了 5 年时间就追上了发达国家的脚步，并且在 2010 年以后，我国风电更是日新月异，在风电的发展方面已经把这些地区和国家远远甩在了身后，目前我国已经是世界风电第一大国。

改革开放以来，我国经济高速发展，我国经济总量目前仅次于美国。经济高速发展的背后是与日俱增的能源消耗，目前我国已经是世界最大的能源生产国和消费国，而我国主要的能源形式依然是煤炭、石油和天然气，能源结构不够绿色，对生态环境不友好，且石油和天然气对外依存度很高，存在较大的能源安全压力。所以从碳中和目标的实现、能源安全以及环保等多方面考虑，我国能源结构都到了必须要改革的时间点。能源结构改革首先要选定主要的能源模式，水电对地理位置要求严格，很难大规模发展，核电和生物能在安全和技术等多方面存在问题，短期之内无法大规模推广。现阶段能大力推广的就只有风力发电和太阳能发电。风力发电分为陆上风电和海上风电，陆上风电的发展目前已经进入平稳期，而海上风电凭借资源丰富、能源效率高、输电距离短、可就地消化使用以及不占用土地等众多优势成为了重要发展方向。截至 2020 年，我国海上风电装机总量已达 9 898 MW，仍处于海上风电发展的初期。我国海岸线长达 18 000 多 km，可发展海上风电的海域面积巨大，并且我国能源的负荷中心就在东部沿海区域，发展海上风电无须配套特高压输电设施，这将大幅降低成本，发展风电的同时还能促进沿海区域相关产业的发展。

我国的风电设备大多在大西北，或者在人迹罕至的高山和海上，一般不会影响人们的正常生活，同时西北区域和海上区域风力资源丰富，发电效率高，借助于测风雷达和智能调度，可以保证电力平稳输出。而且我国在建设风电的同时也兼顾了生态环境的保护。在碳中和目标的指引下，发展风电将是我国大力发展清洁能源的必然选择，同时也是我国保障能源安全的重大机遇。

2.5.1.2　太阳能发电技术

太阳能是地球上绝大多数能源的主要来源，太阳能发电技术是重要的可再生能源利用技术。随着太阳能发电技术和全球能源互联网发展，太阳能发电将成为未来潜力最大、增长最快的能源。太阳能发电的优势主要有两个方面：一方面，光照资源来自太阳，是取之不尽、用之不竭的能源。据估计，抵达地球表面的太阳辐射能量相当于同期内由各种能源（如水力、火力发电和原子能发电等）向世界能量系统提供的总能量的 32 000 倍（山青，1972）。另一方面，太阳能是清洁能源，不会产生有害气体，对于今天日益严重的环境问题有着极为重要的意义。例如，日本一直面临着能源短缺的困境，英国伦敦曾因汽车尾气排放、柴油机燃烧等出现严重的雾霾现象，美国肯塔基州的路易斯维尔发电厂因有毒废料排放过量而导致空气污染严重。类似问题将随着太阳能发电技术的发展迎刃而解。

目前主要的太阳能发电技术包括光伏发电技术和光热发电技术。光伏发电是利用太阳能直射半导体产生直流电，再用逆变技术将直流电转化为交流电，并入交流电网或提供给用户，本质上光伏发电技术是利用半导体的光生伏特效应进行发电。光热发电技术是利用聚热技术聚集阳光的热量，通过换热装置产生蒸汽，推动汽轮机进行发电的技术。从本质上讲，光热发电技术与传统的火力发电技术原理很相似，区别只在于产生蒸汽的热量来自光照而非化石燃料的燃烧。光伏发电主要应用了太阳能中的光能，光热发电则主要利用了太阳能中的光能和热能，两种发电技术相互配合与补充，实现了对太阳能的充分利用。

光伏发电技术利用半导体的光生伏特效应将光能直接转化为电能，是一种非常有潜力的清洁能源发电技术。光伏发电技术根据太阳能电池的不同技术路线主要分为薄膜电池和晶硅电池两类。薄膜电池的转化效率高达 24.4%，晶硅电池的转化效率也达到了 19.2%（Green，et al.，2021）。光伏发电发展很快，据国际可再生能源机构（IRENA）公布的 2021 年全球可再生能源装机数据，截至 2021 年年末，全球累计光伏装机达 843 GW，全球新增光伏装机 133 GW，再度创下纪录，我国新增光伏装机量 53 GW 排名第一，全球光伏发电的平均成本已经由 2009 年的 2.5 元 /kW·h 大幅降至 2019 年的 0.38 元 /kW·h。光伏发电技术未来的发展重点将会是提高电池转化效率。提高电池转化效率的主要研究方向是降低光损失、串并联电阻损失和载流子复合损失，突破单结电池效率极限的关键是研究制造新型多 PN 结层叠电池。

光热发电通过聚集阳光来收集阳光的热量，再通过热置换产生高压热蒸汽来驱动汽轮机进行发电。光热发电的关键技术是如何聚集太阳光的热量，也就是聚热技术。根据聚热方式的不同，光热发电技术又分为槽式光热发电、塔式光热发电、碟式光热发电和菲涅尔式光热发电。在目前已经建成的光热发电系统中，槽式光热发电占比约为 80%，塔式光热发电占比为 10%，剩余为其他光热发电形式。相对于光伏发电技术和风力发电技术，光热发电技术主要优势在于其输出的电能质量好。因光热发电系统大多拥有储能装置，所以电能输出稳定，不受间歇性光照的影响，且输出电能具有可调节性，相对于需要采用电力电子设备进行环流的光伏发电技术，电能质量更好，对电网的冲击也更小。而与光伏发电相比，光热发电的主要缺陷在于其对周围环境要求较高，需要建设在太阳直射强度较高的地区，另外，光热发电系统还需要大量的水进行冷却。综合各个方面，光热发电系统的建设成本较高，每 kW 造价为光伏发电系统的 2～3 倍。因此，要大规模建设光热发电站，还需要降低光热发电技术对地区条件的要求，并降低光热发电的成本。2019 年全球光热发电累计建成装机容量约 6.4 GW，全球光热发电的平均成本较高，约为 1.33 元 /kW·h，而我国平均成本约为 0.97 元 /kW·h。光热发电未来的重点方向是提高光热发电站的运行温度和转化效率。主要研究方向是改进和创新集热场的反射镜和跟踪方式，研究制造新型硅油、固体颗粒、液态金属以及热空气等新型传热介质，研发超临界二氧化碳布雷顿循环等新型发电技术。

2.5.1.3　水力发电技术

水力发电是指利用河流、湖泊等位于高处具有势能的水流至低处，将其中所含势能转换成水轮机的动能，再借水轮机为原动力，推动发电机产生电能。经过百余年的发展，水力发电已经是目前最为成熟、开发规模最大、经济性最高的清洁能源发电技术。经统计，全球水能资源理论蕴藏量约为 39 万亿 kW·h/a，主要分布在亚洲、南美洲、北美洲等地区，其中亚洲理论蕴藏量约为 18 万亿 kW·h/a，占世界总量的 46%。水能资源理论蕴藏量居前 5 位的国家分别是中国、巴西、印度、俄罗斯、印度尼西亚，分别达到 6.08 万亿 kW·h/a、3.04 万亿 kW·h/a、2.64 万亿 kW·h/a、2.30 万亿 kW·h/a 和 2.15 万亿 kW·h/a。截至 2019 年，全球水电装机总量达到约 1 308 GW，且全球水电成本为 0.25～0.50 元 /kW·h，低于风力发电和太阳能发电的成本。目前，全球水电开发率约为 27%，总体来说开发率并不高，未来还有较大的上升空间。

水能是一种清洁能源。水力发电效率高，成本低，机组启用快，易于调节。而且水力发电往往是整个水利工程的一个组成部分，除发电之外，大型水利工程还能起到控制洪水、改善航运、农业灌溉等多种功能。虽然水力发电有诸多优势，但同时也有其自身的缺点。第一是大型水利工程投资巨大且建设周期长，第二是地形的限制使得水力发电设备单机容量有限，第三是水电工程会对周围区域的生态环境造成破坏。

随着人类对能源需求的不断增大，发展水力发电将会是未来能源发展的一个重要方向。全球有 100 多个国家明确表示会继续发展水电，预计到 2035 年，全球水电的装机容量可达约 1 750 GW。未来各国应该在保障好工程建设的可行性、可靠性、经济性和协调性以及保护好生态环境的前提下积极稳妥地开发水电。发展重点应放在混流式水轮机、适用高水头的冲击式水轮机和用于调峰的变频调速抽蓄机组的研发和制造上，加大在稳定性研究、水利设计、电磁设计和机组控制方面的攻关投入。

2.5.1.4 潮汐发电技术

因地球自转以及周围天体的相对位置总会发生周期性的变化，地球上海水受到的引力也出现相应的、周期性的变化，从而导致海水出现周期性的涨潮和退潮，这个现象被称为潮汐。潮汐本质上就是一个动能和势能不断转化的过程，这个过程中蕴含着巨大的能量，潮汐发电所需的就是这个能量。目前，潮汐发电的方式主要包括有水库式潮汐发电和无水库式潮汐发电，其中有水库式潮汐发电主要利用的是海水的势能，无水库式潮汐发电主要利用的是海水的动能。

有水库式潮汐发电是主流的潮汐发电方式，其主要利用海水势能进行发电。水库式分为建设一个水库的单水库式和建设两个水库的双水库式，其中单水库式又分为单库单向式和单库双向式。单库单向式潮汐发电在海水涨潮时蓄水，海水退潮时放水推动水轮机转动发电；单库双向式潮汐发电设有两条独立的引水通道，海水涨潮时海水从进水管道进水，推动水轮机转动发电；海水退潮时海水从出水管道放水，推动水轮机转动发电。单库双向式实现了双向发电，但是投资比单库单向式要大。为了实现连续发电，拥有两个水库的双库单向式潮汐发电方式被设计建造并投入使用，在海水涨潮时，高位水库进水，海水落潮时，低位水库出水，两个水库始终保持着一定的水位差，可以持续发电。虽然双库单向式能实现连续发电，但是其建造成本要远高于单库式潮汐发电。

海水中除了蕴含势能，还拥有较为可观的动能。无水库式潮汐发电主要利用的就是潮汐过程中的海水动能。无水库式潮汐发电和风力发电的原理有些类似，风力发电利用的是气流，无水库式潮汐发电利用的是水流。虽然有水库式潮汐发电是目前潮汐发电的主要形式，但在特定的水流条件下，无水库式潮汐发电有其自身的优势。无水库式潮汐发电主要有海底风车式潮汐发电和全贯流式潮汐发电。海底风车式潮汐发电将发电机组通过打桩固定在海底，通过可提升的塔筒来调节水轮的高低，以便充分利用潮汐的能量。英国于 2003 年在布里斯托海域初步建成了海底风车式潮汐发电的实验工程，并将该工程的装机容量逐步扩大到 1 500 kW，这是对海底风车式潮汐发电可行性的一个很好的证明。

与海底风车式潮汐发电相比，全贯流式潮汐发电的主要区别在于水轮的变化，全贯流式由叶片式风机变为中心开放式滑动轮帆型转子。潮汐水流从水轮中心通过，对有一定角度的叶片进行冲击，带动水轮旋转进行发电。目前全贯流式潮汐发电还处在试验阶段，尚未真正投入商业运行。

潮汐发电主要利用天体之间引力所产生的海水能量进行发电，经过多次实地的应用和检验，被认为是一种较为可靠的发电方式。但是潮汐发电投资巨大，发电存在明显的间歇性且发电设备易被海水腐蚀，这都使得潮汐发电的发展受到了极大限制，目前潮汐发电并没有被大规模应用。随着未来能源需求的不断上升，多种发电方式协同发展、相互补充，潮汐发电的优势将会凸显，从而获得快速发展。

潮汐发电作为一种可靠的发电方式，是非常有前景的。不难看出，未来潮汐发电的发展将会朝着以下几个方向发展。第一，潮汐发电将会朝着大型化、规模化发展；第二，各国政府的相关利好政策将会促进潮汐发电的快速发展；第三，潮汐发电将会与其他多种发电方式协调发展，互为补充；第四，潮汐发电将会促进浅海及港口区域各行业的协调发展。

2.5.1.5 生物质能发电技术

生物质能源主要是指直接或间接地利用自然界的有机物质生产的能源，其具有蕴藏量大、普遍性、易取性、挥发性高、炭活性高、易燃性等特点（孙守强等，2008）。生物质能发电技术是以生物质及其加工转化成的固体、液体、气体为燃料的热力发电技术。生物质能发电由于其本身具有环保以及可持续发展的特性，受到了当今社会的普遍重视（黄英超等，2007）。生物质能发电技术是当前对生物质能最直接、最有效的利用方式，当前欧洲各国以及中国、美国等国家都在大力推进生物质能发电技术。从全球范围来看，生物质能发电技术正在呈现快速发展的势头，2008—2017年，全球生物质能装机容量从5 386万kW增长至10 921万kW，10年间增长了一倍，美国、欧洲、巴西等也已经建成相当规模的生物质能发电装机容量（陈瑞等，2021）。我国作为农业大国，生物质资源丰富，每年可产生农林生物质资源约39.79亿t，其中可能源化利用部分达3.26亿t，具备发展生物质能发电的前提条件（田宜水等，2021）。经过多年的发展，我国生物质能发电年装机量连续多年居世界首位，截至2020年，我国生物质能发电累计装机容量达到2 952万kW，连续三年位列世界第一。未来在全球能源互联网中，生物质能发电将成为重要的电力来源，为全球电力用户提供持续、稳定、清洁的电力能源。

与火力发电的原理类似，生物质能发电也是对水进行加热产生高温高压水蒸气以推动汽轮机进行发电。与火力发电主要以煤炭为燃料不同，生物质能发电的燃料是各种生物质。生物质的性能不同于化石能源。因此，对生物质燃料进行处理是生物质发电的关键，目的是能充分释放生物质燃料中储存的能量。根据燃料和燃烧方式的不同，生物质发电主要分为生物质直燃发电、生物质混燃发电、生物质气化发电、沼气发电和生物质电池等。每种发电方式都有其优缺点和应用场合。通过综合利用、相互合作、加快技术创新，生物质发电才能在全球能源互联网中发挥更大的作用。

生物质能发电未来的发展主要有几个趋势：一是生物质发电以热电联产的形式进行运营；二是生物质发电会配合其他发电方式；三是农业区将成为未来生物质发电的重要发展区域；四是未来生物质发电补贴政策将进一步加强。

2.5.2 碳捕集、利用与封存技术

碳捕集、利用与封存技术（Carbon Capture，Utilization and Storage，CCUS）是碳捕获与封存技术（Carbon Capture and Storage，CCS）新的发展趋势，即把生产过程中排放的二氧化碳进行提纯，并投入新的生产过程进行循环再利用或封存。该技术被认为是未来大规模减少温室气体排放、减缓全球变暖最经济、可行的方法。

碳捕集是指对电力、钢铁、水泥等行业使用化石能源过程中产生的二氧化碳进行分离、富集的过程，它是 CCUS 系统产生能耗和成本的主要环节。碳捕集技术大体可分为燃烧后捕集、燃烧前捕集和富氧燃烧捕集 3 类。包括发电厂、水泥厂、钢铁厂、冶炼厂、化肥厂、合成燃料厂和以化石原料为基础的制氢厂等是适用碳捕集技术的排放源，其中化石燃料发电厂是碳捕集的主要排放源。

碳运输是指将捕集的二氧化碳运送到利用或封存地的过程，是捕集和封存、利用阶段间的必要连接。根据运输方式的不同，碳运输主要分为管道、船舶、公路槽车和铁路槽车运输 4 种。碳封存是指通过工程技术手段将捕集的二氧化碳封存于地质构造中，实现与大气长期隔绝但不产生附带经济效益的过程。碳封存按封存地质体及地理特点划分，主要包括陆上咸水层封存、海底咸水层封存、陆上枯竭油气田封存和海底枯竭油气田封存等方式。长期安全性和可靠性是二氧化碳地质封存技术发展所面临的主要障碍。2021 年发布的《中国二氧化碳捕集利用与封存（CCUS）年度报告（2021）——中国 CCUS 路径研究》中的数据显示，全球陆上理论封存容量为 6 万亿~42 万亿 t，海底理论封存容量为 2 万亿~13 万亿 t。我国理论地质封存潜力为 1.21 万亿~4.13 万亿 t，容量较高。碳利用是指利用二氧化碳的物理、化学或生物作用，在减少二氧化碳排放的同时实现能源增产增效、矿产资源增采、化学品转化合成、生物农产品增产利用和消费品生产利用等，是具有附带经济效益的减排途径。根据学科领域的不同，碳利用可分为二氧化碳地质利用、二氧化碳化工利用和二氧化碳生物利用三大类。在地质利用方面，二氧化碳驱油提高采收率和封存技术已经成为经济开发和环境保护上实现双赢的有效办法。在化工利用方面，以化学转化为主要手段，将二氧化碳和共反应物转化成目标产物，从而实现二氧化碳的资源化利用。在生物利用方面，以生物转化为主要手段，将二氧化碳用于生物质合成，生产食品、饲料以及生物燃料等有经济效益的产品，从而实现二氧化碳的资源化利用。

CCUS 项目的实施始于 20 世纪 70 年代，美国和一些欧洲国家在 20 世纪 70 年代至 80 年代开始进行二氧化碳捕集和地质封存项目的建设。早期的 CCUS 项目包

括美国得克萨斯州的一家天然气加工厂的 CCUS 项目。该项目是将天然气加工过程中产生的二氧化碳用管道输送到周边的油田，利用二氧化碳驱油技术（Enhanced Oil Recovery，EOR）提高油田的产量，同时实现二氧化碳在油井下长期的地质封存。据报道，该项目每年能处理约 40 万 t 二氧化碳。中国 CCUS 项目起步相对较晚，其中大部分相关项目是从 2000 年以后开始逐步实施的。这些项目最初的技术路线与欧美国家相似，也是从地质封存以及二氧化碳驱油技术的运用开始。相关的早期项目包括大庆油田的二氧化碳驱油项目等。自 2010 年起，中国的 CCUS 项目开始出现多种二氧化碳利用的技术路线，其中包括发电厂的燃烧前捕集、热电联用等，利用催化加氢等手段将二氧化碳升级为甲醇等化工原料、二氧化碳基塑料等技术路线也开始崭露头角。

非常值得一提的是，在 2021 年，中国科学院天津工业生物技术研究所在淀粉人工合成方面取得重大突破性进展，Cai 等（2021）通过 11 步核心生化反应利用二氧化碳和电解产生的氢气合成淀粉，在国际上首次在实验室实现了二氧化碳到淀粉的从头合成。且淀粉合成速率是玉米淀粉合成速率的 8.5 倍。该成果于北京时间 9 月 24 日在线发表在国际学术期刊《科学》上，这将是影响世界的一项重大的颠覆性技术。据科研团队介绍，在充足能量供给的条件下，按照目前的技术参数推算，理论上 1 m^3 的生物反应器年产淀粉量相当于我国 5 亩 [①] 土地玉米种植的平均年产量。专家预计，如果未来该系统过程成本能够降到可与农业种植相比的经济可行性，将可能会节约 90% 以上的耕地和淡水资源，避免农药、化肥等对环境的负面影响，提高人类粮食安全水平，促进碳中和的生物经济发展。该项技术将二氧化碳变害为宝，在不依赖光合作用的情况下人工合成碳水化合物，实现了世界各国科学家的梦想。这不仅是碳中和领域的一项划时代的成就，也是粮食安全领域和环境保护领域的一项划时代的成就。

总体而言，我国的碳捕集、利用与封存技术尚处在研发阶段，减排成本依然较高，CCUS 技术短时间之内无法承担主要的减排任务。虽然有清洁能源替代等方法，制造业或其他产业完全实现净零排放是相当困难的，而植树造林的固碳方法会受到土地等条件的制约。在这种情况下，要实现碳中和的目标，大力发展 CCUS 是必然的选择，所以 CCUS 在中国逐步实现碳达峰和碳中和目标的过程中是必不可少的。随着技术的发展和成熟，利用 CCUS 技术减排的成本将会逐步降低，CCUS 技术将会在未来的碳中和过程中发挥重要作用。

2.5.3　负排放技术

由于缺乏足够容易扩展的先进技术方案，制造业和生活中产生的碳排放不可能完全归零，重工业、航运和航空等行业已经发现难以实现大幅减排。为了实现碳中和的

---

① 1 亩≈667 m^2。

目标，就需要应用负排放技术（NETs）从大气中捕集二氧化碳并将其储存起来，以抵消那些难减排的碳排放。根据最新的 IPCC 报告，如果要实现《巴黎协定》1.5℃以内的温升目标，负排放技术是必不可少的，而这些负排放技术也是实现碳中和的关键。一般来说，碳移除可分为两类：第一类是基于自然的方法，即利用生物过程增加碳移除并将其储存在森林、土壤或湿地中；第二类是技术方法，是指直接从空气中移除碳或控制天然的碳移除过程以加速碳储存。

2.5.3.1   生物质能碳捕集与封存

生物质能结合碳捕获与封存技术（BECCS）被视为可行性最高的负排放技术之一，BECCS 在减缓全球气候变化中发挥着重要的作用（Allen, et al., 2019; IPCC, 2011）。BECCS 通过农作物或树木的成长过程将二氧化碳从空气中吸收，把这些植物作为生物质能源加以利用，在生物质转化为能源的同时对产生的二氧化碳进行捕集，捕集的碳被封存在地下，防止其回到大气，然后不断重复整个过程。BECCS 的概念是把碳收集及储存 CCS 这个技术安装在生物加工行业或生物燃料的发电厂。该技术的原理是彻底改变电站所使用的原料和排放物，将燃料从煤炭改成"可再生"的木材，并捕获由此产生的排放，防止其进入大气。随着时间的推移，只要规模足够大，这项技术理论上可以消除大气中大量的碳。现阶段生物质能结合碳捕获与封存技术的相关项目不多，我国尚未开展 BECCS 相关项目，已有的 BECCS 项目主要分布在欧美区域，目前全球共有 27 个 BECCS 项目，其中有 7 个已经运营，二氧化碳年捕集量约为 160 万 t（常世彦等，2019）。

发展 BECCS 应用推广需综合协调多种影响因素。BECCS 技术具有可观的碳减排潜力，但技术推广具有一定不确定性，需要综合考虑生物质存储容量及可用性，对食物、纤维和环境可持续性的需求，成本和融资机会以及对土地、肥料和水的竞争等众多因素。研究发现，使用 BECCS 作为实现《巴黎协定》目标的关键技术，需要占用人类目前使用总量 3% 的淡水资源和 7%～25% 的农业用地（Paustian, et al., 2016）。因此在推行 BECCS 时必须衡量 BECCS 的应用规模、土地资源、水资源、粮食需求、生物多样性等多领域相互关系，合理部署和分配资源。

2.5.3.2   直接空气捕集

直接空气捕集技术（DAC）是指直接是从空气中捕集二氧化碳并转化为产品封存起来。DAC 技术指利用化学吸附剂，以空气作为二氧化碳的输运媒介，直接从低浓度的气体分压（40 Pa）下富集二氧化碳的技术，可对小型化石燃料燃烧装置以及交通工具等分布源排放的二氧化碳进行捕集处理，并有效降低大气中二氧化碳浓度。近年来，随着 DAC 方法和材料的不断研究和发展，DAC 技术被认为是一种可行的二氧化碳减排技术。目前 DAC 技术有多种技术发展路线,其中成本相对较低的是氢氧化物溶液捕集二氧化碳技术,该技术利用氢氧化物溶液直接吸收二氧化碳,然后将混合物加热至高温释放二氧化碳,从而储存二氧化碳并重新利用氢氧化物。另外一项技术是基于在小型模块化反应器中使用胺吸附剂的技术,该技术成本较高,但由于工业生产线上采用模块化设计且释放二氧化碳储存所需温度低,可以利用余热,该技术也具有一定的发展潜力。

随着二氧化碳吸收/吸附材料的发展以及反应设备更新,DAC 成本有所降低,但仍维持在较高价位。CCS 技术主要是从排放源将二氧化碳捕集并分离,整体来看,DAC 技术捕集成本高于 CCS 技术捕集成本。DAC 技术与 CCS 技术不同,不以排放源为基础进行碳捕集,不依赖于排放源的具体位置,如果成本能下降到合理程度,将会是十分有潜力的减排技术。

负排放的技术有很多,不同技术的机理、特点、成熟度差别较大。短期内,基于自然的碳移除可以发挥重要作用,且有改善土壤、水质和保护生物多样性等协同效益。长期来看,基于自然的碳移除难以永久地移除大气中的二氧化碳,一场森林大火,原本储存的碳最终可能会再释放到大气中。通过技术手段的负排放技术(如 BECCS、DACCS),大规模应用也面临很多挑战。表 2.1 对现有常见的负排放技术进行了一个简单汇总

表 2.1　常见负排放技术汇总

技术名称	技术简要描述	二氧化碳去除机理	二氧化碳存储介质
人工植树造林	通过大面积人工植树造林将大气中的碳固定在植物和土壤中	生物	土壤+植物
生物炭	将生物质转化为生物炭并将生物炭用于土壤改良,改良土壤的同时封存二氧化碳	生物	土壤
生物质能碳捕集与封存	通过植物将空气中的二氧化碳吸收,捕获捉并贮存生物质能源燃烧产生的二氧化碳	生物	地下地质构造
直接空气捕集	通过化学吸附剂方式从环境空气中去除二氧化碳	物理+化学	地下地质构造
强化风化	增强矿物的风化,大气中的二氧化碳与硅酸盐矿物反应形成碳酸盐岩	地球化学	岩石
农业种植方式改革	采用免耕农业等方式来增加土壤中的碳储量	生物	土壤
海洋(铁)施肥	施肥海洋以增加生物活动,将二氧化碳从大气中吸入海洋	生物	海洋
海洋碱性	通过化学方法增加海洋中碱度以从大气中吸收二氧化碳	化学	海洋

2.5.4　先进输电技术

电能生产出来之后需要被合理地输送到各个负荷中心，现在很多国家发生大规模停电事故的主要原因不是电力不够，而是电能无法被输送到需要用电的区域，也就是说，电能无法被合理分配并有效利用。要解决这个电力分配不合理的问题就需要发展多种先进的输电技术。先进输电技术是清洁能源大规模优化配置的前提和保障，目前主要包括特高压输电技术。柔性输电技术以及超导输电技术等。多种先进输电技术互相配合、协调发展将是保障整个电力系统稳定安全运行、降低经济成本、降低能源排放和提高清洁能源消纳比例的关键。

2.5.4.1　特高压输电技术

特高压输电技术是实现电能跨区域联网和远距离输送的关键，为全球能源互联网建设提供了重要的技术保障。经过多年的努力，我国成功掌握具有自主知识产权的特高压输电技术，从输电技术的跟随者变成了全球特高压输电技术的引领者，我国是世界第一个也是目前唯一一个全面掌握特高压输电技术并将其成功投入商用的国家。特高压技术分为直流特高压技术和交流特高压技术，两者各有其优势和使用场景。长距离输电的主要通道采用特高压直流技术，主干电网网架搭建和部分远距离输电采用特高压交流技术，在我国已经成功应用，并经过实践验证其可行性和经济性。

2.5.4.2　柔性直流输电技术

柔性直流输电是一种非常先进的直流输电技术，其核心技术是电压源控制换流器（VSC）技术，通过 VSC 可在不依赖电网的情况下进行自行换相。全控型开关器件——绝缘栅双极型晶体管（Insulated Gate Bipolar Transistor，IGBT）是柔性直流输电技术的核心器件。柔性直流输电采用 IGBT 组成的换流阀进行器件换相，而传统直流输电采用晶闸管组成的换流阀进行电网换相。器件换相采用可关断器件 IGBT，可以自行控制器件的关断，这样就摆脱了换相元件对电网的依赖，有效而自由地进行换相。

柔性直流输电技术未来将不断提高其输电电压，向超高压和特高压发展，使其可以大容量远距离输电。通过采用先进工艺节约成本并积极寻找新型替代材料不断降低柔性直流输电系统的造价。对高压电缆和智能电缆等先进电缆技术进行研发，提升柔性直流输电的容量和距离的同时降低成本。

2.5.5　大规模储能技术

要实现碳中和的目标，就必须进行能源结构的调整，清洁能源将加速替代化石能源，成为未来的主导能源，这对电力系统的灵活性提出了更高的要求。储能技术能够增强电网调频、调峰能力，平抑、稳定风能、太阳能等间歇式可再生能源发电的输出功率，显著提高电网对清洁能源的消纳能力。大规模储能技术可在夜间负荷低谷期将电能储存起来，白天时再将储存的电能释放出来，减少负荷峰谷差，提高整个电力系统的效率和并保证设备平稳运行。大规模储能技术可以增加电力系统的备用容量，以保证系统安全。当电力系统遇到波动时，储能设备可以通过快速吸收或者释放能量，使系统避免失稳并恢复运行。大规模储能技术是能源互联网的重要环节，是能源互联网的关键支撑技术之一，在现代化的能量生产、传输、分配和利用中发挥着越来越重要的作用。

储能技术种类较多，其技术经济特性各异，应用场景也有较大区别。目前储能技术主要有物理储能、电化学储能和电磁储能三大类。

2.5.5.1 物理储能

抽水蓄能技术就是利用水作为储能介质，通过电能与势能相互转化，实现电能的储存和管理。利用电力负荷低谷时的电能抽水至上水库，在电力负荷高峰期再放水至下水库发电，可将电网负荷低时的多余电能，转变为电网高峰时期的高价值电能。抽水蓄能技术适用调频、调相，稳定电力系统的周波和电压，还可提高系统中火电站和核电站的效率。抽水蓄能是目前最为成熟的储能技术，储能成本较低，已经实现大规模应用。截至 2021 年，中国储能市场装机功率为 43.44 GW，位居全球第一，其中抽水蓄能装机功率为 37.57 GW，占比 86.5%（中国化学与物理电源协会，2022）。我国的丰宁蓄能电站是目前世界上最大的抽水蓄能电站，建成之后的装机容量为 360 万 kW。世界水电资源总量丰富，通过合理利用地形，建设大容量抽水蓄能机组，更好地保障电网供电安全。抽水蓄能的主要不足是选址困难，非常依赖地势，投资周期较长，损耗较高。抽水蓄能未来的发展重点是提高系统效率和机组性能重点攻关方向是研究水头变幅较大等复杂情况下机组的连续调速技术。

压缩空气储能技术是利用电力系统低谷的剩余电量，驱动空气压缩机将空气压入大容量储气室，也就是将电能转化为可储存的空气压缩势能。当系统发电能力不足时，将压缩空气与油或天然混合燃烧，推动燃气轮机发电，满足系统调峰需要。压缩空气储能具有容量大、使用寿命长、经济性好等优点。然而，发电需要消耗化石能源，造成污染和碳排放。目前，压缩空气储能还基本处于实验室阶段，尚未进行大规模的利用。

飞轮储能是利用电动机带动飞轮高速旋转，将电能转化成动能储存起来，放电时用飞轮带动发电机发电。飞轮储能的能量密度低，适合短时间储能，解决电能质量和脉冲式用电问题，不适合应用于大规模储能。

2.5.5.2　电化学储能

电化学储能电站通过化学反应进行电池正负极的充电和放电，实现能量转换。电化学储能具备高可控性、高模块程度的优势，能量密度大、转换效率高、建设周期短且安装方便，使用范围广，技术更新快，发展潜力大，具有极大推广价值，是目前最前沿的储能技术。传统电池技术以铅酸电池为代表，由于其对环境危害较大，已逐渐为锂离子、钠硫等性能更高、更安全环保的电池所替代。其中，锂离子电池储能综合性能较好，可选择的材料体系多样，技术进步较快，在电化学储能技术中装机规模最大。截至 2021 年，我国电化学储能市场装机功率为 5.12 GW，其中锂离子电池占比达到 91%（中国化学与物理电源协会，2022）。锂离子电池是以含锂离子的化合物做正极，以碳材料为负极的电池。锂离子电池循环性能优越，使用寿命长，不含有毒有害物质，被称为绿色电池。全球最大的锂离子电池储能电站是我国江苏镇江电站，装机容量为 10.1 万 kW·h/20.2 万 kW·h。锂离子电池储能循环次数为 4 000～5 000 次，能量密度达 200 W·h/kg。电化学储能的发展重点提高电池的安全性和循环次数、降低成本。研发更高化学稳定性的正负极材料，研发成本更加低的非锂系电池是电化学储能的重点攻关方向。

2.5.5.3　电磁储能

超级电容储能是 20 世纪 70 年代和 80 年代发展起来的一种储能方式。储能过程没有化学反应，且因为储能过程是可逆的，超级电容器可以充放电几十万次。超级电容器具有功率密度高、充放电时间短、循环寿命长、工作温度范围宽等优点，但其储能容量不高，不适合电网大规模储能。

超导电磁储能是一种具有超导体零电阻特性的储能装置，其具有瞬时功率大、质量轻、体积小、无损耗、响应快等优点。它可以用来提高电力系统的稳定性，改善供电质量。然而，超导磁储能具有能量密度低、容量有限、受制于超导材料技术等特点，因此其未来能否被大规模利用主要取决于相关技术和材料能否取得突破性进展。

综合来看，目前技术稳定性和成本问题仍是储能大规模商业应用面临的最大挑战，独立储能参与调峰的收益不足以弥补成本，整体来看配置户用储能经济性不高。

3

碳金融

碳排放量急剧上升导致的一系列气候变化已经威胁到人类的生存与发展，气候变化已经成为一个攸关人类社会未来可持续发展的全球性问题。积极应对全球气候变化，保持地球生态系统的完整性，使其有利于人类社会的生存与发展，是 21 世纪每个国家都必须履行的责任和义务。减少碳排放，势必会带来企业在短期内的成本上升，从企业盈利角度是动力不足的。因此，利用经济和金融等手段在全球范围内开展大规模的碳减排行动就成为全球应对气候变化的一个重要方式，用于减少碳排放的经济和金融手段就是碳金融。碳金融指所有服务于减少温室气体排放的各种金融交易活动和金融制度安排，主要包括了碳排放权及其衍生产品的交易及投资、低碳及碳减排项目在开发过程中所涉及的投融资和相关的金融活动。碳金融是实现碳达峰和碳中和的重要手段。

关于碳金融的具体内涵，国内外有多种不同的阐述方式，总体来说，碳金融是环境金融的一种发展和创新，是新形势下环境金融的主要形式。碳金融以碳交易为基础，将生态环境效益纳入金融体系考量。其目标是实现减排与经济增长的平衡，是国际金融业的重要发展方向。作为解决气候变化问题的金融方法，碳金融被认为是一种有着广阔发展前景的金融形式。目前，以欧盟为主的西方发达国家的碳金融市场已经比较成熟，碳金融在减少碳排放以及优化能源结构方面取得了丰硕的成果。欧盟碳市场是全球筹备和建立最早、规模最大、交易最为活跃的碳交易场所，其成功运行的 16 年时间中，不仅让欧盟碳排放量显著减少，而且有效优化了欧洲国家的能源结构，同时带来了域内经济结构的升级以及碳排放与经济增长负向运动的良好格局（张锐，2021）。

基于大国责任以及现实需要，我国一直在积极推动碳金融市场的建立和发展。截至 2014 年 8 月底，我国在 7 个省（市）开启了碳排放权交易试点。经过几年的探索，7 个碳排放权交易试点从不同的政策思路及分配方法背景下完成了数据摸底、规则制定、交易启动、履约清缴等交易过程，为我国全面建成碳排放权交易市场奠定了坚实的基础。2021 年 7 月 16 日，我国碳排放权交易市场正式启动上线交易。目前我国市场所覆盖的碳排放交易量约为 45 亿 t，这表明中国碳排放市场一经启动就将成为全球覆盖温室气体排放量规模最大的碳市场。全国碳排放市场的启动为碳金融的发展带来了新的机遇，也标志着中国碳金融的发展正式进入"快车道"，金融系统正在对碳达峰、碳中和目标做出积极的系统性响应。

3.1 碳金融的产生背景及相关理论

3.1.1 碳金融的产生背景

随着全球经济的快速发展，城市化和工业化的进程不断加快，碳排放居高不下导致全球变暖，环境问题影响着所有人的生活和发展，经济发展与资源环境之间的矛盾已经更加明显。环境的恶化迫使经济和社会面临严峻的挑战，影响各行各业的持续健康发展，金融业也不例外。与此同时，全球的金融市场也在经历从繁荣到危机的变化。金融市场的动荡不安给全球经济的持续发展带来了潜在的威胁，也引起了人们对金融发展模式的重新思考。1992 年，全球性的可持续发展纲领性文件《21 世纪议程》出台，为金融业的健康发展带来了曙光。同年，在联合国环境与发展大会上，联合国环境署正式推出了《银行界关于环境可持续发展的声明》，该声明得到了 100 多个机构和团体的积极响应。这些变革，逐渐酝酿了金融市场与环保产业越来越多的互动，为环保产业与金融业在新形势下的拓展指明了方向。

　　环境金融就是环保产业和金融业互动而产生的全新领域。Salazar（1998）认为环境金融是金融市场为满足环境产业的需求而进行的一项金融创新。环境金融一般是指金融业在经营活动中突出环保意识，重视生态环境保护和环境污染治理，对社会资源进行合理引导，促进经济社会的协调可持续发展。环境金融强调维护人类社会的长期利益及长远发展，将经济发展和环境保护协调起来，有利于促进经济社会健康有序发展（张伟等，2009）。环境金融与传统金融不同，环境金融是金融业根据环保相关产业的需要进行的金融创新，是传统金融的延伸和发展。环境金融是优化配置环保资源、促进环保产业发展和提高环保企业效益的一种有效手段。实施环境金融，对于发展低碳经济和构建和谐社会都具有重大的意义。1994 年，我国政府确立了可持续发展为我国的基本国策。因而贯彻落实环境保护这一基本国策，走可持续发展的道路，已是我国既定的发展战略，是我国现代化建设的根本保证，也是金融业兴旺发展的基础。

　　温室气体排放所导致的全球变暖已经成为全世界在当前以及未来很长一段时间所面临的最严峻的环境问题。从目前来看，低碳经济已经成为各个国际金融市场发展过程中的主流，以碳为主体的国际经济发展趋势凸显，在此背景之下，Labatt 和 White（2011）等学者在环境金融中开辟了一项全新的研究领域——碳金融。碳金融是环境金融中的一个重要部分，碳金融的发展状况影响环境金融的发展，对于国际金融体系的影响也越来越明显，是减少碳排放，尽快实现碳达峰和碳中和的重要手段。

　　《联合国气候变化框架公约》和《京都议定书》两项国际协议对碳金融的产生和发展起到了极为重要的推动作用。1992 年 6 月在巴西里约热内卢举行的联合国环境与发展大会上，150 余个国家制定了《联合国气候变化框架公约》（以下简称《公约》），旨在应对全球气候变暖所产生的各种不利影响。我国于 1992 年 11 月经全国人大批准加入了《公约》。《公约》是世界上第一个为全面控制二氧化碳等温室气体排放，以应对全球气候变暖给人类经济和社会带来不利影响的国际公约，也是国际社会在应对全球气候变化问题上进行国际合作的一个基本框架。

　　1997 年 12 月，《联合国气候变化框架公约》第 3 次缔约方大会在日本京都召开。

149 个国家和地区的代表通过了旨在限制发达国家温室气体排放量以抑制全球变暖的《京都议定书》。我国于 1998 年 5 月签署并于 2002 年 8 月核准了《京都议定书》。《京都议定书》对人类目前面临的严峻气候形势进行了详细论述，首次通过法律法规强制规定发达国家和发展中国家的减排义务和减排方式。《京都议定书》是全世界第一个拥有国际法约束力、定量减少二氧化碳排放量的国际协议。

为应对 2020 年后气候变化的国际进程，2015 年 12 月，《联合国气候变化公约》缔约方在巴黎气候变化大会上达成《巴黎协定》（ Paris Agreement ）。《巴黎协定》是继《联合国气候变化公约》《京都议定书》之后，第三个应对气候变化的里程碑式国际法律文件。中国于 2016 年 4 月 22 日签署《巴黎协定》。《巴黎协定》一方面明确了全球努力的长期目标，即把全球平均气温升幅控制在工业化前水平以上低于 2℃之内，并努力将气温升幅限制在工业化前水平以上 1.5℃之内；另一方面不再区分发达（工业化）国家或发展中国家——要求发达国家和发展中国家同时、共同承担温室气体减排义务，废除了针对不同类型国家设置的"减排优先级"，并要求所有缔约方都需基于"共同但有区别的责任"原则，致力于实现全球控温目标（高帅等，2019）（图 3.1）。

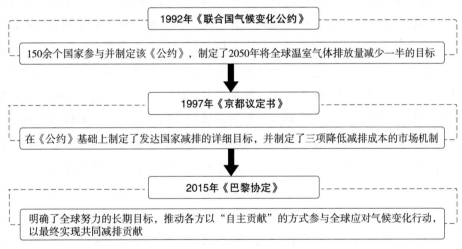

图 3.1　碳金融产生背景

3.1.2　碳金融的相关概念

3.1.2.1　碳排放权与核证减排量

碳排放权起源于排污许可证制度，是企业和个人（包括国家）在生产和消费活动中排放二氧化碳的权利。它是一种权利资产，可以作为商品在市场上进行交易。从法律角度看，碳排放权是指国家、团体或自然人在大气环境可承受的能力范围内，为谋求长远发展，利用地球资源开展一系列活动从而获得向大气排放二氧化碳和其他温室气体的权利。由于大气资源的全球流动性，碳排放权首先被国际法确定为一项权利。我们也可以从国内物权法的角度，从客体、主体和内容3个方面对碳排放权进行解释。碳排放权的客体是大气环境容量资源，从本质上看，具有与土地、矿产等其他自然资源类似性质的资源均是地球的自然资源。处理碳排放权就是合理配置大气环境容量资源，以保护人类赖以生存的环境。碳排放权的主体是国家、团体和自然人，当大气环境容量不能承载更多温室气体时，国家、团体和自然人有义务减少温室气体排放。政策制定者以许可证的形式将碳排放配额分配给排污主体，强行压缩控排主体的碳排放权。碳排放权的内容包括占有、使用和处分碳排放权的权利。排污主体也可以将自己的碳排放权在碳交易市场进行销售以获取利润，所有权利都带有明显的私权色彩。

碳排放权具有商品特性，这使其变成货币的基础。碳排放权的货币特征主要包括：第一，排放权的价值基于国际协议或政府信用，由政府或国际组织通过法律程序予以承认；第二，全球碳交易市场的流程与货币市场类似；第三，碳排放权可以"存""借"，具有类似货币的特点；第四，碳信用稀缺；第五，碳信用被广泛接受。作为碳排放交易的标的物，碳排放权是一种具有货币属性的商品，但是其与普通的商品不同，具有以下几个特征：第一是确定性，国家根据实际情况制定相关政策，选择合理碳排放配额分配方式并制定分配标准，以配额的形式向排控企业定量分配碳排放权。第二是可支配性，企业通过配额的形式拿到碳排放权之后可以自由支配碳排放权的使用方式，一方面可以在配额范围内排放二氧化碳，另一方面可以在碳交易市场将富余的碳排放配额进行出售获取利润。如果碳排放配额不够用，也可以从别的控排企业购买相应的额度。碳排放权的可支配权不同于其他一般物权，主体对普通物权的支配是通过直接占有实现的，但对碳排放权的支配必须通过有效的技术手段来实现。并且碳排放权依法受到保护，任何企业和个人不得非法侵犯。第三是可交易性，碳排放权可以作为商品在碳交易市场自由交易，使碳排放权从减排成本低的企业向减排成本高的企业流动，这样就降低了全社会的减排总成本。低碳经济的发展必然会促进传统金融向碳金融发展。一旦碳排放目标和减排配额确定和分配，碳排放权可能成为未来重建国际货币体系和国际金融秩序的一个重要因素。

在总量控制的约束下，碳排放权主要表现为碳排放配额，是指政府通过无偿或拍卖方式向排污企业颁发的证书，企业获得了多少配额就可以排放多少二氧化碳。碳排放配额是经碳排放权交易主管部门核定、发放并允许纳入碳排放权交易的企业在特定时期内二氧化碳排放量，单位以"吨"计。配额交易是政府为完成控排目标采用的一种政策手段，也就是在一定的空间和时间内，将该控排目标转化为碳排放配额并分配给下级政府和企业，1单位配额相当于1 t二氧化碳当量。当企业实际排放超出该总量，超出部分就需花钱购买。若企业实际排放少于该总量，剩余部分可出售。这样就能借助

"看不见的手"，大大提高企业节能减排的积极性。例如，电动车巨头特斯拉在 2020 年首次实现全年盈利，其盈利并不是来自"主业"电动车的销售，而是靠"副业"出售碳排放权赚取了 16 亿美元，从而实现了全年 7.21 亿美元的盈利（澳财，2021）。

"碳排放权"是对存量碳源的一种限制和控制措施，可看作对"碳源的控制"。与"碳排放权"相对应的概念是"核证减排量"（Certified Emission Reductions，CERs）。相较于对"碳源的控制"，"核证减排量"则可看作对"碳汇的奖励"，当特定国家或企业主动开展了降低碳排放的行为（如可再生能源、林业碳汇、甲烷利用等），则给予其一定的奖励［也称为"碳信用"（Carbon Credit）］，其实际产生的碳排放可以用此奖励去抵消（图 3.2）。值得说明的是，《京都议定书》创设的"联合履行机制"项下涉及的减排单位（Emission Reduction Units，ERUs）的交易严格来说并不是用于对于创设和交换碳信用，实际上其仍旧是承担控排义务的主体间的合作，当一方因参与另一方的减排项目而获得 ERUs 时，另一方的碳排放配额需要被相应扣除。在包括我国在内的已建立和开展碳交易的国家中，"碳排放权配额"和"核证减排量"通常是两大主要交易标的，从而在国家间以及用碳企业之间对碳排放权进行调配和交易（宛俊等，2021）。

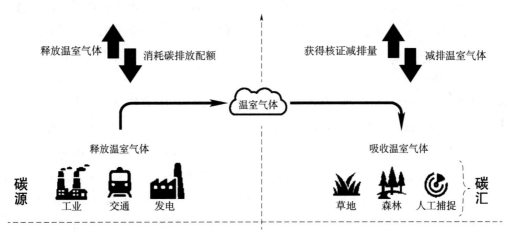

图 3.2 碳排放的流通

图片来源：宛俊等（2021）。

3.1.2.2 碳交易及碳交易市场

碳排放交易（碳交易）是温室气体排放权交易的统称，是为促进全球温室气体减排，减少全球二氧化碳排放所采用的市场机制。在《京都协议书》要求减排的 6 种温室气体中，二氧化碳为最大宗，因此，温室气体排放权交易以每吨二氧化碳当量为计算单位。在排放总量控制的前提下，包括二氧化碳在内的温室气体排放权成为一种稀缺资源，从而具备了商品属性，可以在碳金融市场中进行流通。碳交易是利用经济学原理来推动节能减排并降低全社会的减排成本。其基本原理是，需求方通过购买的形式获得供给方提供的相应碳排放指标，需求方可以将购买的碳排放指标用于抵扣自身的碳排放，从而实现碳减排的目标。各个控排企业的减排的成本是不相同的，如果允许企业之间将碳排放权作为商品进行交易，就可以利用市场机制有效处理控排企业减排成本和减排任务之间的矛盾，并为经济的可持续发展提供保障。碳交易是政策制定者通过市场机制将环境与发展从对立与冲突的关系转向共存共赢关系，寻求有效而可持续地解决多重危机的途径。

碳交易市场是碳交易活动的场所，它是由人为规定形成的，市场中碳排放权的供给量、需求量受相关政策和法规的影响非常大。碳交易市场运行的主要目的是最低成本地减少温室气体的排放量。评价一个碳交易市场运行的好坏，首先应该看是否减少了温室气体的排放量，其次看是不是成本最低。碳交易的基本原则是上限与交易（Cap and Trade）。政府要预算碳排放总额，并按照已经制定的规则将碳排放配额分配至企业。如果配额不能满足企业实际碳排放量，企业则需要在碳交易市场中购买配额。如果企业未使用完碳配额，其可以在碳市场出售多余配额。这一机制将促使企业在经营决策过程中自发比较减排成本和碳价。理论上，当减排成本低于碳价时，企业愿意使用清洁能源、采用节能减排技术等，减少碳排放量，出售多余配额以获得利润。当减排成本过高时，企业则更愿意购买碳配额。所以，碳权资源的合理配置将取决于合理、有效的碳价（王中等，2021）。

根据是否具有强制性，碳交易市场可以分为强制（也称履约型）碳交易市场和自愿碳交易市场。以法律形式对碳排放上限进行了明确的强制要求的国家及企业为了完成其减排的任务而进行碳排放交易的市场被称为强制碳交易市场。一些国家和企业基于社会责任、环保政策以及扩大自身影响力等方面的考虑，主动降低碳排放数量或参加碳减排项目而产生的碳交易市场被称为自愿碳交易市场。自愿碳交易市场相对宽松，参与者主要是大公司或机构。自愿碳交易市场是强制碳交易市场的一个有效补充，非控排企业可以在碳交易市场购买减排量以抵消自身日常运营所产生的碳排放，也可以通过自愿碳交易市场开发相关碳减排项目获得核证减排量之后可通过在强制碳交易市场出售获得收益。

根据市场类型划分，碳交易市场可分为一级市场和二级市场。一级市场是发行市场，是对碳排放权进行初始分配的市场体系。碳排放权配额完全由政府相关主管部门发行，所以政府完全垄断碳排放权配额。一级市场的卖方只能是政府，买方是下级政府和控排企业。交易对象仅包括碳排放配额，政府对碳排放配额的价格有很强的掌控力。政府主要通过免费分配和拍卖两种方式将碳排放配额分配给相关控排企业。二级市场也就是交易市场，是碳资产现货和碳金融衍生产品交易流转的市场，也是整个碳市场的关键。

按照交易的产品划分，碳交易市场又分为碳现货交易市场和碳金融衍生产品交易市场。在碳现货交易市场，买卖双方根据自身需求对碳排放交易的时间、地点、价格、数量和交割方式进行约定，碳排放权从卖方转让给买方后，交易即行结束，买卖双方都实现了自身利益的最大化。该市场上交易的碳现货主要包括基于配额的欧盟排放配额（EUA）、分配数量单位（AUU）等。碳金融衍生产品交易市场是在碳现货交易市场的基础上发展而来的，其产品主要包括了碳远期、碳期货、碳期权以及碳掉期等，其价格主要受相关碳现货价格的影响。

国内外实践表明，碳交易市场是以较低成本实现特定减排目标的政策工具，与传统行政管理手段相比，既能够将温室气体控排责任落实到企业，又能够为碳减排提供相应的经济激励机制，降低全社会的减排成本，并且带动绿色技术创新和产业投资，为处理好经济发展和碳减排的关系提供有效支撑。

3.1.2.3 碳金融与碳金融市场

碳金融的诞生与人类可持续发展息息相关。目前碳金融的定义和概念还在不断的完善和更新当中，目前国际上对碳金融并没有一个统一的定义。Labatt 和 White 在 2011 年出版的第一本详细论述碳金融的著作 *Carbon Finance：The Financial Implications of Climate Change* 中讲碳金融定义为由金融机构主导的，在金融理论与实践中加入碳排放因素后，开发出的为了转移气候风险的基于市场的金融产品。世界银行发布的《2009 年碳市场现状和趋势》中把碳金融定义为购买温室气体减排项目提供资源的活动，该定义有一定的局限性。《环境金融杂志》将碳金融定义为包括绿色投资、可再生能源开发、气候风险管理等在内的一系列温室气体减排的金融活动的总称。

在国内，王遥（2010）认为，碳金融是针对全球气候变暖等问题提出的一种解决方案，其要素包括市场、机构、产品和服务等。碳金融是一种低成本途径，能够实现可持续发展、减缓和适应气候变化、灾害管理三重目标，是低碳经济发展的核心手段。雷鹏飞和孟科学（2019）认为，碳金融是泛指那些能降低温室气体排放量而改善外部环境的各种金融规则和金融交易活动，主要包括碳排放权交易、碳期货等碳衍生品的交易、CDM 项目投融资及其与碳金融相关的金融中介服务。王小翠（2018）总结，只要与降低温室效应气体排放有关的金融活动就称为碳金融，主要的金融活动包括与节能减排相关的直接性投融资活动、与碳交易有关的金融活动、与碳有关的信贷、与碳有关的金融衍生品等。

虽然目前对碳金融还未形成一个统一的定义，但这些定义整体表达的意思大体是相同的，就是所有服务于减少或限制温室气体排放的金融活动。碳金融就是用金融作为工具来实现降低碳排放、缓解温室效应、改善人类生存环境、实现人类社会可持续发展的相关经济活动。

伴随着碳金融活动，碳金融市场也应运而生。碳金融市场参与主体包括交易对手方（含机构投资者和个人投资者）、碳金融服务中介、市场平台和监管部门4个主要分类。市场参与主体组成了碳金融制度的核心架构，参与各方相互配合来发挥碳金融的价值发现功能，即通过交易双方、服务中介、市场平台和监管部门相互作用形成碳定价机制，稳定市场预期。碳金融市场参与主体的分类、功能和主要动机见表3.1（张叶东，2021）。

表3.1　碳金融市场参与主体的分类、影响和动机

参与主体分类	具体分类	功能	参与动机
交易对手方	控排企业	• 市场交易 • 提高能效降低能耗，通过实体经济中的个体带动全社会完成减排目标 • 通过主体间的交易实现最低成本的减排	• 完成减排目标（履约） • 低买高卖，实现利润
	减排项目业主	• 提供符合要求的减排量，降低履约成本 • 促进未被纳入交易体系的主体以及其他行业的减排工作	• 出售减排项目所产生的减排量以获得经济、社会效益
	碳资产管理公司	• 提供咨询服务 • 投资碳金融产品，增强市场流动性	• 低买高卖，实现利润
	碳基金等投资机构	• 丰富交易产品 • 吸引资金入场 • 增强市场流动性	• 拓展业务并从中获利
	个人投资者	• 交易获利的新平台 • 市场活跃的催化剂	• 参与市场交易并营利
服务中介	监测与核证机构	• 保证碳信用额的"三可"原则（可测量、可报告、可核实） • 维护市场交易的有效性	• 拓展业务
	其他（如咨询公司、评估公司、会计师及律师事务所）	• 提供咨询服务 • 碳资产评估 • 碳交易相关审计	• 拓展业务
市场平台	登记注册机构	• 对碳配额及其他规定允许的碳信用指标进行登记注册 • 规范市场交易活动并便于监管	• 保障市场交易的规范与安全
	交易平台	• 交易信息的汇集发布 • 降低交易风险、降低交易成本 • 价格发现 • 增强市场流动性	• 吸引买卖双方进场交易，增强市场流动性并从中获益

续表

参与主体分类	具体分类	功能	参与动机
监管部门	碳交易监管部门	• 制定有关碳排放权交易市场的监管条例，并依法依规行使监管权力 • 对上市的交易品种进行监管，监督交易制度、交易规则的具体实施 • 对市场的交易活动进行监督 • 监督检查市场交易的信息公开情况 • 与相关部门相互配合对违法违规行为进行查处，维护市场健康稳定	• 通过市场监管，规范市场运行 • 通过市场机制运作促进节能减排

资料来源：张叶东（2021）。

3.1.2.4 碳交易机制

全球气候变暖是温室气体在大气中不断累积的结果，每个国家既是气候变化问题的归因者，也是气候变化的承受者。面对极端气候灾害带来的影响，没有哪个国家能够独善其身，也没有哪个国家可以独立应对，各国必须展开全面的、持续的气候变化国际合作（孙永平等，2022）。

碳交易机制是规范国际碳交易市场的一种制度。碳资产原本并非商品，也没有显著开发价值。然而，1997年《京都议定书》的签订改变了这一切。按《京都议定书》的规定，到2010年所有发达国家排放的包括二氧化碳、甲烷等在内的6种温室气体数量要比1990年减少5.2%。但由于发达国家能源利用效率高，能源结构优化，新能源技术被大量采用，因此本国进一步减排成本高，难度较大。而发展中国家能源效率低，减排空间大，成本也低。这导致同一减排量在不同国家之间存在不同成本，形成价格差。发达国家有需求，发展中国家有供应能力，碳交易市场由此产生。

为促进各国完成温室气体减排目标，《京都议定书》中提出3种履约机制：清洁发展机制（Clean Development Mechanism，CDM）、国际排放贸易机制（International Emission Trade，IET）和联合履行机制（Joint Implement，JI）（表3.2）。清洁发展机制（Clean Development Mechanism，CDM），源于《京都议定书》第12条，旨在促进发展中国家与发达国家之间的合作，其为发达国家通过在发展中国家投资温室气体减排项目，从而获得该项目产生的核证减排量（Certified Emissions Reductions，CERs）并将其用于抵消本国超出额度的二氧化碳排放量。每一单位CER等于1 t二氧化碳当量。由于发展中国家的减排成本远低于发达国家，所以清洁发展机制不但能为发达国家大大节省减排费用，而且使发展中国家获得减少温室气体排放所缺少的资金和技术（王中等，2021）。

联合履行机制（Joint Implementation，JI）源于《京都议定书》第6条，区别于清洁发展机制，联合履行机制旨在推动发达国家之间的合作，是指发达国家通过在其他发达国家投资温室气体减排项目，从而获得该项目产生的减排单位（Emission Reduction Units，ERUs），以抵消本国超出额度的二氧化碳排放量。与CERs不同的是，ERUs并不会形成额外的二氧化碳排放权增量。由于联合履行机制是发达国家之间的合作，因此当一方投资项目并获得ERUs时，被投资方相应的碳排放额度将抵消（王中等，2021）（表3.2）。

表3.2 《京都议定书》规定的履约机制

	国际排放贸易（IET）	清洁发展机制（CDM）	联合履约机制（JI）
具体内容	缔约方之间交易碳排放配额，类似于目前的碳交易机制	缔约方以资金支持、技术援助等方式与发展中国家开展温室气体减排相关的项目合作，取得减排量。减排量被核实认证后成为CER，可在碳交易中抵减排量	缔约方之间通过项目合作，完成碳减排单位的转让与获得
交易对象	AUU、RMU	CER	ERU

资料来源：王中等（2021）。

国际排放贸易机制（International Emissions Trading，IET）源于《京都议定书》第17条，即允许发达国家之间进行碳排放额度的交易，是指一个发达国家可以将其超额完成减排义务的指标以贸易方式转让给其他未能完成减排义务的发达国家。IET机制指缔约国之间通过交易配量单位（Assigned Amount Unit，AAU）或清除单位（Removal Unit，RMU）实现减排目标。其中，AAU是对缔约国在《京都议定书》第一个承诺期（2008—2012年）内排放总额的测度单位；RMU指缔约国通过变换土地利用方式和重新造林等方式实现温室气体减少所产生的碳抵消单位（王中等，2021）。

《京都议定书》搭建了国际跨境碳排放机制的基本框架，在实践中逐渐暴露出许多问题。从全球共同应对气候变化的角度，其交易规则存在局限性，具体表现在两个方面。第一，《京都议定书》IET在核算逻辑方面存在严重漏洞，跨境碳交易同时赋予买卖双方认定被交易碳信用的权利，导致重复认定。因此，交易双方同时将被交易的碳信用计入本国账户并用于兑现国家自主贡献，将呈现出一种"积极合规"的假象，这使得全球温室气体实际减排进度远落后于各国实现其国家自主贡献目标的进度。第二，《京都议定书》IET的功能过于单一，只能将碳排放权跨境"等量平移"，这不能积极鼓励参与方自愿开展减排活动（龚伽萝，2022）。

《京都议定书》遵循"自上而下"的治理模式，要求作为主要累积排放国的发达国家承担强制减排责任，并且使用法律约束力强制发达国家实现承诺的减排目标。但这一自愿合作机制主要依赖于发达国家的强制减排责任，发展中国家本身并不承担强制减排义务，而是通过清洁发展机制自愿参与全球减排。然而，《巴黎协定》遵循"自下而上"的治理模式，首先各缔约方根据本国现状制定并提交国家自主贡献（Nationaly Determined Contributions，NDC）目标，然后联合国专门机构定期对其行动结果进行核查，最后由各缔约方自主决定是否更新其国家自主贡献目标（孙永平等，2022）。

《巴黎协定》丰富了国际碳市场的内涵，号召缔约方分别从双边和多边层面开展全球碳交易，除了建立国际统一碳市场之外，增加了建立区域碳交易市场机制，把 IET 的市场类型变为两种，形成"双轨制"。一方面要求缔约方建立区域性碳交易核算机制和规则框架，以国际转让的减缓成果（Internationally Transferred Mitigation Outcome，ITMO）为统一的最基本交易单位，将一国或多国已有的碳排放权交易体系联结起来，实现碳市场的全球性互联互通；另一方面要求建立可持续发展机制（Sustainable Development Mechanism，SDM），由缔约方联合建立一个全新的、以联合国为中心的全球碳排放权交易体系，由各缔约方组成的监督机构（UN Supervisory Body）管理（龚伽萝，2022）。

从技术角度讲，SDM 本质是沿用《京都议定书》的清洁发展机制（Clean Development Mechanism，CDM），继承了《京都议定书》IET 总量控制下的碳排放权交易机制的内核以及 CDM 的架构、基准线法和额外性原则等。与前述协定相比，《巴黎协定》有效地沿袭了既有 IET 的运行和发展模式，同时为缔约方构建 IET 提供了更多选择，提升了缔约方开展缓解气候变化行动的积极性（龚伽萝，2022）。

随着气候危机问题的不断加剧，减排的紧迫性受到越来越多的国家认可，各国纷纷提出碳中和目标和时间表，各缔约方也加紧对《巴黎协定》第 6 条实施细则的谈判。2021 年，在格拉斯哥联合国气候变化大会上，各缔约方最终就包括第 6 条在内的《巴黎协定》所有实施细则达成共识，至此自愿合作机制正式进入以《巴黎协定》为框架的 2.0 版本（孙永平等，2022）。

《巴黎协定》第 6 条是目前建立国际碳市场的最新多边共识，其确定了缔约方合作机制。条款 6.2 为合作方法（Cooperative Approaches），基于市场机制为跨国合作提供框架，缔约方在实现其国家自主贡献目标时，可以采用基于双边或多边协议的合作方法。具体而言，减排量超过国家自主贡献目标的国家可以通过合作方法，将额外的减排量出售给未能实现国家自主贡献目标的国家。例如，通过基于双边协议的碳市场实现两国碳配额的跨国流通。在该市场机制下产生的碳减排量被统称为"国际减排成果转让"（Internationaly Transfered Mitigation Outcomes，ITMO），包括碳减排、可再生能源信贷和适应气候变化融资等其他减排类型。条款 6.4 提出建立一个由联合国专门机构监管的国际碳减排信用市场，允许国家之间交易碳减排信用，简称可持续发展机制（Sustainable Development Mechanism，SDM）。可持续发展机制下产生的碳信用单位被称为 A6.4ER（Article 6.4 Emissions Reduction），它总体上沿用了清洁发展机制下核证减排量（Certified Emission Reduction，CER）的方法学（孙永平等，2022）。

自愿合作机制打破了国际上减排技术和资金流通的壁垒，利用自由市场机制实现减排资源的全球配置，并提高了资金、技术、需求等在全球资源配置的效率。发达国家可以通过自愿合作机制购买发展中国家的减排量；发展中国家可以通过这一机制募集更多的气候资金并获得先进的减排技术和设备，进而提升本国减排水平和可持续发展能力。自愿合作机制能够引导发达国家在自愿的基础上通过资本和技术帮助发展中国家实现更高的减排目标和可持续发展，有助于推动全球气候治理的公平转型（孙永平等，2022）。

为了实现全球总体减排目标，《巴黎协定》第 6 条实施细则规定，缔约方东道国自主贡献范围以外的减排量在进入国际碳市场进行交易时应该进行相应调整（Corresponding Adjustment，CA），即抵消重复认定造成额外排放量的方法，这意味着当一个国家向另一个国家出售减排量时，出售方必须相应地调低自己的减排数据。经过多轮谈判，相应调整的适用范围最终确定为《巴黎协定》IET 的两种轨道，即区域交易机制和 SDM（龚伽萝，2022）。

相应调整的实施流程与复式记账法类似，实际开展减排项目的国家可以自主决定其国内项目产生的减缓成果要出售还是要计入其国家自主贡献。如果决定出售，东道国须在授予碳信用可被交易的权利（Authorized and First Transferred）后方可交易，东道国和买方需同时对被交易的碳信用进行调整，避免重复认定；若决定不出售，则无须授权和相应调整，减缓成果只能用于本国交易市场或直接计入其国家自主贡献，不得涉及任何形式的国际交易（龚伽萝，2022）。

调整的具体方式取决于减缓成果的使用目的：对于执行国家自主贡献目标类型中的温室气体目标、无法量化的行动目标、用于其他国际减缓目的（Other International Mitigation Purposes）以及不用于执行国家自主贡献的减缓成果，产生碳信用的东道国都必须在其国家自主贡献中增加记录与卖出数额相等的排放量，维持其国家自主贡献的真实减排效力；买方则扣除相应排放量，使全球范围内最终只认定一次碳排放权（龚伽萝，2022）。

在《巴黎协定》IET 的 SDM 中，缔约方同意采用注销法来增强缔约方减排动力。联合国专门机构需对国际转移的减排量进行一定比例的强制注销（Mandatory Cancelation），并且这部分减排量不得再次转让或用于实现任何国家的国家自主贡献目标，从而确保全球排放量的净减少。具体注销比例确定为 2%，即每一笔通过 SDM 交易的减缓成果中至少有 2% 会被中央登记处从系统中强制性自动删除（Automatic Cancellation），不计入任何一方的交易额或用于执行其国家自主贡献。这相当于将 SDM 的交易模式转为差额交易，有 2% 的交易物无法再次用于国际交易或计入双方任何一方的环境账户。全面扣除 2% 的交易量有助于实现全球净减排，因为相关缔约方为了按时实现减排目标，仍须购入固定数量的碳信用，所以国家自主贡献制造的刚性市场需求对价格变动不敏感，即使注销法提升了国际碳价，需求却不会大幅降低。而碳信用供给方受较高价格的影响，随后将开展更多减排活动，因此全球净减排力度增强（龚伽萝，2022）。

同时，缔约方同意对 CER 在《巴黎协定》框架下实施过渡，允许将 CER 在特定条件下进入 SDM 并进行交易，但不能用于区域市场。实施细则没有彻底禁止或完全开放遗留 CER 的流通，而是规定只有在 2013 年 1 月 1 日后注册的 CDM 产生的 CER 才可用于交易和履行有关方的第一个国家自主贡献。CDM 项目所在的东道国可在 2023 年 12 月 31 日之前向 UNFCCC 秘书处提交项目转型申请，由监督机构进行核准，回复时间最迟为 2025 年 12 月 31 日。即在 SDM 上线前，各国仍有时间可继续利用 CDM 项目进行碳抵消并产生碳信用。最后，缔约方无须对 CER 执行相应调整。总体上看，上述安排从源头上限制了 CER 进入新市场的途径和用途，也为各国和《巴黎协定》IET 设定了转型适应期（龚伽萝，2022）。

从目前的发展来看，SDM 仍处于框架阶段，国际区域碳交易机制将是《巴黎协定》IET 的主要交易渠道和支柱。对于强制碳交易市场建设处于起步阶段的国家和经济体来说，自愿合作机制（VCM）为资金流向可再生能源开发、保护生物多样性、推进经济绿色转型等国内绿色项目和事业提供了额外渠道。相较于《巴黎协定》IET，VCM 具有灵活、流动性强、不受限、门槛低等特点，可以视为强制碳交易市场的必要补充。VCM 是否能像国际强制碳交易市场一样，与多边气候协定的减排目标紧密配合和有效关联，决定了全球减排进度和效果。据 E3G 智库估算，在《巴黎协定》第 6 条实施细则的带动下，2030 年全球碳市场规模将突破每年 1 000 亿美元，最高可达 4 000 亿美元，碳排放权有望替代石油成为全球最大的大宗商品交易对象（龚伽萝，2022）。

我国通过全球自愿合作机制，可以深入推进碳达峰、碳中和工作，也降低总体减排成本。随着时间的推移，未来我国企业的边际减排成本将不断上升，尤其是高能耗、高排放行业，这使得我国企业的减排潜力遭遇"瓶颈"。这就需要我国部分企业通过国际碳市场来履行自身的强制减排责任，以降低全社会的减排成本，为产业发展争取时间和减排空间（龚伽萝，2022）。

目前，我国处于产业结构升级、实现经济高质量发展的关键阶段，经济总量和碳排放量都在持续上升。我国作为最大的发展中国家和碳排放大国，应担负起大国的国际义务，保障全球气候治理的公平性。我国的全国碳市场已经起步并初具规模。随着 IET 的快速发展，我国更应立足于经济发展阶段、产业结构、排放模式以及减排承诺等国情，加速完善国内碳市场。我国需坚持做好顶层设计和机制设计，在覆盖行业、交易规则、登记与核算规则、价格调控和监管报告规则等细节中，充分考虑中国国情，走出一条有中国特色的碳市场建设新路。以全国碳市场为基础，我国可充分参与 IET

建设，在国际气候谈判中坚持发展中国家的立场和原则，维护我国及其他发展中国家的长期利益（龚伽萝，2022）。

作为全球最大的发展中国家碳市场，我国必须明确打造未来的国际碳交易中心的战略目标，积极准备中国碳市场与全球碳市场的接轨工作，积极争取国际碳定价权。推进与国际碳市场监测、报告和核查体系的兼容，确保碳交易的对外开放性。在登记注册系统中，预留国际碳信用交易品种，研究碳交易跨境结算的风险及其治理。可依据全国碳市场运营的经验和教训，在架构阶段为国际社会提供来自发展中国家的理念和思路，为全球气候治理贡献中国智慧。我国应主动引领共建碳交易基础设施，推动"一带一路"沿线国家的碳市场建设，为沿线国家创造加入碳市场的机会，并通过建立更广泛、更深层次、更多参与者的国际区域碳市场，以市场化手段促进绿色"一带一路"建设，为全球应对气候变化做出更大贡献（孙永平等，2022）。

3.1.3　碳交易的理论基础

应对气候变化的政策工具主要有基于行政命令的控制手段，基于总量控制的碳排放权交易，以及基于价格控制的碳税（赵立祥等，2018）。在碳交易政策出台之前，控制碳排放主要还是依靠行政指令，但从企业的角度看，碳排放产生的社会成本并不直接可见，气候变化与企业自身的关系也没有那么密切和直接，而且节能减排意味着企业成本的增加，所以企业很难去主动采取行动。换言之，在此前的制度设计里，减排对企业来说意味着额外的成本，企业主动降低碳排放的积极性不足，所以，节能减排见效较为缓慢。目前我国还未开征碳税，主要的政策工具是碳交易。作为有效推进低碳发展的市场型工具之一，碳排放交易政策通过碳价格来内部化企业排放成本的重要作用在全球范围已得到广泛认可（宋德勇等，2019）。

在碳交易体系中，政府为落实国家应对气候变化政策和温室气体排放控制目标，设定规定时限内的碳排放总量控制目标，并以配额的形式分配给重点排放企业，赋予碳排放权以商品属性，获得配额的企业可以在二级市场上开展交易。以"总量—交易"方式构建碳排放权定价机制，形成市场价格。碳排放权交易市场以碳价为信号，引导和鼓励企业开展节能减排。根据清缴履约要求，重点排放单位在每个履约期必须清缴与其实际碳排放等量的配额。为此，企业可以通过节能减排或者购买配额的方式完成履约，通过减排行为使得自身实际碳排放量少于年度基础配额的企业，可以将盈余的配额在碳市场上出售以获得经济利益；实际碳排放量多于年度基础配额的企业，则需要通过购买配额或者其他被允许用于履约的碳信用完成清缴义务。碳交易政策通过释放统一的价格信号，激励企业开展节能减排，优化碳排放资源配置，有效降低全社会在既定碳减排目标下的减排成本。碳交易政策体系主要是利用经济学原理，通过市场机制激励企业主动参与节能减排。从经济学原理的角度来说，依靠市场的碳交易政策要比行政指令的效率更高，也就意味着成本更低。

碳排放权交易政策就是将碳排放权视作能够满足一个国家或者国民幸福生活需要的、以气候环境资源使用权为实质的发展权利，赋予该项权利可交易的商品属性。商品化是碳交易的本质属性，既然碳排放权具有了商品属性，那么购买或者转让该商品就需要遵循市场经济的基本准则。

3.1.3.1 稀缺性理论

稀缺性是指现实中人们在某段时间内所拥有的资源数量不能满足人们的欲望时的一种状态，它反映人类欲望的无限性与资源的有限性的矛盾。资源的稀缺性会通过其价格的变化在市场上体现出来。经济学理论认为，稀缺性是一种资源能进行交易的一个重要的前提条件。在人类整体生产力水平不高时，人类在生产生活过程中向大气排放的二氧化碳数量有限，无法给整个生态环境带来实质的影响，当时的碳排放权就不具备稀缺性。

随着人类科技的日新月异，人类对能源的需求快速增长，因为环境容量是有限的，人类排放的大量二氧化碳已经超出大自然的承载能力，导致了全球变暖，必须限制二氧化碳的排放，碳排放权也就变成稀缺性资源并成为一种商品。经济学的核心问题之一就是对稀缺资源进行优化配置，资源配置方式主要包括注重自上而下的、行政管制导向的计划机制，又包括强调自发秩序、分散决策导向的市场机制。稀缺资源的使用效率以及稀缺资源的分配公平都会因资源配置方式的不同而产生差异。

3.1.3.2 外部性理论

外部性是由马歇尔和庇古于 20 世纪初提出的，又称外部效应，是指某个经济主体对另一个经济主体产生一种外部影响，而这种外部影响又不能通过市场价格进行买卖。当对另一个经济主体的影响是正面有益的，就将其称为正外部性；当对另一个经济主体的影响是负面有害的，就将其称为负外部性（徐桂华等，2004）。

企业通过生产追求企业自身利润的最大化，同时向大气中排出大量温室气体，给环境带来负面影响，损害了其他企业和个人的权利，这是典型的外部性问题。由于排放二氧化碳等温室气体的主体虽然给外部带来了危害，却没有支付任何补偿，最终把本应由排放主体承担的成本转嫁到外部，变成了全社会的成本，在经济学中一般把二氧化碳等温室气体排放导致的全球气候变暖问题称为负外部性问题。所谓负外部性，是指一个人的行为或企业的行为影响了其他人或企业，使之支付了额外的成本费用，但后者又无法获得相应补偿的现象。

一般情况下由政府负责对负外部性进行校正，把环境成本内部化到排放主体的成本结构，主要方式有两种：一是通过行政手段，直接对相关企业的碳排放量进行规定；

二是通过税收手段，也就是政府对相关排放主体按照碳排放量征收碳税。在实际操作中，两种方法均较为生硬，存在明显的局限性，难以对企业减排产生适度且均衡的激励和约束。英国经济学家罗纳德—科斯等发展起来的产权理论，则为解决温室效应等环境负外部性问题带来了新的思路。根据科斯定理，只要财产权是明确的，并且交易成本为零或者很小，那么无论在开始时将财产权赋予谁，市场均衡的最终结果都是有效率的，实现资源配置的帕累托最优。帕累托最优（Pareto Optimality）是指资源分配的一种理想状态，假定固有的一群人和可分配的资源，从一种分配状态到另一种状态的变化中，在没有使任何人境况变坏的前提下，使得至少一个人变得更好，这就是帕累托改进或帕累托最优化。科斯认为在产权清晰的前提下，市场最终都会向高效的方向发展，无须政府使用行政手段去过多干预。

碳排放交易的想法来源于科斯提出的产权理论，碳排放交易作为数量导向的政策工具，也被认为是符合科斯定理的一种可交易污染许可证的典型应用。把二氧化碳等温室气体的排放权视为一种归属明确的权利，通过在自由市场上对这一权利进行交易，从而将社会的排放成本降为最低。

3.1.3.3 排污权交易理论

科斯提出产权理论用以解决外部性问题，并实现帕累托最优化的资源配置。美国科学家戴尔斯于1968年在科斯产权理论的基础上提出了排污权交易的理论，并首先被美国国家环境保护局（EPA）用于大气污染源及河流污染源管理。排污权交易（Pollution Rights Trading）是指在一定区域内，在污染物排放总量不超过允许排放量的前提下，内部各污染源之间通过货币交换的方式相互调剂排污量，从而达到减少排污量、保护环境的目的。其主要思想就是建立合法的污染物排放权利即排污权（这种权利通常以排污许可证的形式表现），并允许这种权利像商品那样被买入和卖出，以此来进行污染物的排放控制。

排污权交易作为以市场为基础的经济制度安排，对企业的经济激励在于排污权的卖出方由于超量减排而使排污权剩余，之后通过出售剩余排污权获得经济回报，这实质是市场对企业环保行为的补偿。买方由于新增排污权不得不付出代价，其支出的费用实质上是环境污染的代价。排污权交易制度的意义在于其可使企业为自身的利益提高治污的积极性，使污染总量控制目标真正得以实现。这样治污就从政府的强制行为变为企业自觉的市场行为，其交易也从政府与企业行政交易变成市场的经济交易。可以说排污权交易制度不失为实行总量控制的有效手段。

排放权交易理论的基本原理是总量限制和配额分配。排放权交易理论的具体实施一般分为以下几个步骤：首先，政府及相关部门根据区域环境条件和控排目标对环境容量进行评估；二是根据区域环境容量和控排目标计算得到污染物排放的配额，并将其规定为排污权；三是政府及相关部门应选择合适的排污权分配方式，将排污权配置给区域内的排污企业，并建立区域排污交易市场体系，确保排污权交易合法有序。

图3.3对排污权交易的经济学原理进行了分析。

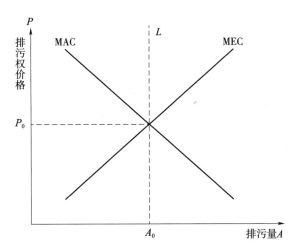

图3.3　排污权交易的经济学原理

在图3.3中，坐标系横轴代表排污量，纵轴代表排污权价格。MEC线表示边际外部成本，可以看出，随着排污量的上升，单位排污量对环境的危害程度也在增加。MAC先表示边际治理成本，可以看出，随着排污量的上升，单位排污量的治理成本是降低的。L线是一条垂直于横轴的虚线，表示政府发放的排污总量，和排污价格无关。当企业的边际治理成本高于排污权价格时，那么理性的市场经济企业大概率会选择购买排污权，反之会进行排污治理。

碳排权源自经济学中的排污权。在企业碳排放过程中，产权是明晰的，在碳排放企业和有权不受碳排放损害的民众之间可以找到最佳的解决办法。一方面，政府给企业分配的碳排放权配额是对该企业合法利用环境资源权利的保护，但多出的碳排放也应承担相应的赔偿责任。另一方面，由于产权的明确，企业可以根据自身减排成本与碳排放配额价格的比较，最终选择碳排放权的买入和卖出。

碳交易的目的是通过碳排放权的流通形成碳指标的价格信号，利用市场激励机制对资源配置进行优化。从经济学上说，碳交易市场的核心是"外部性的内化"，也就是说，它把企业技术改造、绿色金融、社会消费等隐形的减排成本"放在台面之上"，用碳价表现出来。具体来说，首先通过碳权将外部成本内部化，如果不对碳排放进行限制，那么排放企业所造成的环境恶化的成本将由全社会共同承担。当碳排放权被定义为一种排污权时，碳排放权就成为排放企业的生产成本，也就是说，碳排放不是免费的，这就是企业碳排放的成本由全社会共同承担变成了企业自身承担，环境成本被内部化了。此外，通过排放主体之间的交易，对全社会资源进行优化配置，降低排放总量，降低碳减排成本；通过市场机制设计，通过提高排污企业生产成本，引导排污企业升级节能减排技术，加大节能减排投入，鼓励节能减排企业多生产、多开发、多利用低碳零碳技术，减少全社会排放，提高整体社会福利水平。

3.2 主要碳金融产品

2022年4月，中国证券监督管理委员会公布了《碳金融产品》（JR/T 0244—2022）等4项金融行业标准。《碳金融产品》对碳金融产品的分类和实施，提出了具体的要求，这有助于引导机构有序开发、实施、识别、运用和管理碳金融产品，促进各界加深对碳金融的认知，引导金融资源进入绿色领域，支持绿色低碳发展（王璐，2022）。《碳金融产品》建立起融资工具、交易工具、支持工具为框架的产品体系，以满足未来多样化的碳金融需求（图3.4）（殷红，2022）。

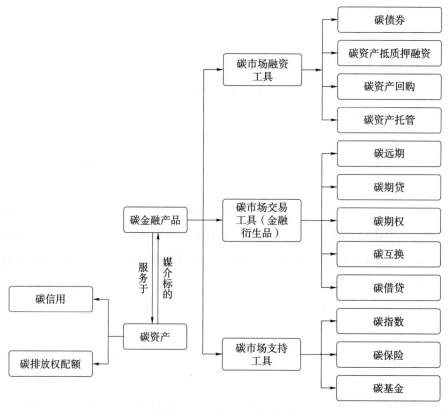

图3.4　碳金融产品的类别

《碳金融产品》定义了碳金融领域的30个术语，包括2类基础碳资产和12个碳金融产品。其中的两类基础碳资产指碳配额和碳信用。碳配额全称碳排放权配额，是主管部门基于国家控制温室气体排放目标的要求，向被纳入温室气体减排管控范围的重点排放单位分配的规定时期内的碳排放额度。碳配额一般根据纳入控排范围的温室气体排放企业的历史碳排放和行业平均排放通过免费分配或拍卖等方式产生。碳信用，是项目主体依据相关方法学，开发温室气体自愿减排项目，经过第三方的审定和核查，依据其实现的温室气体减排量化效果所获得签发的减排量。在我国，碳信用为中国核证自愿减排量（CCER），国际上主要的碳信用为《京都议定书》清洁发展机制（CDM）下的核证减排量（CER）（王璐，2022）。

3.2.1 碳资产

3.2.1.1 碳排放配额

我国碳排放配额是政府基于总量控制原则，依据配额分配方法，免费或有偿分配给重点排放单位的排放权益标的，属于重点排放单位的资产，企业得到多少碳排放配额，就可以排放多少二氧化碳。重点排放单位每年需提交与上年度确认排放量等量的排放配额用于清缴履约。碳排放配额交易是近几年交易量最大、最活跃的品种，是碳市场的硬通货。

我国的碳排放配额以免费分配为主，免费分配的方式主要有以下 3 种。

（1）历史总量法

历史总量法以企业过去的碳排放数据为依据进行分配。通常选取企业过去 3～5 年的二氧化碳排放量得出该企业的年均历史排放量，而这一数字就是企业下一年度可得的排放配额。历史总量法对数据要求较低，方法简单，但忽视了企业在碳交易体系之前已采取的减排行为，同时企业还有可能在市场机制的影响下采取进一步减排行为。

（2）历史强度法

以企业历史碳排放为基础，并通过在其后乘以多项调整因子将多种因素考虑在内的一种计算方法，如前期减排奖励、减排潜力、对清洁技术的鼓励、行业增长趋势等。历史强度法要求企业年度碳排放强度比自身的历史碳排放强度有所降低。

（3）基准线法

将不同企业（设施）同种产品的单位产品碳排放量按顺序从小到大排列，选择其中前 10% 作为基准线（10% 为假设比例，不代表具体行业），每个企业（设施）获得的配额量等于其产量乘以基准线值。对于数据基础好、产品单一、可比性较强的行业可采用基于基准线法分配，如发电行业、电解铝等。

我国在碳排放配额分配方案的制定过程中参考了欧盟的经验，采用基准法和历史强度法代替历史法。采用基准法的行业，其产品一致性较高，所以可以通过统计计算全行业单位产品的碳排放量，设定一个比较高水平的值作为基准值，不仅可以确保配额的分配能随着产品产量的变化而变化，也真正做到了鼓励先进，淘汰落后产能。历史强度法是根据某企业历史生产数据和排放量来计算单位产品排放量，并以此为基数逐年递减。历史强度法的优点是可以随着产品产量的变化而调整排放量，督促企业进行自身的节能减排。缺点在于，企业要跟自身进行对比，如果该企业进行节能减排方面的改进，会导致碳排放配额基数下降过快，对企业造成更大压力，使企业没有节能减排的动力。并且因为企业的产品也会随着市场形势的变化而变化，即使与自己相比，也存在不一致、无法比较的产品。以产品为基准，配额分配既要考虑企业的法人边界，也要考虑产品的生产边界。如果产品或生产设施发生变化，还涉及配额分配边界的重新定义和划分。企业对此不熟悉，导致数据申报、第三方验证等边界确认问题较多。此外，基准法和历史强度法都是根据产品产量确定总排放量，即总排放量是一个变量。如果产品产量增速高于基准或历史强度的下降速度，总量不减反增，那么总量控制或减排的目的就无法真正达到。

碳排放配额的分配应该充分考虑其成本和收益。评价碳金融运行的好坏，不能只简简单单地去看交易量、交易额和履约率等表面的数据，还要看由此产生的社会收益和社会成本，以及达到的实际减排量是多少。在配额分配的公正性方面，我国配额分配的方法是全国统一、公开透明的。企业根据排放情况可以自行计算，得出应该获得的配额数量。配额分配的基础是经过生态环境主管部门核查后的碳排放相关数据，根据《碳排放权交易管理办法（试行）》的规定，重点排放单位对排放数据的核查结果乃至分到的配额有疑义的还可以复核申诉。在配额分配的合理性上，目前配额采取的是以强度控制为基本思路的行业基准法，实行免费分配。分配的基准值是国家参照企业所在行业内相对先进的碳排放水平来确定的，一家企业每年获得的配额就是用基准值乘以企业当年的实际产量，产量越高，配额越多；同时，产量越高也意味着碳排放量越高。随着时间推移，国家对基准值的标准设定会越来越严，这也意味着每家企业所获得的配额会逐年降低。该方法基于实际产出量，对标行业先进碳排放水平，配额免费分配而且与实际产出量挂钩，既体现了奖励先进、惩戒落后的原则，也兼顾了当前我国将二氧化碳排放强度列为约束性指标要求的制度安排。在配额分配制度设计中，考虑一些企业承受能力和对碳市场的适应性，对企业的配额缺口量做出了适当控制，需要通过购买配额来履约的企业，还可以通过抵消机制购买价格更低的自愿减排量，进一步降低履约成本。

下面举例说明碳排放配额的交易过程。

①某年年初，政府给规定排放 100 万 t 的企业甲发放 100 万 t 碳排放配额，给规定排放 120 万 t 的企业乙发放 120 万 t 碳排放配额。

②企业甲通过技术升级、设备更新等多种方式进行节能减排，到年底仅排放二氧化碳 90 万 t，企业甲富余的 10 万 t 碳排放配额就可以进入碳交易市场进行交易并获得

相应利润。而企业乙因为各种原因没能完成减排任务，其全年碳排放达到 130 万 t，比政府发放的碳排放额度多出了 10 万 t，此时为了完成全年的排放任务，企业乙需要用资金去碳交易市场购买 10 万 t 的碳排放配额。企业甲的富余额度满足企业乙的需求，碳排放配额交易得以实现。最终总的排放目标得以实现。

3.2.1.2　碳信用

碳信用（carbon credit）又被称为碳权，指某地区或者某控排企业经过节能减排技术研发、优化能源结构以及减少不必要的开发等形式进行减排之后获得的经过政府部门或国际组织按照有关技术标准和认定程序确认并签发的碳减排量。通常情况下，碳信用以减排项目的形式进行注册、运行并获得减排量的签发。碳信用一般在碳交易市场进行交易，此外还可用于个人或组织在自愿减排市场的碳排放抵消。碳信用一般可以理解为碳抵消机制中所产生的"核证减排量"，与碳排放配额有本质的不同。碳排放配额是政府发放给控排企业的碳排放权，而碳信用指的是非控排企业以减排项目的形式获得的减排量。减排量采用基准线法进行计算，简单来说就是计算某非控排企业采用了自愿减排项目之后的排放量相较于基准情景之下的排放量减少了多少，这个减少的部分就是碳信用。

碳信用的作用主要体现在 3 个方面：一是从宏观层面，碳信用使碳排放的"总量控制与交易"成为一个完整的机制安排，有利于形成市场化导向机制，通过市场化交易，内化气候问题的外部性，以最终减少全球二氧化碳排放量。二是对于购买者而言，碳信用为减排履约提供了更加灵活的方式。碳信用购买者可以通过向减排成本低的地区或部门提供资金来抵消自己的排放量。这将有效降低购买方的减排成本。只要碳信用活动产生的碳减排是真实有效的，碳信用机制就可以促进全球减排行动。三是对于卖方来说，碳信用提供了一种可量化的定价方式，具有正向激励作用，这将促进更多绿色产业和碳减排技术创新的实现。总体而言，碳信用具有很高的社会价值，在推进节能减排技术发展、促进低碳经济发展、降低碳排放量、丰富强制碳交易市场等方面都发挥了巨大的作用。

世界银行数据显示，全球碳信用的注册项目到 2020 年年底已达 18 000 余个，碳信用签发总量自 2002 年以来已达 43 亿 t。目前，产生碳信用的主要行业有林业、农业、制造业、碳捕集与封存、燃料转型升级、逸散排放、能源效率、可再生能源、交通运输等。林业领域是最主要的产生碳信用的领域，其碳信用产生量要远大于其他行业，2015—2020 年，超过 40% 的全球碳信用由林业领域产生。

国际上主要的碳信用为《京都议定书》清洁发展机制（CDM）下的核证减排量（CER）。2012 年，我国根据 CDM 机制，并结合国情，开发自愿减排市场——中国核证自愿减排量（Chinese Certified Emission Reduction，CCER）。

CCER 是我国核证自愿减排量的缩写。CCER 是指对我国境内可再生能源、林业碳汇、甲烷利用等项目的温室气体减排效果进行量化核证，并在国家温室气体自愿减排交易注册登记系统中登记的温室气体减排量，可用于控排企业清缴履约时的抵消或其他用途。CCER 市场主要由温室气体自愿减排项目业主（碳减排的供给者）、抵消减排者（碳排量的需求者）、主管部门、第三方专业核查机构和有关法律法规体系等各类要素共同构成（刘精山等，2022）。

CCER 项目的开发包括项目备案和减排量备案两个阶段。项目备案是评估和批准开发项目能否为 CCER 项目，由项目开发者提交备案申请和项目设计文件，第三方审核机构对项目进行技术评估和审查，国家主管部门备案批准后的项目；减排量备案是量化被确立为 CCER 项目产生的减排量，由项目开发者提交项目检测报告和减排量备案申请，第三方审核机构对减排量核证，国家主管部门备案批准后的减排量（刘精山等，2022）。

2012 年 6 月，国家发展改革委发布《温室气体自愿减排交易管理暂行办法》，标志我国 CCER 开始起步。2013 年 10 月，中国自愿减排交易信息平台上线，我国 CCER 进入交易试点阶段。2017 年 3 月，由于 CCER 交易量小、个别项目不够规范等问题，国家暂缓受理 CCER 方法学、项目、减排量、审定与核证机构和交易机构等的备案申请。随着 2021 年 7 月全国碳排放权交易市场正式运行，主管部门重启 CCER 新项目备案（刘精山等，2022）。

CCER 重要事件见表 3.3。

表 3.3　CCER 重要事件

发布日期	政策与行动	相关内容
2012 年 6 月	《温室气体自愿减排交易管理暂行办法》	对项目和减排量的管理、交易、审定与核证均做出了规定
2012 年 10 月	《温室气体自愿减排项目审定与核证指南》	对审定与核证机构备案资格要求、审定与核证的程序及要求做出了规定
2013 年 10 月	"自愿减排交易信息平台"上线	对自愿减排项目的审定、注册、签发进行公示
2014 年 12 月	《碳排放权交易管理暂行办法》	规定碳排放配额和 CCER 为碳排放权交易市场初期的交易产品
2017 年 3 月	暂停温室气体自愿减排项目备案申请	暂缓受理 CCER 方法学、项目、减排量、审定与核证机构和交易机构等的备案申请

发布日期	政策与行动	相关内容
2021年1月	《碳排放权交易管理办法（试行）》	重点排放单位每年可以使用CCER抵消碳排放配额的清缴，抵消比例不得超过应清缴碳排放配额的5%；用于抵消的CCER，不得来自纳入全国碳排放权交易市场配额管理的减排项目
2021年3月	《北京市关于构建现代环境治理体系的实施方案》	承建全国温室气体自愿减排管理和交易中心
2021年10月	《关于做好全国碳排放权交易市场第一个履约周期碳排放配额清缴工作的通知》	明确2017年3月前产生的减排量CCER均可使用，且用于配额清缴抵消的CCER抵消比例不超过应清缴碳排放配额的5%

资料来源：刘精山等（2022）。

  CCER交易作为配额市场的一种补充，指控排企业向实施"碳抵消"活动的企业购买可用于抵消自身碳排的核证量。"碳抵消"是指用于减少温室气体排放源或增加温室气体吸收汇，用来实现补偿或抵消其他排放源产生温室气体排放的活动，即控排企业的碳排放可用非控排企业使用清洁能源减少温室气体排放或增加碳汇来抵消。抵消信用由通过特定减排项目的实施得到减排量后进行签发，项目包括可再生能源项目、森林碳汇项目等。"核证"指的是一个CCER项目在进入市场前，需要经过一系列严格的量化考察以及层层备案，"自愿"指的是这一交易标的有别于国家强制划分的碳排放配额，是一种环保减排项目主动发起的减排活动。将两者结合起来看，CCER就是一种"经官方指定机构审定并备案，由环保项目或企业主动创造的温室气体减排量"。

  CCER项目的减排量采用基准线法计算。基本的思路：提供同样的生产或者服务水平，采用普通项目的温室气体排放量和采用CCER项目的温室气体排放量的差值就是CCER减排量，这个普通项目的温室气体排放量就是基准线。简而言之，CCER项目减排量就是项目排放与基准线排放的差值。企业、事业单位通过光伏、风电、生物质能供热及发电等减排项目减少温室气体排放并提出申请，由生态环境主管部门对该项目产生的温室气体削减排放量组织核证，并对经核证属实的CCER予以登记。当控排企业的碳排放量高于初始配额分配量时，企业可以在碳市场直接购买其他企业的碳排放配额，也可以选择购买基于环保项目的CCER用于抵消碳排放量。碳市场按照1∶1的比例给予CCER替代碳排放配额，这里的1∶1，并不意味着配额与CCER价格相等，而是碳市场按照1∶1的比例给予CCER替代碳排放配额，即1个CCER等同于1个配额，可以抵消1 t二氧化碳当量的排放，但抵消并不是无限的。CCER能够抵消的比例在10%的区间内，市场不同所规定的抵消比例也不同，如全国碳市场规定的抵消比例就在5%（图3.5）。

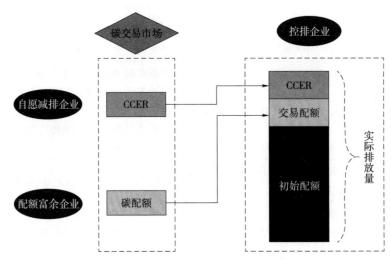

图 3.5　CCER 交易机理

数据来源：发展改革委、东吴证券研究所（2021）。

需要说明的是，管控企业或者说是控排企业是不允许自己开展自愿减排项目去获得 CCER 的，控排企业能获得的只有政府发放的碳排放配额，自身是无法去生产 CCER 的，要获得 CCER 只能去非控排的自愿减排企业处购买。由于 CCER 只能冲抵部分碳排放量，使用数量有一定的限制，这一属性导致 CCER 不能完全等同于碳排放配额，所以 CCER 的价格一般会低于碳排放配额，控排企业在规定的比例内使用 CCER 进行抵消，成本是更低的。

因为 CCER 以更为经济的方式，构建了使用减排效果明显、生态环境效益突出的项目所产生的减排信用额度抵消重点排放单位碳排放的通道，所以作为一种抵消机制，它是碳市场重要的组成部分。

CCER 的现实意义如下：

①推进"双碳"实现，提高低碳环保意识。私营部门开发林业碳汇、CCUS 等二氧化碳吸收的项目成本较高，即使有研发投入，也无法大规模商业化。以可再生能源企业为主的 CCER 项目业主通过光伏、风电、生物质能供热等项目开发 CCER，并在 CCER 市场出售减排量获取收益，再凭借该资金促进自身产业发展和技术升级，以此良性循环可以促进可再生能源企业及行业的长期发展。同时，根据 CCER 方法学设计个人的减排产品，使民众自觉融入自愿减排市场，全社会低碳意识和个人减排参与度都得到极大提升。

②盘活全国碳市场，控排企业减负。全国碳排放权交易市场利用市场机制促进碳减排，但是碳配额市场活跃度不高。而 CCER 项目有广泛的种类和灵活充足的供应数量，能弥补碳配额市场需求缺口，盘活碳交易市场。另外，CCER 的价格低于碳配额价格，控排企业使用 CCER 履约能有效降低成本，减轻企业负担。

③提振欠发达地区经济，平衡区域间发展。减排项目在欠发达地区的实施成本最低，这一优势可以吸引投资到欠发达地区，增加就业，减少贫困，提振地区经济；减排项目还能够引入先进科技到欠发达地区，提升它们的全要素生产率和创新能力，从而缩小区域间的经济和科技差距，平衡发展。

④促进碳金融产品创新，提升绿色金融水平。CCER 是有国家公信力保障的市场收益预期高的碳金融产品。目前，在 CCER 基础上开发的碳基金、碳债券和碳资产质押贷款以及碳信用等碳金融产品不断丰富，逐渐实现碳金融产品的多样化，使得我国绿色金融市场水平进一步提升（刘精山等，2022）。

碳减排的实施除依托以排放贸易体系为基础的强制减排市场（Regulation-driven carbon markets）之外，还要依托以私营主体碳排放权交易为基础的自愿碳减排市场（Voluntary carbon market）。相较于强制减排市场，自愿减排市场是一种灵活的气候贸易机制，主要依靠非政府组织、跨国公司及个人等非国家行为体在气候治理中发挥作用。然而，强制减排市场使用国家制定的排放贸易体系对市场交易行为进行规范，而自愿减排市场引导控排主体从项目中购买和使用经过核证后的减排凭证实现碳中和的目标（杨博文，2021）。自愿减排有一个不属于《京都议定书》体系但与 CDM 机制平行的市场，其针对未加入《京都议定书》的发达国家、政府及相关机构、私人投资者、媒体和大型企业，因为它们越来越关注温室气体和全球气候变化，愿意为解决气候变化问题积极贡献力量，自发参与 CDM 并购买 CDM 项目产生的 VER。在自愿减排市场购买的减排指标就是自愿减排量（VER）。自愿减排量（VER）是指经过联合国指定的第三方认证机构核证的温室气体减排量，是自愿减排市场交易的碳信用额。

自愿减排的购买者一般是非控排的企业、非政府组织和自愿减排的零售商等。企业社会责任、品牌赞誉度、个人抵消、管制预期、投资转售等因素是自愿减排的购买者自愿减排的主要驱动力。对于项目业主而言，自愿减排市场为那些因初始成本高或其他原因无法进入 CDM 开发的碳减排项目提供了一种途径；对于购买者，自愿减排市场为实现自身碳中和提供了一种便捷、经济的方式。与主要由政府机构或联合国等国际组织主导的可以用于强制履约的碳抵消市场不同，VER 市场主要由一些非政府组织主导，如 Verra、Gold Standard、Plan Vivo 等。每个公司都建立自己的 VER 品牌以及对应的标准和方法，各自审查和接受符合其要求的 VER 项目，并建立自己的登记册，以方便买卖双方的 VER 交易。因此，整个市场长期以来一直处于一个相对分散且多元化的状态。

自愿减排市场经过多年的发展，越来越受到各方的关注，已经成为全球碳金融市场的一个重要组成部分。注册的 VER 项目数量，VER 需求都明显增长，价格持续上涨，甚至新型冠状病毒疫情的全球暴发和流行也未能对其产生持续和实质性的影响。这背后深层次的原因是全球越来越多的企业，尤其是大型企业，已经开始将应对气候变化、实现碳中和或净零排放作为企业发展的战略目标，开始持续向该战略目标投入资金、人力和物力资源。VER 作为能够抵消企业的碳排放量的重要工具，其需求不断上涨，价格自然也随之水涨船高并带动了整个市场的发展。VER 的参与者范围正在逐渐扩大，VER 的市场也在逐步完善。这一新兴市场的形成和 VER 的认购所带来的影响将不仅限于 CDM 和相关减排项目的运行和实施。VER 的开发将会促进发展中国家对清洁能源的利用，从而实现有效的环境保护以及社会、工业和经济的可持续发展。部分 VER 碳汇市场的运营和执行标准符合 CER 碳汇市场的规则，并且按照联合国制定的 CDM 项目方法来开发和实施。

自愿减排标准根据《巴黎协定》和各国国内法律，规范和约束非国家行为体参与碳中和项目。以《联合国气候变化框架公约》《京都议定书》《巴黎协定》有关市场机制的规定为基础设立的自愿减排标准，用来规范应对气候变化，完善现有国家自主贡献机制和相应的市场机制。因此，参与碳中和的非国家行为体必须遵守标准内容，不得随意变更。一般而言，VER 项目主要从以下几个方面产生。

①自愿减排项目。主要是指森林碳汇项目，为碳汇而开展。最近几年也开始有针对碳捕集与封存（CCS）的自愿减排项目，但是整体技术和方法尚不成熟，还需要进一步发展和研究。

②专为 VER 开发的项目。某些由于项目体量较小，不受中方资本控制，或前期投入太高且需要尽快收回投资，或其他原因无法按照 CDM 进行开发的项目。

③申请 CDM 的项目未通过 EB 注册，只能作为 VER 项目申请。

④注册前 VER：项目已成功申请 CDM 项目，但项目注册成功日期晚于项目投产日期，由于 CDM 减排量（CER）是从注册成功之日起计算，项目投产日至项目成功申请 CDM 日期之间所产生的减排量为注册前 VER。

3.2.2 碳金融产品

《碳金融产品》（GR/T 0244—2022）将碳金融产品划分为碳市场融资工具、交易工具和支持工具，并定义了 12 种典型的碳金融产品（表 3.4）（王璐，2022）。从产品谱系上看，主流金融产品在碳市场上都能找到对应的名称。交易工具包含碳期货、碳期权、碳远期、碳掉期、碳指数交易产品（以下简称碳指数）、碳资产证券化（碳基金、碳债券）等碳金融产品。融资工具包括碳质押、碳回购和碳托管等产品。支持工具包括碳指数、碳保险等产品。我国的碳金融产品市场尚不成熟，分别从市场需求度、规模带动力、市场发育度和风险可控度 4 个维度分析这些碳金融产品，有以下特征：一是在市场需求度方面，碳期货、碳期权是碳金融交易的主力，对碳基金、碳远期等产品的需求还不旺盛；二是在规模带动力方面，碳期货最强劲，碳远期、碳债券、碳基金、碳掉期、碳期权、碳指数等市场规模较弱；三是在市场发育度方面，碳期货、碳基金、碳债券和碳远期产品相对较完善，而碳期权、碳掉期和碳指数仍需进一步提升；四是在风险可控度方面，碳期货、碳期权、碳基金和碳债券的风险相对较低，而碳掉期、碳远期和碳指数的风险控制机制还不完善。尽管碳期货、碳远期、碳债券及碳基金等碳金融产品基本已经成熟，但是各碳金融产品市场在资金融通、风险规避等方面仍存在欠缺（张叶东，2021）。

表3.4　碳金融产品定义及分类

序号	碳金融 产品名称	定义	碳金融 产品分类
1	碳债券	发行人为筹集低碳项目资金向投资者发行并承诺按时还本付息，同时将低碳项目产生的碳信用收入与债券利率水平挂钩的有价证券	碳市场 融资工具
2	碳资产抵质押融资	碳资产的持有者（借方）将其拥有的碳资产作为质物／抵押物，向资金提供方（贷方）进行抵质押以获得贷款，到期再通过还本付息解押的融资合约	
3	碳资产回购	碳资产的持有者（借方）向资金提供机构（贷方）出售碳资产，并约定在一定期限后按照约定价格购回所售碳资产以获得短期资金融通的合约	
4	碳资产托管	碳资产管理机构（托管人）与碳资产持有主体（委托人）约定相应碳资产委托管理、收益分成等权利义务的合约	
5	碳远期	交易双方约定未来某一时刻以确定的价格买入或者卖出相应的以碳配额或碳信用为标的的远期合约	碳市场 交易工具
6	碳期货	期货交易场所统一制定的、规定在将来某一特定的时间和地点交割一定数量的碳配额或碳信用的标准化合约	
7	碳期权	期货交易场所统一制定的、规定买方有权在将来某一时间以特定价格买入或者卖出碳配额或碳信用（包括碳期货合约）的标准化合约	
8	碳掉期／碳互换	交易双方以碳资产为标的，在未来的一定时期内交换现金流或现金流与碳资产的合约，包括期限互换和品种互换	
9	碳借贷	交易双方达成一致协议，其中一方（贷方）向另一方（借方）借出碳资产，借方以担保品附加借贷费作为交换	
10	碳指数	反映整体碳市场或某类碳资产的价格变动及走势而编制的统计数据	碳市场 支持工具
11	碳保险	为降低碳资产开发或交易过程中的违约风险而开发的保险产品	
12	碳基金	依法可投资碳资产的各类资产管理产品	

资料来源：王璐（2022）。

要促进中国碳金融市场健康有序的发展，需要着力于以下几个方面：一是要宣传贯彻碳金融产品标准。推广标准的应用有助于促成碳金融产品发现机制，越来越多的金融机构参与碳金融服务有利于增加碳市场的流动性和有效性。二是要在调研实践中完善碳金融产品标准。随着我国碳金融实践的丰富和发展，碳金融产品种类和应用将会不断扩展，及时的调研工作会促进标准的更新和完善。三是要持续绿色金融标准供给。根据碳金融需求发展，按计划、有侧重地建立绿色金融标准体系，如环境信息披露标准、转型金融标准等（王璐，2022）。

3.3　碳交易价格及影响因素分析

碳金融产品价格的特殊性主要表现在其是以排放权为基础商品的本质上（赵珊珊，2012）。价格作为碳金融产品交易的核心，是整个碳金融市场体系的重要组成部分，是碳金融市场平稳健康发展的基础。从理论上讲，碳排放权的价格应该等于企业的边际减排成本，但由于不同行业、不同企业的碳排放成本不一致，以及碳排放导致的环境负面影响成本计量的复杂性，使得碳排放导致的环境影响成本难以计算。一般的金融市场资产的价格主要取决于人们对于资产利润的预期，而碳排放权的价格主要受市场供求情况所决定的碳排放权的稀缺性的影响（Benz, et al., 2006）。并且由于碳金融市场是一个相对比较新的市场体系，市场上相关产品的交易时间短，且市场不稳定，能提供的样本数据比较有限，这都给针对碳金融产品价格的研究带来了困难。

我国作为一个发展中国家，碳交易市场建设刚刚起步，碳金融市场发展更为滞后，正在逐步建立大量金融机构参与、包含丰富金融产品的碳市场。因此，对碳金融市场产品定价机制与价格运行机制的研究对认识碳市场价格规律，构建较为稳定的碳市场，发展我国低碳经济模式尤为重要。影响碳金融产品价格因素与价格形成的机理都是非常复杂的，包括政策、宏观经济、能源价格、碳减排技术发展等多方面因素都会对碳金融产品的价格产生直接或者间接的影响。总体来说，碳金融产品与一般商品大体相同，其价格主要受到产品供给和需求两方面因素的影响，在供求因素之外，价格在很大程度上还受到政策和国际环境的影响。

3.3.1　供给因素

3.3.1.1　碳排放配额和核证减排量（CCER）因素

国际上大多数碳排放交易体系是由政府通过分配碳排放配额，决定配额的总供给量和各控排企业获得的配额量。政府发放的碳排放配额与该国的减排目标紧密相关。在需求总量相对稳定的前提下，碳排放配额发放量上升会导致超额排放的企业减少，需要出售富余配额的企业增多，导致市场整体的供给量上升而需求量下降，将会导致碳排放配额价格的下跌，反之会导致碳排放配额价格的上涨。

通过严格的方法学和认证流程，对节能减排项目的减排量进行认证后，企业可将其拿到碳交易市场上出售。对于项目实施方来说，可以得到部分补贴，甚至因此获益，由此可以鼓励企业更多地选用节能减排技术；对于排放单位来说，当企业碳排放量超过自身碳排放配额时，除在市场上购买配额外，还可以选择购买核证减排量抵消，实现了减排成本的降低。尤其当市场上配额紧张，碳价上升时，核证减排量将成为提供配额来源，稳定碳价的重要手段。此外，不同项目类型的 CCER 由于受到不同市场偏好的影响，其价格一般也不相同。比如，造林和风电光伏项目所产生的 CCER 价格一般较高，水电和其他领域的 CCER 价格就相对要低一些。值得注意的是，全国碳市场也可能对 CCER 的项目类型进行限制，即某些项目类型的 CCER 可能不允许用于全国碳市场履约。如果出现类似的政策，那么相应项目类型的 CCER 价值就会大打折扣。在未来风电、光伏发电比例大幅增加的情况下，不排除碳市场会限制相应的 CCER 使用，所以需要时刻关注相关政策。

排放控制企业可以使用碳排放配额和核证减排量来履约，但碳排放配额履约没有比例限制，而 CCER 履约是有比例限制的。全国碳市场的 CCER 替代碳排放配额的比例仅为 5%，因此碳排放配额价值高于 CCER。通常，CCER 的价格为碳排放配额价格的 70% 左右，但受中间碳资产管理公司和投资者的影响，CCER 的价格将无限接近配额价格。碳排放配额和 CCER 作为所有碳金融产品的基础，两者价格的变化会影响其他所有碳金融产品的价格。

3.3.1.2 节能减排技术

碳减排技术也是影响碳排放配额交易价格的一个重要因素。碳减排技术主要影响的是企业的减排成本，当企业的减排技术不成熟，减排成本较高时，一般将在碳交易市场购买更多的碳排放权配额，配额交易价格将有所上升；而当碳减排技术有所突破，企业减排成本降低，则购买比较少的排放配额，交易价格就有所下降。如在发电领域，当太阳能发电或清洁能源发电技术有所突破，替代大量的化石能源发电；或化石能源发电的碳捕集或封存技术有所突破，成本降低，都将对市场排放配额交易价格产生影响。

3.3.2 需求因素

3.3.2.1 实际排放量

由于目前政府正在推行碳排放交易制度，对未履约的惩罚力度也比较大，所以企业必须把排放量控制在政府发放的配额以内，否则就要在碳交易市场购买配额。在配额数量一定的前提下，企业实际排放的数量决定了该企业的需求，进而影响碳交易价格。总体而言，全国碳排放的需求取决于碳排放配额总量与实际排放量的对比关系，碳排放配额总量大于实际排放量，则需求减少，碳价下降，反之碳价上升。

3.3.2.2　经济环境

随着碳金融市场的迅速发展，碳金融已经逐步融入整个经济环境，碳金融产品的交易会或多或少受到宏观经济变化的影响，碳金融产品价格也成为反映宏观经济状态的一个重要指标。当经济稳步增长时，大众对经济信心更强，消费欲望增加，整个社会的需求会更加旺盛，此时企业往往会扩大产能并研发新的产品以满足不断增长的社会需求，其相应的碳排放量也会增加，碳排放额的需求也会增加，碳金融产品价格上升。反之，当经济增长放缓甚至止步不前时，碳金融产品的价格会受到影响而下跌。例如，2019年席卷全球的新型冠状病毒疫情对全球经济造成了巨大的影响，碳金融市场也同步受到重创，碳金融产品价格大幅波动，欧盟碳价在2020年3月跌至15欧元，相较于疫情暴发前，跌了至少30%；随着以中国为代表的多个国家逐渐在疫情中复苏并推出多项政策以刺激经济发展，碳价不断回升，目前主流碳市场的碳价已经基本恢复到疫情之前的水平。

3.3.2.3　能源价格

能源的消耗是产生碳排放的主要因素，所以能源价格和碳交易的价格有着很紧密的联系。能源价格主要包括石油价格、煤炭价格、天然气价格、电力价格等。能源的价格会在很大程度上影响碳排放权交易的价格，能源包括传统能源和清洁能源。由于温室气体减排的主要部门是主要使用煤炭、天然气等燃料且碳排放量较大的企业，因此碳排放权的价格会受到能源价格的影响。非清洁能源和清洁能源对碳排放价格的影响是不同的。其中传统能源主要是指煤炭、石油等，能源价格与碳排放权价格呈负相关。传统能源价格越高，企业使用清洁能源和温室气体排放量越少的动力越强，导致碳排放权需求越低，碳排放权价格越低。清洁能源主要是市场上的天然气，清洁能源价格一般和碳交易价格呈正相关关系，在清洁能源技术不断进步和国家政策的支持下，清洁能源的成本和价格会不断下降，此时企业很可能选择在工业生产中，使用清洁能源来代替非清洁能源，从而降低单位产能二氧化碳的排放量，碳排放权需求减少，碳价降低。

3.3.2.4　气候环境因素

气候和环境也是影响碳价的一个重要因素。气候出现异常变化时，通常会导致气温的大幅波动，这都会导致排放增加进而影响碳排放权的价格。当冬天温度较低时，人们激增的采暖需求会消耗更多的煤炭或者电力资源，这势必会给相关企业带来更多的碳排放，增加企业对碳排放权的需求，进而导致碳排放权价格的上涨；当天气炎热时，同样会因为空调的大量使用而导致碳排放的增加以致造成碳排放权价格的波动。此外，雾霾和全球变暖等影响范围较大的环境问题会迫使政府和民众更加重视环境问题的危害性，影响市场参与者的决策，推动排放企业的节能减排措施，这都会很大程度影响碳排放量以及碳金融产品的需求，从而影响碳市场的供求关系和碳交易的价格。

3.3.2.5 工业发展

碳排放权属于一种特殊商品，具有市场属性。因此，其价格会受到市场结构性因素的影响。根据供需理论和碳排放价格的波动特征，如果参与工业生产的企业数量增加，工业生产排放的二氧化碳就会增加，企业对碳排放配额的需求也会相应增加，而市场需求的变化会影响市场的供给，碳排放配额的需求大于供给，从而导致碳排放权价格的上涨。此外，工业产量也和能源消耗有紧密的关联。随着工业生产规模的扩大，能源的消耗也会随之增加，相应地，二氧化碳的排放量一定会增加，进而逐步带动碳交易价格的上涨。可以得出结论，随着参与者的增加，需求会增加，碳排放权的价格也会上涨；相反，如果参与者的需求减少，供给过多，碳排放权的价格就会下降。

3.3.3 政策因素

政府在碳金融市场的建立和运行过程中起着至关重要的作用。虽然影响碳价的因素很多，但从碳金融市场运行的经验来看，政府调控仍然是当前影响碳金融产品价格的最主要的因素之一。政府碳排放配额分配量决定了企业对碳排放配额的需求，从而直接影响碳市场的碳价。此外，政府通过免费或者拍卖等不同的方式将碳排放额分配给排放企业，使企业获得碳排放额的成本不尽相同，这将影响企业对减排策略的选择，进而对碳价产生影响。地方政府为了保持碳交易价格的稳定，可以采用政府配额储备制度，利用配额储备，当市场配额供大于求时，可以进行吸收，避免碳价大幅下跌；在配额紧缺时释放储备，避免碳价过快上升，给排放企业造成压力。

政府的调控往往能给碳价稳定带来立竿见影的效果。我国政府曾经在试点地区的碳市场对 CCER 进行过年份限制，比如限制 2015 年前的 CCER 使用，那么 2015 年前的 CCER 就会失去价值。上海市政府曾经为维持碳价，规定企业 2013—2015 年的配额将于 2016 年 6 月 30 日停止交易，等量结转至 2016—2018 年 3 个年份，每年只可结转1/3，该政策导致市场上配额大幅减少，碳排放配额价格在不到一年的时间内上涨了9 倍之多。

3.3.4　国际环境

3.3.4.1　国际碳价的影响

国际碳期货价格与国内碳价之间存在着长期的稳定关系,呈现出明显的单向因果关系;国内碳市场缺乏定价能力,因此其对国际碳期货市场影响较弱,处于被动地位(邹绍辉等,2018)。我国的碳定价主要以国际碳价为参考,采用跟随定价的形式,国际碳价在很大程度上对我国碳价造成影响。当我国碳交易价格和国际碳价差别较大时,市场的投机者就会在低价市场买入并在高价市场卖出,以获得额外收益。在这个过程中,低价市场需求增加,价格上涨,高价市场需求降低,价格下跌。最终会使我国碳交易价格和国家碳交易价格保持一个动态的平衡。

3.3.4.2　汇率影响

从我国自身的能源禀赋来看,我国是一个富煤、缺油、少气的国家,并且煤炭的碳排放系数要大于石油和天然气。我国要实现碳中和的目标就必须要改变能源结构,在清洁能源逐步发展的过程中,石油和天然气的大量进口是不可避免的。汇率是国内外商品交易过程中需要充分考虑的问题,会对国内碳金融商品的价格产生潜移默化的影响(王镛赫,2021)。国际石油和天然气交易一般是以美元结算的,所以人民币兑换美元汇率的变化会对石油和天然气的进口造成很大的影响,引起我国能源成本的波动,进而影响碳价。除此之外,汇率还会影响进出口企业以及外资的经营决策,进而可能对国内碳交易价格产生影响。

3.4　中国碳交易市场发展历程及现状

3.4.1　中国碳交易市场发展历程

中国碳交易市场的发展大致分为3个阶段:第一阶段为CDM项目参与阶段(2005—2012年),第二阶段为区域试点阶段(2011—2021年),第三阶段为全国碳交易市场运行阶段(2021年7月至今)。整体的策略是先参与成熟的国际碳排放交易体系,进而进行区域试点,试点之后再稳步推进全国的碳交易市场的建设。

3.4.1.1　CDM项目参与阶段

我国碳排放交易主要起源于《联合国气候变化框架公约》和《京都议定书》下的CDM机制,CDM机制是发达国家在发展中国家投资实施减排项目,发达国家获得核证减排量以抵减并履行自身减排义务，而发展中国家获得资金与技术。CDM 项目是我国 2013 年区域碳排放交易试点以前唯一能够参与的碳交易方式，主要交易对方来自欧盟。

我国拥有全球最多的 CDM 项目，我国第一个 CDM 项目——荷兰政府与中国签订的内蒙古自治区辉腾锡勒风电场项目于 2002 年获得政府批准，并于 2005 年 6 月 26 日在联合国 CDM 管理委员会注册，自此我国参与 CDM 市场正式拉开序幕。2005 年以来，CDM 风力发电项目在我国得到了迅速的发展，成为我国 CDM 的重要项目构成类型。风电 CDM 项目通过出售核证减排量（CERs）给发达国家带来的收入，可以很大程度上对冲风力发电成本，提高风电盈利水平，CDM 项目是我国发展风力发电的重要推动力。

2006—2012 年，我国 CDM 项目处于高速发展期，7 年注册备案项目 3 791 个，占比达 98%，2011 年达到顶峰，2013 年后，一方面由于 CDM 项目的 CER 不断签发导致供给过剩，CER 的价格从 20 欧元 /t 下跌至 1 欧元 /t 以下；另一方面《京都议定书》的第一阶段于 2012 年年底结束，欧盟碳交易体系 EU ETS 第二阶段也于同年结束。欧盟规定 2013 年后将严格限制减排量大的 CDM 进入 EU ETS，只接受最不发达国家新注册的 CDM 项目，并且不再接受中国、印度等国家的 CER。我国的 CDM 项目失去了最大的市场，因此 2013 年后，国际市场不再具有吸引力，我国申请 CDM 数量骤减，基本退出国际市场。

我国 CDM 项目主要靠"出口"，而国内市场基本没有交易。交易机制的缺乏导致我国在国际 CDM 市场上没有发言权，"出口"的 CER 单价被发达国家压低；在需求方面，受到买方即发达国家政策的限制，如果我国 CDM 项目被欧盟拒之门外，我国只能投向发展中的新兴市场国家。CDM 市场本身的规模是非常有限的，如再缩水，我国在 CDM 的国际份额将越来越小，所以发展国内碳交易市场刻不容缓。

3.4.1.2　区域试点阶段

为了应对国际 CDM 项目逐渐减少的形势，也为了建立国内属于自己的碳交易体系，我国于 2011 年开始逐步建设国内的碳交易市场。2011 年 3 月 16 日，《国民经济和社会发展"十二五"规划纲要》公布，明确提出逐步建立碳排放交易市场。2011 年 10 月 29 日，国家发展改革委办公厅发出《关于开展碳排放权交易试点工作的通知》，同意北京、上海、天津、重庆、湖北、广东、深圳 7 省（市）开展碳排放权交易试点。深圳碳市场试点于 2013 年 6 月率先启动，上海、北京、天津、广东、湖北、重庆等碳市场试点也随后启动。2016 年，在首批 7 个试点后，福建和四川也启动建设本省碳排放权交易试点工作。与此同时，我国借鉴《京都议定书》中的碳抵消机制清洁发展发展机制（CDM）搭建适用国内的自愿核证减排机制（CCER）。碳排放交易试点市场（ETS）＋自愿减排机制（CCER），构成了我国区域试点阶段碳交易的主体结构。

经过多年的建设和发展，试点地区已经建成制度要素基本齐全且具地方特色、初具规模、运行基本稳定、初显减排成效的试点碳市场。根据生态环境部印发的《2019—2020 年全国碳排放权交易配额总量设定与分配实施方案（发电行业）》，全国碳市场以试点为基础，自 2013 年 7 个试点碳市场启动以来，现已成长为配额成交量规模全球第二大的碳市场。截至 2020 年 8 月末，试点碳市场配额累计成交量为 4.06 亿 t，累计成交额约 92.8 亿元，共有 2 837 家重点排放单位、1 082 家非履约机构和 11 769 个自然人参与交易。

碳交易试点为建设全国碳市场建设营造了良好的舆论环境，提升了企业和公众实施碳管理、参与碳交易的理念和行动能力，锻炼培养了人才队伍，推动逐渐形成碳管理产业，更重要的是逐渐摸索出建设符合中国特色的碳交易体系的模式和路径，为设计、建设运行管理切实可行、行之有效的全国碳市场提供了宝贵经验。

3.4.1.3 全国碳交易市场运行阶段

开展了近 10 年（2011—2021）的碳排放权交易试点工作，有效促进了试点省（市）企业温室气体减排，也为全国碳市场建设运行摸索了制度、锻炼了人才积累了经验。全国碳市场以试点为基础，自 2017 年年底启动筹备，经过基础建设期、模拟运行期，2021 年进入真正的配额现货交易阶段。2021 年 2 月 1 日《全国碳排放权交易管理办法（试行）》正式施行，开启碳交易将进入全国实施阶段。2021 年 7 月 16 日，中国碳排放权交易市场正式启动上线交易。

在全国碳交易市场启动之初，其覆盖行业主要是电力行业，未来将会逐步扩大覆盖范围。2021 年全国发电行业率先启动第一个履约周期，尽管只有电力一个行业参与交易，全国市场启动后也将成为全球最大碳市场。随着全国碳排放交易体系运行常态化，该范围将逐步扩大，最终覆盖发电、石化、化工、建材、钢铁、有色金属、造纸和国内民用航空 8 个行业。交易产品上，全国碳排放配额现货交易将是主要形式，CCER 现货作为补充。《粤港澳大湾区发展规划纲要》提出支持广州研究设立以碳排放为首个品种的创新型期货交易所。排放配额分配初期以免费分配为主，后续适时引入有偿分配，并逐步提高有偿分配的比例。

2021 年 12 月 31 日，全国碳排放权交易市场第一个履约周期顺利结束。全国碳市场第一个履约周期共纳入发电行业重点排放单位 2 162 家，年覆盖温室气体排放量约 45 亿 t 二氧化碳。2021 年，全国碳市场累计运行 114 个交易日，碳排放配额累计成交量 1.79 亿 t，累计成交额 76.61 亿元。按履约量计，履约完成率为 99.5%。12 月 31 日收盘价 54.22 元 /t，较 7 月 16 日首日开盘价上涨 13%，市场运行健康有序，交易价格稳中有升，促进企业减排温室气体和加快绿色低碳转型的作用初步显现。

我国建立全国碳排放权交易市场是在全社会给碳排放定价发出的信号，为整个社会的低碳转型奠定了坚实基础，以实现我国政府对国际社会做出的"力争 2030 年前碳达峰、2060 年实现碳中和"的承诺。全国碳市场对中国碳达峰、碳中和的作用和意义非常重要。其目的主要有：第一是促进各个企业以及全社会节能减排，至少是降低碳排放的增速，而不是反向扩大和刺激排放；第二是降低全社会的减排成本；第三是通过碳排放权交易这个市场机制来激励各个排放企业加快减排技术的升级，推动技术和资金向低碳发展。

碳交易市场可以有效地控制企业的碳排放的额度，并且在这个市场上能使得清洁能源型企业受益，倒逼企业裁汰落后产能。其重要作用主要有以下几点：一是促进高排放产业尽快实现产业结构优化和能源消费转型，推动高排放产业先达峰。二是释放碳减排价格信号，提供经济激励，引导资金向减排潜力大的工业企业流动，推动节能减排技术创新。三是通过构建全国碳市场抵消机制，促进林业碳汇增加，促进可再生能源发展。四是依托全国碳市场，为产业转型和区域绿色低碳发展，为快速实现"双碳"目标提供投融资方式。五是有助于我国争取国际碳交易的定价权，进而提升引领全球气候治理的能力。

全国碳排放权交易市场是利用市场化机制以较低社会成本控制温室气体排放、推动绿色低碳发展的一项重大制度创新，是落实我国自主贡献目标、碳中和愿景的重要核心政策工具。

3.4.2　中国碳交易市场发展现状

总体而言，全国碳排放权交易市场的建设还属于起步阶段，相对于欧盟和美国采用基于总量的碳市场，我国在碳市场设计时做了整体考量，选择基于强度的碳市场，这样能尽量降低企业的成本，并将其对经济的影响降到最低。目前，我国碳交易市场整体运行平稳有序，配额价格波动合理，单日成交量屡创新高。从交易规模来看，相较于全球现货交易市场，目前我国是最大的。自开市交易以来，全国碳市场日均成交量超过 125 万 t，是欧盟现货二级市场的 20 倍以上，是韩国现货二级市场的 50 倍以上。总体来看，全国碳市场基本框架初步建立，价格发现机制作用初步显现。

我国碳交易市场与国际市场尤其是欧盟市场相比，结构比较单一，存在一些结构性不足，需要进一步完善。目前来看，全国碳市场的参与主体单位、参与行业以及参与目的都比较单一，表现为参与单位目前只有控排企业，参与行业只有电力企业，参与主体的目的基本上是为了履约。同时我国碳市场的市场活跃度整体偏低并且价格调整机制还不完善。目前我国碳市场的主要不足有以下几个特征。

3.4.2.1　碳交易价格整体稳定，市场活跃度不足

全国碳市场开市以来，挂牌价格整体稳定，基本维持在 40~60 元 /t，刚开市时，

首周价格实现了较快上涨，随后几个月一直处于缓慢下跌的状态，直到临近履约的 12 月，价格随着成交的放量而持续上升。持续稳定的价格无法凸显碳排放权的稀缺性，碳排放配额作为一种稀缺资源，应通过一定的机制，最终传导在价格上。当前价格并不能体现碳市场的真实供求情况，碳交易价格对控排企业影响不大，企业缺少参与碳交易的积极性。然而，对比稳定的交易价格，碳交易量持续萎缩，市场的活跃度不足，控排企业中仅有约 6% 的企业参与了碳交易。全国碳市场首日成交 410 万 t，之后交易量持续走低，大部分交易日成交量低于 1 万 t，连续多日无大宗交易。尽管我国碳市场配额规模 45 亿，远大于欧盟碳交易市场的不到 20 亿 t。但是在流动性、价格、交易量方面与欧盟碳市场相比有较大差距。欧盟碳交易市场 2020 年交易量 81 亿 t，是其配额总量的 400% 多，占全球碳交易总量的约 90%。目前，虽然地方政府和有关金融机构对碳排放交易领域表现出积极的参与兴趣，但同时也存在着对政策方向把握不明和思路不清的顾虑和避忌，从而影响了整个市场的活跃度。

3.4.2.2 碳市场初期覆盖行业比较单一

全国碳市场初期仅覆盖了电力行业。将发电行业作为突破口开展全国碳市场的建设，主要考虑了几个因素，一是发电行业的数据基础比较好，产品相对比较单一，比较容易进行核查核实，配额分配也比较简便易行。二是这个行业的排放量很大，目前发电行业可纳入的企业达到 1 700 多家，排放量超过 30 亿 t，占全国碳排放量的 1/3。如果启动交易，这个规模远超过世界上正在运行的任何一个碳市场。2022 年，建材行业和钢铁行业将成为第二批纳入全国碳市场的行业，预计在"十四五"期间将逐步纳入除发电行业外的其他 7 个重点能耗行业（石化、化工、建材、钢铁、有色、造纸、航空）。

3.4.2.3 碳市场体系以碳现货为主，缺少期货交易

以试点市场经验为基础，目前的全国碳交易市场主要采用以配额交易为主，CCER 为辅的交易体系。目前全国碳市场只有现货交易，各地试点碳市场也以现货交易为主，碳金融衍生产品开发较少，并未形成真正的碳金融市场。大量的交易集中在履约期之前一段时间，说明全国碳交易市场目前还只能算是政策工具，而不是金融工具。与我国碳交易主要是现货不同，欧盟 90% 以上的碳交易是以期货为主的碳金融衍生产品交易，现货比例非常小。中国碳市场虽然是世界最大的碳市场，但是缺少碳金融衍生产品，交易量不大，总换手率约为 2%，而欧盟的换手率是 400%，要想成为世界最大的碳交易市场（按交易量计算），按照现在的市场规模，碳排放配额交易总量应达到碳排放配额总量的 2 倍以上，交易规模约为 80 亿 t。我国碳价整体偏低，碳交易价格无法真实体现企业的控排成本。引入碳金融衍生产品，一方面是提高交易量，另一方面是企业需要碳金融工具来抵御金融风险。

3.5 碳金融的重要意义及面临问题

3.5.1 碳金融的重要意义

碳金融是旨在减少温室气体排放的各种金融制度安排和金融交易活动，是全球应对气候变化的重要工具之一。积极发展碳金融对我国有着重要的意义。

一是有利于完善我国节能减排的法律制度，促进我国新兴产业的发展和清洁能源的开发。从我国的碳排放量实际情况来看，目前我国不合理的经济发展形式以及不健全的和节能减排相关的法律制度导致了大量二氧化碳的排放，节能减排刻不容缓。我国减排形势非常严峻。因此，必须要积极发展碳金融市场，以市场手段促进政府、企业以及社会各界等碳排放主体完善相关制度，升级产业结构，发展清洁能源，从而促进我国从传统的粗放型经济增长方式向集约型增长方式转变。

二是为低碳经济提供支撑。发展碳金融缓解低碳经济所面临的资金问题。从节能减排角度看，我国市场存在巨大的需求，国内外也有比较成熟的减排技术，当前最大的问题是资金。巨额资金的需求，仅仅依靠政府的投入是远远不够的，需要依靠碳金融的市场机制及金融产品在间接融资和直接融资市场进行融通，为开发可再生能源技术搭建资本平台。

三是增强我国碳金融定价话语权。当前，我国已经成为世界上最大的碳排放权交易国，但在碳定价和交易中处于从属地位，碳定价权基本被发达国家掌握。欧元是现阶段碳交易计价结算的主要货币，我国在国际碳市场中处于产业链末端，影响力较小。发展碳金融、构建完善的碳交易体系不但有助于我国争取国际碳交易的定价权，进而提升引领全球气候治理的能力，而且有助于打破国际碳交易计价结算中的币种垄断格局，进一步推进人民币国际化。

四是通过市场化机制促进节能减排。如果仅依靠行政手段来减少碳排放，不仅需要继续投入大量财政资金，而且无法调动和充分发挥企业和公民的减排积极性。通过碳金融交易的市场机制，可以积极引导和推动民间资本和金融资源向低碳方向流动。企业根据碳排放配额的价格选择自主减排或者购买碳排放配额。利用供需的不平衡促进碳减排将会是最有效的方式。

五是有利于实现产业升级和经济转型。我国一直提倡要实现低碳经济，但是由于碳金融市场的缺失，导致我国低碳经济转型无法有效实施，因此建立碳金融交易市场，有利于推动我国产业升级经济转型，实现经济和环境的可持续发展。

六是促进国际贸易投资。碳交易特别是清洁发展机制在降低发达国家减排成本的同时，促进减排的资金和技术向发展中国家转移，这为国际贸易投资和技术转移提供了便利。

　　碳金融作为一种新的金融形式，将在未来的全球金融博弈中发挥至关重要的作用。我国要把碳金融放在国家战略的高度，抓住机遇，做大做强碳金融。

3.5.2　碳金融面临的问题及建议

　　经过多年的发展，我国碳金融交易规模增长迅速，但总体仍处于比较初级的阶段，目前碳金融的发展依然面临一系列问题，给我国碳金融的发展带来了很大的不确定性。

　　一是碳定价权缺失问题。我国拥有世界最大的碳金融市场，是全球未来低碳经济最具潜力的区域。但中国主要处在碳交易价值链的低端，碳定价权主要被欧盟等国家掌握。定价权的缺失，使我国企业在国际碳交易中损失了巨额利润。近年来，主要的国际经贸谈判及协议都越来越注重环境标准，目前包括世行、IMF 等国际机构都在积极研究推动为碳定价，如果我们不能推动形成权威的中国碳价，争夺碳定价权，将来很可能会像过去在大宗商品领域一样由别人定价。

　　二是政策风险巨大。就目前的碳金融市场各参与主体的风险管理能力而言，碳金融蕴含的风险非常大，不仅包括市场风险、信用风险和操作风险，还包括政策风险和法律风险。目前，包括金融机构在内的市场主体对政策风险和法律风险的认知及控制能力还不够。一方面，国际公约能否顺利落实，给市场未来的发展带来了最大的不确定性。《京都议定书》第二阶段承诺只持续到 2020 年，之后主要依靠《巴黎协定》推动应对气候变化的国际合作。在落实《巴黎协定》目标的多次会议上，与会国家就减少温室气体排放力度等多项议题立场不一，争论不休，随着美国退出《巴黎协定》，落实《巴黎协定》目标更加困难。国际公约能否有效推行的不确定性对统一的国际碳金融市场的形成产生了极为不利的影响。另一方面，减排认证相关的政策风险也可能不利于市场的发展。因为核证减排量的核发是由专门的监管机构按照既定标准和程序进行认证的。即使项目成功，能否通过认证，获得预期的认证减排单位，仍存在不确定性。从现有经验来看，由于技术发展的不确定性和政策意图的变化，与认证相关的标准和程序也在发生变化。并且，由于项目交易涵盖不同国家，受所在国法律的限制，因此，碳金融交易市场发展面临的政策和法律风险非常巨大。市场参与主体是很难抵御这些潜在风险的。

　　三是金融产品单一问题。我国碳交易市场无论是在碳排放配额交易还是在核证减排交易量方面的交易均是现货交易，并且碳排放配额免费分配的比例较高，导致部分配额充足的企业缺乏参与碳交易的意愿。碳金融服务体系尚处于萌芽状态，碳金融衍生产品的开发和应用都极为有限，这在很大程度上限制了我国碳金融市场的活跃度，造成我国碳市场虽大但交易量不大的现状。碳金融衍生产品的缺位，导致金融机构在整个碳金融体系中难以发挥其应有的作用。

四是对碳金融认识不足。碳金融是一个全新的金融领域，我国在碳金融领域起步较晚，相关参与方对碳金融业务的利润空间、运作模式、风险管理、操作方法以及项目开发、审批等缺乏应有的知识存量，有关碳金融业务的组织机构和专业人才也非常短缺。国内主要参与碳交易的电力企业，大多数没有参与过地方试点的交易，对碳交易有关流程、交易规则等方面的理解还有所欠缺，未能有效捕捉到碳金融潜在的巨大机遇，许多企业仍持观望态度，参与碳市场交易的主观意愿不高。碳金融市场整体参与度较低，仅有政府和部分企业及银行在参与，很难满足碳交易市场的发展需求。

五是金融机构缺乏发展碳金融的动力。发展低碳经济离不开强有力的金融支持。由于缺乏政策激励或引导，追求利润最大化已成为商业银行的主要经营目标。在中国，低碳金融所创造的社会效益与商业金融机构所追求的利润之间存在很大的分歧。金融体系在低碳经济发展中的作用没有得到充分体现，降低了商业金融机构在低碳经济中的积极性。

发展碳金融，向低碳经济转型是我国应对全球气候变化的一个必然方向。为推进我国碳金融的发展，需要政府机构、金融机构、控排企业等所有参与主体的共同努力。

第一，应该进一步完善法律法规，建立统一的碳交易及碳金融规则。在法律层面，明确碳排放权的属性，赋予其可质押的权利。国家发展改革委、商务部、人民银行和银监会等有关部门应加大协调力度，进一步制定和完善碳金融的操作办法和法律法规，确保我国碳金融的规范发展。相关部门有必要制定一个碳金融的政策框架体系，为碳金融的发展提供战略支持。完善交易管理制度，统一交易制度、法律责任、激励约束机制、会计及税收处理等相关内容，同时促进推动碳排放权确权登记、账户设立、交易结算、监督管理等基础设施建设。此外，进一步明确准入制度，扩大参与主体，鼓励有经验的金融机构、碳资产管理公司、第三方咨询机构，甚至个人参与碳市场交易、带动碳金融产品创新，形成全社会共同参与碳金融的局面。

第二，进一步推动碳现货交易市场发展和完善。稳定的碳现货交易市场是碳市场整体健康发展的基础。要适度从紧确定碳排放配额总量，加强碳排放权监测、报告与核查体系建设，严格碳排放监督检查，强化企业碳减排责任，进一步完善碳排放权交易方式，确保形成合理碳价，推动碳现货交易市场充分发挥价格发现和资源流转功能，为碳金融市场进一步深化价格发现、套期保值和规避风险提供基础。

第三，加快金融创新，开发多样的碳金融衍生产品。没有多种碳金融衍生产品的支持，我国就无法大规模开展碳交易，也就无法掌握碳交易的定价权。要在碳金融市场的创新发展，一是加快碳期货市场建设，扩大碳市场的层次体系，实现碳现货市场与期货市场的互利互动，推动碳排放权交易体系的良好发展。二是鼓励碳金融产品创新，发展碳金融衍生产品，充分发挥其风险管理作用，实现碳资产的保值增值，提高碳资产的吸引力。三是做好碳市场和银行系统的对接，确保交易结算安全高效。四是适当放宽准入标准，鼓励金融机构、碳核算及碳资产管理公司等第三方中介机构等参与市场交易，鼓励发展融资类、投资类、保障类、信息咨询服务类中介机构，积极培育中介机构和市场，促进碳市场健康良性活跃发展。

第四，建立健全碳市场监管体系。从国际发展碳金融的经验可知，在碳金融市场发展初期，首先是完善顶层设计，区分开发者和监管者的角色，将开发和监管职能分开。其次是明确碳市场的金融属性，借鉴金融市场监管的相关经验教训，加速完善碳市场监管框架。建议金融监管部门按照金融市场监管规则进行监管。再次是通过碳金融交易平台的完善和区块链等数字技术的应用，对交易过程中可能存在的风险进行实时监管，从而实现碳金融交易的全过程管理。最后是加强行业自律。

第五，对节能减排进行广泛宣传，在民众中普及碳金融概念。人民银行等金融监管部门可协同环保部门等联合开展环保宣传，提高全社会的低碳经济意识，让企业充分意识到碳金融市场蕴含的巨大价值，推动企业结合其所在行业特点和自身发展规划，扩大碳金融领域的国际合作。

尽管我国的金融体系发达程度与发达国家尚存很大差距，但面对碳金融这样一个新兴市场，我国与发达国家的差距不会超过 10 年，随着我国金融体系的不断完善，可持续发展战略的推进，对碳金融市场的重视与不断创新探索会成为我国在这一新兴领域追赶甚至超越发达国家的新契机，同时可使我国在国际经济与金融体系重构过程中获取更多的主动权。

4

ESG 与碳中和

ESG 是环境（Environmental）、社会（Social）以及治理（Governance）的英文缩写，是一种关注企业环境、社会、治理绩效而非仅关注财务绩效的投资理念和企业评价标准。ESG 是社会责任投资的量化指标，在环境（E）、社会（S）、治理（G）3 个方面的基础上细化各种指标体系，对上市公司进行评价，以获取经济与社会效应的双重回报，是影响投资者决策以及衡量企业可持续发展能力的关键因素（杨蕙宇，2020）。ESG 作为一种新理念，它的提出和应用契合当前经济社会发展背景，其理念和相关政策也日益受到金融投资界关注。ESG 投资策略本质是价值取向投资，核心特点是把社会责任纳入投资决策，以改善投资结构，优化风险控制，最终获得较高的长期收益（苑志宏，2019）。ESG 作为一种长期价值投资取向，符合绿色、可持续的新发展理念，有助于引导社会资本支持经济向高质量发展转变，兼顾经济和社会效益（刘婧，2020）。

为积极应对全球气候变化，至今已有 100 多个国家提出了碳中和的目标。我国作为目前全球碳排放量最大的国家，实现碳达峰和碳中和目标的难度是十分巨大的，在经济结构转型和产业结构升级等方面面临巨大压力。ESG 的环境指标 E 中包含的碳排放量等多项节能减排指标，是衡量企业在碳中和方面的重要评价指标。所以大力发展 ESG 是我国实现"双碳"目标的重要手段。碳中和与 ESG 虽然是两个相对独立的课题，但两者是密切相关的，以可持续发展 GRI（Global Reporting Initiative）标准为例，其中就有很大部分内容是有关于环保及排放的，这意味着未来中国在推进节能减排的同时，会大力改善我国企业相关的 ESG 评级，因此也会受到越来越多关注 ESG 投资的国际投资者的青睐，使我国再次成为全球 FDI（外国直接投资）的焦点区域。

4.1 ESG 概述

4.1.1 ESG 的起源和发展

一般来说，当一个企业或者公司缺少外部的监督和管制时，它往往倾向于追求利润而忽略外部性，其结果会导致破坏环境、损害大众健康、违反伦理以及其他违法行为。在 18 世纪，投资者就已经开始通过各种方式制定标准来规避违法公司。20 世纪诞生的伦理投资的概念是最早的与 ESG 类似的投资理念，倡导环保的责任投资也在随后受到大众的关注。在这之后，以伦理投资和责任投资为基础，经过几十年的发展，人们作为消费者也越来越注意环保因素，在市场机制作用下，企业也更加注重生产过程中的环境保护。与此同时，相关的法律法规不断充实完善，相关概念也被引入投资领域，责任投资、ESG 和绿色金融等概念就逐渐进入大众视野。ESG 及相关概念的起源和发展经历了一个较为漫长的过程，总体而言，ESG 的起源和发展分为两个阶段。

4.1.1.1 21世纪之前ESG的孕育阶段

一般来说,ESG源于社会责任投资(SRI)。在18世纪,当时的卫理公会号召其信徒不要让他们的企业伤害他们的邻居。它不允许自己的信徒经营一些化工、制革类企业,因为这样的企业可能会给周围环境和社区带来污染。在此宗教基础之上形成的投资准则经过发展最终形成了SRI。到20世纪60年代,随着西方国家人权运动、公众环保运动和反种族隔离运动的兴起,投资者希望将其认为正确的道德和伦理需求反映在投资行为上,资本开始在投资选择中强调环境保护、劳工权益、种族及性别平等、商业道德及反对战争等问题。

1972年6月8日,越南的9岁女孩潘金淑在南越AF"空中袭击者"轰炸机投下的凝固汽油弹和胶化白磷炸弹袭击下烧伤,女孩因为身上的衣服被烧着,不得不赤身裸体地在路上奔跑的照片引发了美国民众对于军火企业的反对浪潮,这幅获得普利策新闻奖的照片逼真地揭露了战争的残酷性,显示了战争对人类灵与肉的深重伤害。凝固汽油弹的生产商陶氏化学公司在当时受到了美国民众的强烈抵制。另外,在南非实施种族隔离的时期,许多国家和地区以立法的形式禁止在南非投资,这也在一定程度上促进了南非种族隔离制度的终结。

20世纪70年代,美国、加拿大等国家开展了声势浩大的环保运动,通过立法的形式对破坏环境的企业进行严厉惩罚,大量污染型企业倒闭,由此孕育了"可持续发展"(sustainability)的观念。1972年在斯德哥尔摩召开了第一届联合国人类环境会议,是ESG发展的一个关键节点。会议第一次发表了有关环保的《人类环境宣言》,并把每年的6月5日定为"世界环境日",为环境保护共同方案的出台铺平了道路,并为1997年的《京都议定书》和2016年的《巴黎协定》等一系列国际协议的出台奠定了基础。

1984年,美国可持续发展投资论坛(ISF)成立;1988年,英国梅林生态基金(Merlin Ecology Fund)成立,开启了"环境保护投资"实践。1987年,以挪威首相布伦特兰为主席的联合国"世界环境与发展委员会"发表报告《我们共同的未来》,报告重点关注了多边主义和各国在实现可持续发展方面的相互依存关系,首次清晰地表达了可持续发展观,即"可持续发展是既满足当代的需求,又不对后代满足需求能力构成危害的发展",这是ESG发展的另一个重要里程碑。

1989年发生在阿拉斯加海域的埃克森·瓦尔迪兹(Exxon Valdez)号油轮重大漏油事件,导致埃克森美孚公司的股价遭受重挫,进一步加深了民众对环境保护重要性的认识。在此事件的影响下,丹尼斯·海斯(Dennis Hayes)等社会活动家在当年建立了美国环境责任经济联盟(CERES)。这是一个汇集投资者、环境组织和其他公益团体的组织,致力于与企业合作解决环境问题,促进世界各个经济体向低碳经济的过渡。

20 世纪 90 年代，出现了多个为投资者选择重视环境保护、践行社会责任、提升治理能力的投资对象提供投资参考的可持续发展指数。其中摩根士丹利国际资本 1990 年发布的第一个追踪可持续投资的资本加权指数——多米尼 400 社会指数（Domini 400 Social Index，现更名为 MSCI KLD 400 Social Index），多米尼 400 社会指数提供给社会责任型投资者一个比较基准，并可进一步了解社会责任性评选准则对财务绩效上的影响有多少。道琼斯公司 1999 年发布道琼斯可持续发展世界指数（DJSI），该指数从经济、社会及环境 3 个方面，以投资角度评价企业可持续发展的能力，指数涵盖了标准普尔全球广泛市场指数表现最好的 2 500 只股票中前 10% 的企业和它们的可持续发展与环境事件披露情况。

1997 年，世界首个制定可持续发展报告标准的独立组织——全球报告倡议组织（Global Reporting Initiative，GRI）由美国环境责任经济联盟和联合国环境规划署联合发起成立，总部设在荷兰阿姆斯特丹。全球报告倡议组织（GRI）是一个国际独立组织，可帮助企业、政府和其他组织了解和交流企业对气候变化、人权、腐败等重要可持续性问题的影响。GRI 可持续发展报告标准是世界上使用最广泛的可持续发展报告和披露标准，使企业、政府、民间团体和公民能够根据重要信息做出更好的决策，为投资者和其他相关参与者评价企业在可持续发展方面的优劣提供了重要参考。

1997 年 12 月，《联合国气候变化框架公约》第三次缔约方大会上通过了具有法律约束力的《京都议定书》（Kyoto Protocol），限制发达国家温室气体排放量，以此应对全球气候变化。该协议于 2005 年 2 月 16 日正式在全球范围内实行。

4.1.1.2 21 世纪以来 ESG 的发展阶段

进入 21 世纪，ESG 的概念越来越为大众所熟知和接受，ESG 的发展也逐渐从区域性倡议阶段过渡到国际性合作阶段。在联合国等国际组织的推动下，可持续投资在世界范围内稳步增长。当时的联合国秘书长科菲·安南（Kofi Annan）发起了以《沙利文原则》为基础的全球契约，以鼓励将环境、社会和公司治理整合到资本市场中。基于 ESG 标准的投资也被认为具有财务上的意义，而不仅局限于道德立场。

2000 年，碳信息披露项目（CDP）在英国成立，该组织致力于推动企业和政府减少温室气体（GHG）排放并保护水和森林资源。碳信息披露项目是试图形成公司应对气候变化，碳交易和碳风险方面的信息披露标准，以弥补没有碳排放权交易会计准则规范的缺陷，其温室气体排放信息披露标准具有相当的权威性，已被多家企业和政府机构采用。

联合国全球契约组织于 2004 年发布了具有里程碑意义的报告《在乎者即赢家》（Who Cares Wins），ESG 首次以一个完整的概念出现在公众视野，向商界提出可持续发展的核心要素。

2005 年，道琼斯公司发布了道琼斯北美可持续发展指数（DJSI North America），该指数依据企业的 ESG 实践情况追踪了标准普尔广泛市场指数（BMI）最大的 600 只股票中的前 20%。

2006 年，联合国基于《在乎者即赢家》和《佛瑞希菲尔德报告》（*Freshfield Report*）的研究成果，发布了备受关注的《联合国负责任投资原则》（*Principles of Responsible Investments*，PRI），其具体包括六大原则：

①将 ESG 问题纳入投资分析和决策过程；

②成为积极的投资者，并将 ESG 纳入所有权政策和实践；

③寻求被投资主体对 ESG 进行合理披露；

④促进投资界接受和执行负责任投资的原则；

⑤共同致力于提升负责任投资原则的执行效果；

⑥对负责任投资原则的执行活动和效果进行报告。

联合国责任投资原则组织官网信息显示，截至 2022 年 1 月，全球已有 4 706 家机构加入 PRI，其中有 84 家为中国机构。截至 2021 年，其签署方管理的资产总规模已经超过 120 万亿美元。所以，联合国在 ESG 的发展过程中起到了巨大的推动作用。

2007 年，气候披露准则理事会（CDSB）在达沃斯世界经济论坛（WEF）成立，并于 2010 年发布了首份《气候变化披露框架》，2013 年将披露框架覆盖的范围由气候变化和温室气体排放拓展至环境信息和自然资本。

2011 年，可持续发展会计委员会（SASB）成立于美国旧金山，SASB 参照财务会计准则委员会（FASB）的治理框架进行可持续发展会计准则的制定，极大地推动了 ESG 报告在美国的应用。2020 年，SASB 与国际整合报告理事会（IIRC）合并成立价值报告基金会（The Value Reporting Foundation），这极大提升了这两个组织的影响力。2015 年，金融稳定理事会（FSB，G20 会议的执行机构）成立了气候相关财务信息披露工作组（TCFD），负责为企业在应对气候变化方面的信息披露提供指导，以降低因信息披露不当导致资本市场对企业价值进行错误重估而导致的资源错配的风险。

2015 年，《巴黎协定》正式签署，其核心目标是将全球气温上升控制在远低于工业革命前水平的 2℃以内，并努力控制在 1.5℃以内。《巴黎协定》是继《公约》和《京都议定书》之后在全球气候治理上的又一个里程碑。国际社会普遍认为《巴黎协定》是一个全面平衡、持久有效、具有法律约束力的国际气候变化协议，传递了全球向绿色低碳转型的积极信号，为 2020 年之后全球合作应对气候变化指明了方向和目标。

2017 年，140 家世界著名跨国公司和金融机构在 2017 年达沃斯世界经济论坛上签署了《反应性和负责任领导力协议》，认可和支持联合国可持续发展目标（Sustainable

Development Goals，SDGs），并于 2020 年发布了以《迈向共同且一致指标体系的可持续价值创造报告》为题的白皮书，制定了一个四支柱报告框架。

2019 年 8 月，由美国众多顶级企业的首席执行官们组成的商业圆桌会议发表联合声明，重新定义了公司经营的宗旨，认为股东利益不再是一个公司最重要的目标，公司的首要任务是创造一个美好社会。这份公司宗旨声明称，"虽然我们每个公司都有各自目标，但我们对所有利益相关方都有一个共同且基本的承诺"，这些承诺包括"为客户提供价值""投资于我们的员工""公平和道德地对待我们的供应商""支持我们工作的社区"，还有"为股东创造长期价值"。ESG 构造了一种全新的坐标体系，从长期维度来衡量公司价值。

2019 年 12 月，欧盟委员会公布了欧盟应对气候变化和促进可持续发展的《欧盟绿色协议》，确定了欧洲将在 2050 年成为全球首个实现"碳中和"地区的政策目标，并制定了相应的实施路线图和政策框架。欧洲财务报告咨询小组（EFRAG）受欧盟委员会委托，成立了可持续发展研究小组，为欧盟制定 ESG 或可持续发展报告标准提供技术支持和指导，2021 年 2 月，发布了《在欧盟开展具有相关性和动态性可持续发展报告准则制定工作的建议》，提出三年内完成可持续发展报告标准制定工作，在准则制定的过程中继续以开放的态度与相关国际组织保持合作。欧盟高度重视环境保护和绿色发展，其大多数成员国已经实现了碳达峰的目标，在接下来的 3～5 年内，将在 ESG 报告或可持续发展报告的准则制定方面取得重大进展。

4.1.2 ESG 相关的基本概念和理论

4.1.2.1 ESG 的基本内涵

ESG 包括信息披露、评估评级和投资指引 3 个方面，是一种关注环境、社会、公司治理表现的全新的投资理念和企业评价标准。ESG 由联合国全球契约组织于 2004 年提出，是可持续发展理念在企业治理和实践层面的体现，ESG 将公共利益纳入企业的价值体系，将企业生产、经营对环境和社会造成的外部影响内部化，其核心是探索出一条可持续发展道路，让企业在商业价值与社会责任之间找到平衡点。与传统财务指标不同，ESG 从环境、社会和公司治理的角度考察公司应对风险和持续发展的能力，是一种新兴的企业评价方法。对于企业自身而言，ESG 理念也是一种更先进、更合理、更全面的公司治理理念。

ESG 内涵由环境方面（E）、社会方面（S）和公司治理方面（G）的具体评价指标共同组成。

① Environmental（环境）：环境因素包括公司或政府通过减少温室气体排放对气候变化的贡献，以及废物管理和能源效率。随着气候问题越来越严峻，减少排放和脱

碳变得越来越重要。环境因素主要涉碳排放、环境政策、废弃物污染与管理政策、能源使用与管理、自然资源消耗与管理、生物多样性、循环经济利用、合规性等。

② Social（社会）：社会问题包括人权、供应链中的劳工标准、非法童工以及更多常规的问题，如遵守工作场所的健康和安全规章。如果一家公司与当地社区很好地融合，并在获得了"社会认可"的情况下经营和发展，那么其社会评分也会增加。社会因素的核心关注点是以人为本的理念和社会责任的承担，主要涉及性别平衡、人权政策、供应链管理、社团、健康安全、管理培训、劳动规范、产品责任、消费者保护政策等方面。

③ Governance（公司治理）：公司治理是指在公司治理中界定不同利益相关者的权利、责任和期望的一套规则或原则。一个定义明确的公司治理体系可以用来平衡或协调利益相关者之间的利益，可以作为支持公司长期发展的战略工具。公司治理主要涉及公司管理、薪酬、内部控制、审计独立性，贪污受贿处理、反不正当竞争、税收透明、公平的劳动实践、道德行为准则、风险管理、技术创新等方面。

近年来，ESG 投资理念逐渐成为国际资本市场中的主流投资策略。对于投资者而言，要基于 ESG 评级充分掌握企业的 ESG 表现，评估企业的环境社会贡献。投资者要做出正确的投资决策需要具有公允力的 ESG 评级标准作为参考。关于 ESG 的评级体系有很多，绝大多数评级均构建金字塔式评分体系，从 ESG 3 个核心指标出发，分层拆解细化至公司层面百余项底层数据指标。以 MSCI ESG 评级体系为例，其评级体系分为环境、社会和公司治理 3 个核心（pillars），各核心之下有主题（themes），主题之下再分为议题（issues），而主题有 10 个，议题有 37 个。该评价体系关注这 37 项 ESG 关键评价指标表现。具体来看，包括环境方面的气候变化、自然资源、污染及浪费、环境机会 4 个主题，社会方面的人力资源、产品可信度、股东否决权、给社会创造价值的机会 4 个主题，以及治理方面的公司治理、公司行为两个主题。

ESG 一般包含 ESG 实践与 ESG 投资两个方面。从实践来看，企业是 ESG 实践（ESG practice）的参与主体，即 ESG 被纳入企业的管理流程；而资产拥有者和资产管理者是 ESG 投资（ESG investing）的参与主体，即 ESG 被纳入投资研究、投资决定和投资管理流程。从理论角度看，ESG 实践属于管理经济学领域的范畴，而 ESG 投资属于金融领域的范畴，需要投资组合理论的支持。

ESG 实践概念的出现要远早于 ESG 投资概念，可以追溯到 19 世纪，至今约有 150 年，其相应的理论建设在 20 世纪 90 年代就已经较为完善，ESG 实践概念也在当时由欧美跨国企业引入中国，被称为企业社会责任（corporate social responsibility, CSR）。ESG 投资与 ESG 实践不同，ESG 投资在 20 世纪 70 年代兴起于美国，但在很长一段时间内发展相对缓慢，只是被简单地看作一种新兴的投资方式，并且由于资金规模相对有限，一直没有得到主流经济学家的重视，相关理论发展成果也很有限。进入 21 世纪以来，ESG 投资慢慢受到重视并逐渐主流化，ESG 投资的全球市场规模逐步扩大。据中证指数公司统计，截至 2020 年，全球 ESG 投资规模已将近 40 万亿美元，占全球整个资产管理规模 30% 左右。也就是说，全球投资人每投资 10 元，其中 3 元就投资于 ESG 资产。

4.1.2.2　ESG 相关的基本概念

（1）伦理投资

伦理投资最早于 18 世纪起源于美国和英国，它是根据西方宗教的相关教义发展而来的。其初衷是从道德的角度来规范和禁止商人的一些不道德行为。一些宗教投资者，例如贵格会和卫理公会的教徒会从他们的投资组合中排除与烟草、酒精、武器和赌博相关的投资，以表达他们对社会和政治问题的道德观点或信仰（Lewis，et al.，2020）。

有关其背后的经济学原理，Louche 和 Lydenberg（2006）认为当投资者在进行战争武器制造、烟酒、赌博活动及环境污染等投资项目的决策过程中摇摆于经济效益和伦理理性之间时，就出现了金融投资的伦理冲突。

从理论研究的发展来看，由于宗教意义浓厚，道德桎梏重，伦理投资研究的发展受到很大限制，因此学术界对伦理投资的研究相对较少。后来，投资模式从最初的伦理投资向更系统的社会责任投资转变，更多的是由社会、经济和政治机制决定的。20 世纪 60 年代至 90 年代中期，社会激进主义的蔓延、南非事件、反越战等问题让大众的注意力转移到社会问题上来。伦理投资最终逐渐转变为社会责任投资。

（2）社会责任投资

社会责任投资（Socially Responsible Investment，SRI）是一种基于社会责任理念的投资方式，即投资者不仅考察投资对象的财务业绩，而且考察其履行环境保护、社会道德和公共利益等社会责任的情况，通过综合判断做出投资决策。社会责任投资是一种投资理念，强调追求财务回报的同时兼顾投资的社会和环境效益。过分追求经济回报的投资，导致资源过度消耗、环境污染、生态破坏以及贫富差距拉大，进而阻碍社会和经济的可持续发展。社会责任投资可以追溯到 18 世纪，起初是教会和部分信徒在宗教伦理指导下进行的投资行为。然后，在公共价值思想和社会行动的推动下，逐渐演变和延伸，已经成为目前比较主流的投资理念。

社会责任投资兴起的原因如下：

①随着学术界对社会责任研究的日益重视，人们对伦理投资的研究越来越少，转而研究并提倡推动措辞相对柔和的社会责任投资。

②有社会责任感的投资者愿意接受较低的经济回报，以使投资符合自己的意愿。

③有研究表明，社会责任投资基金的业绩与常规基金接近。社会责任投资者只是

将资金投资于不同风险回报的基金组合。

④最重要的是政府对社会责任投资的支持。例如，英国以立法的形式促进养老金采用社会责任投资的投资方式，在澳大利亚的金融服务改革中，要求任何投资产品的卖方或发行人必须向投资者披露在选择、保留和实施投资时是否考虑了劳工标准或环境保护、社会与伦理等问题。

因此，社会责任投资的意义在于着眼长远利益，保护自然生态，促进社会可持续进步，实现投资者、企业和社会等多方参与者的共赢。社会责任投资可以引导企业不断完善组织和治理，通过系统和组织的改进以维护股东利益，保护员工权益，履行企业应承担的社会责任，维护全社会共同利益和良好生态。

社会责任内容十分广泛。根据投资者关注点的不同，社会责任投资也形成了不同的类型，如道德投资、可持续投资、影响力投资、绿色投资、ESG 投资等。其中，ESG 投资侧重于对投资对象在环境、社会和公司治理 3 个方面的绩效进行综合评价，是现代社会责任投资中最具影响力的模式。

（3）ESG 实践的基本概念

在 ESG 实践的发展过程中，包括企业捐赠、志愿服务等在内的公益慈善活动形成了 19 世纪和 20 世纪上半叶美国企业 ESG 实践的主流。20 世纪 70 年代之后，ESG 实践逐渐多元化，先发展社会维度 S，再发展环境维度 E，最后发展治理维度 G，最终形成了完整的 ESG 实践。在 ESG 实践方面，所有企业都应该参与，但由于企业有行业分类，其 ESG 重点关注点会因行业特点而不同，因此无法对上文所提的 MSCI ESG 评级体系中的 10 个主题和 37 个议题同等涉及。例如，在 S 维度下，有"人力资源"主题，它包含了"供应链劳工标准"的议题，这显然是制造业的一个主要关注点，但可能与媒体行业无关。再如，"隐私和数据安全"是金融科技行业的重要议题，但可能与食品行业无关。此外，"责任投资"这个议题，属于金融行业产品责任的一部分，但应该与通信行业关系不大。

（4）ESG 投资的基本概念

ESG 投资的概念可以追溯到 20 世纪 20 年代的起源于宗教投资的伦理投资。当时人们主要关注的是宗教伦理动机和工业化的负面影响。宗教问题是当时社会责任投资的重点。投资者被要求避开一些"罪恶"行业，如烟酒、枪支、赌博等。20 世纪 60 年代和 70 年代，随着在西方国家兴起的人权运动、公众环保运动以及反种族隔离运动，资产管理行业也随之产生了相应的投资理念，即为了满足投资者和公众的需要，按照这些运动所代表的价值观，在投资选择中开始强调劳工权利、种族和性别平等、商业伦理、环境保护和其他问题。自世界上第一个责任投资基金——美国珀斯全球基金于 1971 年诞生以来，全球资本市场对责任投资的重视程度不断提高，各国监管机构纷纷出台相关制度和法规。进入 21 世纪，ESG 投资理念逐渐形成。社会责任投资包括对资源短缺、气候变化和公司治理等问题的考虑，这些问题逐步被分为环境、社会和公司治理 3 个方面。

一般而言，ESG 投资是指将 ESG 纳入投资过程和相应的投资研究流程之中的一种新型投资理念。ESG 投资的参与者是资产所有者和资产管理者，上市公司是被投资方（ESG 实践的主体）。具体而言，从 ESG 投资价值链的上、中、下端来看，上端是投资人或资产所有者，如养老基金、保险公司，或者是个人投资者。中端是金融中介，即资产管理人，包括银行、资产管理公司、基金公司等。下端是被投资方，即 ESG 实践者。

ESG 相关的金融产品由金融中介机构开发设计，开发过程中采用了 7 种 ESG 投资策略：负面筛选、正面筛选、标准筛选、ESG 整合、可持续主题投资、影响力投资和参与公司治理。这 7 种策略在 20 世纪 70 年代至 21 世纪的不同时期先后出现，其中，负面筛选、ESG 整合和参与公司治理是使用最为广泛的投资策略。从目前的发展趋势来看，ESG 整合已经逐渐取代负面筛选成为最主要的 ESG 投资策略。在 ESG 投资发展初期，投资者主要通过负面筛选的方式以消除尾部风险来进行投资决策。然而，随着 ESG 披露与评价体系的逐渐完善，采用 ESG 整合策略投资的资产规模越来越大。2020 年，根据全球可持续金融协会（GSIA）对资产管理公司的调查，ESG 整合策略投资的资产规模已大幅超越负面筛选策略。ESG 整合战略资产管理规模达到 25.20 万亿美元，占全部投资战略资产规模的 43.03%；负面筛查策略资产规模排名第二，为 15.03 万亿美元，占比 25.67%。而资产规模最小的社会责任投资策略资产占比仅为 0.6%。

进入 21 世纪，随着联合国等公共机构的倡导以及全球投资理念的觉醒和更新，ESG 投资不断升温。2006 年，联合国责任投资原则（PRI）成立，提出了六项投资原则。其中的第一个原则是将 ESG 问题纳入投资分析和决策。因此，环境、社会和公司治理因素成为评价可持续发展的重要指标，ESG 投资成为重要的投资策略之一。

（5）ESG 实践和 ESG 投资的区别与联系

ESG 实践和 ESG 投资虽然都涉及 ESG 的概念，但两者本质是不同的，参与主体也不同，不应混淆。各个行业的实体企业是 ESG 实践的参与主体。资产所有者和资产管理者是 ESG 投资的参与主体，而实体企业是 ESG 投资的被投资方。

实体企业的 ESG 实践过程不会直接产生 ESG 投资，ESG 投资一般是由 ESG 投资者驱动，由金融中介机构操作，形成特定的 ESG 投资策略或金融产品。投资过程需要用到 ESG 数据，投资结果需要用 ESG 绩效来表达，这显示了 ESG 投资和传统的不纳入 ESG 因素的投资的区别。

如果企业不重视 ESG 实践，数据商就无法取得有参考意义的数据，ESG 数据就不完善，金融中介就无法掌握客观的投资数据，从而无法开展有效的 ESG 投资。ESG 投资自上而下驱动，以投资者为主，金融中介作为受托人积极响应，形成多种 ESG 投资产品供选择。在整个过程中，实体企业将通过加强 ESG 实践，提高其 ESG 表现来应对社会预期的变化。

（6）ESG 信息披露

ESG 信息披露是企业对于环境（E）、社会（S）和公司治理（G）信息的披露。建立和完善 ESG 信息披露标准，是促进资本市场由"单纯追逐利润"向"可持续发展化"转变的重要举措，是深化供给侧改革，促进经济高质量发展的重要方式，是构建国内国际双循环格局的有力保障。ESG 信息披露是 ESG 评级的前提条件，披露信息的质量决定了使用者和利益相关者能否对其评估和评分做出完整的评价。

国际上 ESG 信息披露执行体系较为典型的国家和地区为美国、欧盟和我国香港地区。其中，美国信息披露的目的是加大对上市公司环境和责任问题的监管，主要参考的信息披露标准为 GRI、SARSB、ISO 26000、Nasdaq、TCFD、UNGC、IIRC、GISR。欧洲信息披露的目的是降低因疏忽环境、社会等要素而给投资者带来的投资风险，主要参考的信息披露标准有 GRI、ISO 16000、SASB、Integrated Report、TCFD、UNGC。我国香港地区为了给资本市场提供真实、客观、有效、可比较的企业责任信息，让投资者更加客观地评价企业能力而进行 ESG 信息披露，主要参考的信息披露标准有《环境、社会及管治报告指引》、GRI。

目前，我国 ESG 披露标准处于探索阶段，尚未形成标准。因此，总结和对比分析国际经验和主流披露标准，对我国 ESG 披露标准的形成和推广具有重要意义。我国在 ESG 的发展过程中，应该加速完善相关的 ESG 信息披露的标准、指引以及相关政策体系。

（7）ESG 评级

所谓 ESG 评级，指的是第三方机构对一家公司的 ESG 所披露的环境、社会和公司治理 3 个方面的信息及表现进行打分评级，这一评级的目的在于选出真正高质量可持续发展的公司进行投资。ESG 评级是伴随着 ESG 发展而逐步产生的，是 ESG 因素对投资影响的一种量化评价。一家企业的 ESG 评级结果，在一定程度上，反映了其 ESG 表现的水平。

（8）ESG 投资生态系统

自 2004 年联合国全球契约组织首次提出 ESG 的概念以来，ESG 原则逐渐受到各国政府和监管部门的重视，ESG 投资也逐渐得到主流资产管理机构的青睐，从欧美走向全球。在此过程中，相关国际组织、监管机构、资管机构和上市公司等参与方通过信息披露、评价评级、研究咨询、投融资等活动相互推动和促进，逐步形成一个完整的 ESG 投资生态系统。

4.1.2.3 ESG 的基本理论

（1）企业社会责任理论

传统的企业的最高目标是实现股东利益的最大化，而企业社会责任理论认为企业在追求股东利益目标之外，还应该尽力承担其社会责任，促进社会整体利益的增加。许多学者都对企业社会责任进行了研究，英国学者最先提出了企业社会责任（Corporate Social Responsibility，CSR）的概念，并认为企业社会责任含有道德因素在内（Pavlíková，et al.，2013）。现代企业社会责任思想起源于 20 世纪 30 年代经济危机时期的美国。在企业社会责任理论发展初期，部分学者认为企业社会责任是对企业在利润最大化目标之外所承担义务的概括。Derwall 等（2011）认为企业社会责任是企业的决策者采取措施保护并改善与他们利益相一致的整个社会的福利。

1976 年，美国经济发展委员会的一份报告列出了包括经济增长、效率、教育、就业和培训等 10 个方面在内的企业应履行的社会责任，并将企业社会责任分为自愿行为和非自愿行为两类。美国学者 Carroll 从利益相关者的角度对企业社会责任进行了综合分析（Carroll，1979）。Carroll 将企业社会责任划分为经济责任、法律责任、道德责任和慈善责任 4 类。企业的大部分活动是以利润为基础的，经济责任本质上体现了企业的最基本属性。企业需要高效生产，以公平合理的价格向社会提供所需的商品和服务。然而，企业对利润的追求并不是无限的，企业的法律责任是对企业的约束，企业的一切活动必须在法律允许的范围内进行。

企业社会责任概念是对之前企业主流的"股东至上"的观念的一次转变，这种转变并不是对股东利益最大化的一种否定，而是期望以一种二元企业目标来代替传统的一元企业目标。当一个企业追求股东利益和社会利益这两个目标时，任何一个目标的最大化都会受到另一个目标的限制。因此，企业社会责任理论产生了一系列评级指标，如人权政策、健康安全、管理培训、产品责任、职业健康安全、公益慈善等，这些指标也成为 ESG 投资中社会方面披露的重要内容。

（2）可持续发展理论

ESG 报告之所以经常被冠以可持续发展报告的名称，除因为 ESG 报告旨在提供可用于评价企业可持续发展的相关信息外，还因为 ESG 报告的诸多理念源自可持续发展理论（黄世忠，2021）。可持续发展理论（Sustainable Development Theory）是指既满足当代人的需要，又不对后代人满足其需要的能力构成危害的发展，以公平性、持续性、共同性为三大基本原则。可持续发展理论是联合国为应对日益增加的资源和环境的压力而提出的，联合国于 1983 年成立了世界环境与发展委员会（World Commission on Environment and Development，WCED），经过几年的探索和酝酿，WCED 于 1987 年在其向联合国提交的《我们的共同未来》（*Our Common Future*）中正式提出并定义了"可持续发展"这一概念，经过多年的发展和实践，可持续发展的概念已被世界各国广泛接受。联合国 193 个会员国于 2015 年通过了可持续发展目标（SDG），目的是到 2030 年实现可持续、多元化和包容的社会。可持续发展目标要同时考虑到消除贫困、社会发展和环境保护，并为此在促进经济增长、教育、卫生、就业机会、气候变化和环境保护等多个领域制定了 17 个目标和 169 个具体指标。联合国呼吁所有发达国家、中等收入和贫困国家、地方政府、企业、社会组织和全体民众共同行动，实现可持续发展目标，在保障经济发展的同时保护地球生态。

可持续发展理论是基于生态和环境保护而提出的。随着经济社会的不断发展，可持续发展在强调生态和环境保护的同时，依然关注发展问题，核心是把环境保护和经济发展协调起来（叶飞文，2001）。总体而言，可持续发展的内容主要包括经济、生态和社会的协调可持续发展。下面分 3 个方面来具体说明。

①经济方面：可持续发展理论依然支持经济增长，并不是以环境保护的名义限制经济的发展，因为经济发展是整个社会和文明得以发展的基础。可持续发展在关注经济增长的绝对数量的同时，更加重视经济发展的质量。可持续发展要求摒弃以往的以"高投入、高消耗、高污染"为主要特征的粗放的经济发展模式，提倡清洁生产和理性消费，以提高经济发展中的效益、节约资源和减少排放。从某种程度上说，集约型的经济增长方式就是可持续发展在经济方面的主要表现形式。

②生态方面：可持续发展要求经济建设和社会发展与自然承载力协调起来。在发展的同时，要保护和改善地球生态环境，确保自然资源和环境成本的可持续利用，将发展控制在地球生态环境的可承载能力内。所以，可持续发展强调发展是有约束条件的，没有限制的发展是不可能持续的。环境保护是生态可持续发展的重要内容，与之前将经济发展与环境保护对立起来的做法不同，可持续发展需要通过转变发展模式，从人类经济发展的源头上解决环境问题。

③社会方面：可持续发展所强调的社会公平是环境保护得以实现的前提。可持续发展指出世界各国处于不同的发展阶段，各自的发展目标也不尽相同，但其发展的内在本质（包括提高人类生活质量，改善人类健康水平，创造一个平等、自由、教育、人权都得到保障的社会环境）都是相同的。

总体而言，在整个可持续发展体系中，经济可持续发展是基础，生态可持续发展是条件，社会可持续发展才是目的。未来，人类应该共同追求的是以人为本位的自然、经济和社会协调、持续、稳定、健康地发展。

可持续发展理论的基本原则主要有 3 个，具体而言：

①公平性原则：是指在机会选择上的平等。可持续发展所追求的公平应该包含两个方面：一是当代人的公平，也就是代内横向公平；二是代际的公平，也就是世代间在纵向的平等。可持续发展应该满足当代所有人民的基本需求，让他们有机会实现对

美好生活的向往。可持续发展在满足当代人的公平的基础之上，还要实现当代人与子孙后代间的公平，因为人类赖以生存和发展的生态环境资源是有限的。从伦理上讲，子孙后代应该有与当代人一样的权利提出他们对资源、环境以及生活品质的需求。可持续发展要求当代人不仅要考虑自己的需求和消费，还要对后代的需求和消费承担历史责任，因为当代人与后代相比，在资源开发利用方面处于非竞争优势地位。代际的纵向公平要求任何一代人都不能占据绝对主导地位，也就是所有各代人都应该有相同的选择机会。所以公平性原则强调的是权利。

②持续性原则：可持续发展理论的可持续性是指生态系统在受到某种因素干扰时，保持其生产力的能力。资源和环境是人类赖以生存和发展的基础。资源和环境的永续利用是维持人类社会可持续发展的重要条件。资源持续利用的前提是资源的利用必须保持在资源和环境的承载能力之内，这就需要人们根据可持续的条件调整自己的生活方式，在生态允许的范围内确定自己的消费标准，合理开发和利用自然资源，使可再生资源保持其再生产能力，不过度消费不可再生资源，使环境的自我修复能力得以保持。可持续发展的可持续性原则从某个方面也体现了可持续发展的公平原则。

③共同性原则：可持续发展关系到全球的发展。要实现可持续发展的总目标，必须争取全球共同的配合行动，这是由地球整体性和相互依存性所决定的。所以，共同性是指每个国家地区都有义务坚持全球的可持续发展道路，在环境资源等问题上加以制约。实现可持续发展就是人类要共同促进自身、自身与自然之间的协调，这是人类共同的道义和责任。共同性原则要实现全球的整体协调，进行国际合作，同时尊重各国的主权和利益，制定各国都可以接受的全球性目标和政策。

可持续发展目标与 ESG 之间存在许多联系。可持续发展目标和 ESG 的目的都是促进经济、环境及社会的可持续发展。可持续发展目标是全球实现可持续发展的阶段性目标，而 ESG 概念和体系完全融入可持续发展目标的内容，ESG 是企业实现可持续发展目标的方法和途径。ESG 促进了企业的环境、社会和公司治理变革，有助于支持企业实现可持续发展目标。可持续发展目标与 ESG 也存在明显差异。可持续发展目标为各级政府、企业、社会组织和公民等所有利益相关者促进可持续发展提供了一个共同的框架。ESG 提出了一个衡量企业、社会和公司治理绩效的体系。可持续发展目标将在 2030 年到期，而 ESG 的发展和实施将是一个长期的过程。可持续发展目标适用全球所有国家、地方政府、企业、社会组织和公民，而 ESG 主要适用工商界和企业。

（3）利益相关者理论

20 世纪，股东至上理论使得欧美发达国家本就紧张的劳资关系更加恶化，企业打着股东价值最大化的名义给予管理层巨额的股票期权激励导致贫富差距的进一步拉大，企业过分追求利润而忽略环境保护也受到了社会民众的广泛批评。人们在对股东至上理论进行深刻反思的过程中，提出了利益相关者理论（薛汝旦等，2018）。利益相关者理论是西方国家在20世纪60年代前后逐步发展起来的理论，其影响力在20世纪80年代后开始迅速扩大，并逐步影响西方各发达国家的公司治理模式的选择，促进了企业管理方式的变革。利益相关者理论的出现，是有其深刻的理论背景和实践背景的。利益相关者理论是指企业管理者为综合平衡各利益相关者的利益诉求而进行的相关经营管理活动。利益相关者理论的关键是：该理论认为物质资本所有者随着时代的发展，其在企业中的重要性有一个逐渐减弱的趋势，也就是说，利益相关者理论对"公司是由所有股东所有的"这个一直以来的核心概念是不认同的。该理论对企业社会责任研究的首要贡献是提出了利益相关者这一重要概念，并在实际上强调了应重新审视企业社会再生产的整体性（肖斌等，2011）。

与传统的股东至上相比，利益相关者理论认为任何一家公司的发展都和各个利益相关方的投资或参与紧密关联。企业应该追求的是利益相关者的整体利益，而不仅仅是个别主体的利益。"利益相关者"这一词最早是Freeman在其所著的《战略管理：利益相关者管理的分析方法》一书中提出的，该书同时明确提出了利益相关者理论（Freeman，2010）。Freeman等认为，利益相关者是指影响组织行为及组织目标的实现，或是受到组织目标实现及其过程影响的个体和群体（Harrison, et al., 1999）。狭义的利益相关者是指除股东、债权人和经营管理者之外对企业现金流有潜在索取权的人。广义的利益相关者包括所有和企业决策利益相关的人，包括资本市场利益相关者（股东和债权人）、产品市场利益相关者（消费者、供应商、社区和工会组织）和内部利益相关者（运营商和雇员）。这些利益相关者与企业的生存和发展息息相关。在利益相关者中，有的分担企业的经营风险，有的为企业的经营活动付出成本，有的对企业进行监督和限制。企业的经营决策必须考虑其利益或接受其监督和约束。

虽然利益相关者理论的兴起和ESG出现的时间不同，但是利益相关者理论对ESG投资的出现和发展无疑是起着巨大作用的。利益相关者理论认为，企业的生存和发展不仅取决于股东的资本投入，还取决于员工、消费者、供应商等利益相关者的投入。如果所有利益相关者都为企业的发展做出积极的贡献，并在企业经营中承担相应风险，那么企业就不应该仅仅为股东追求最大的利益，而是应该成为所有利益相关者实现其应有的利益。所以，ESG投资披露的信息中的公司治理、反贿赂政策、风险管理、反不正当竞争、董事会独立性、投资者关系、税收透明度、公平劳动实践以及多元化等指标是在利益相关者理论的框架下产生的。

（4）经济外部性理论

经济外部性又叫经济活动外部性，是经济学的一个重要概念，其具体概念可参考本书第3章相关内容。经济外部性对ESG实践和投资有着非常重要的指导意义，主要表现在以下3个方面。

第一，生态环境资源作为一种产权不明确的公共产品，要解决相关问题不能完全靠市场机制解决，需要政府的干预和调控。干预和调控可以是纯粹的行政方式，如征收资源税、征收排污费或排放费、发放排污或排放配额，也可以是准市场化的方式，如建立碳排放权交易市场。无论是单纯的行政干预和调控，还是准市场化的干预和调控，都离不开市场主体对环境信息的充分披露，而 ESG 报告无疑是推动企业充分披露环境信息的重要政策选择。ESG 报告提供的信息不仅可以为行政干预和监管提供决策依据，还可以大大降低行政干预和监管的成本支出。

第二，ESG 报告不仅要披露企业生产经营活动所产生的负外部性，还应披露企业生产经营活动所产生的正外部性。两者同样重要，否则资源的优化配置将无从谈起。从经济学的角度看，对企业负外部性实施惩罚性的政策可以纠正企业在环境方面的外部性，但监管成本往往很高，而对企业正外部性采取激励政策可以更有效地引导企业低碳发展和绿色转型，监管成本往往可以忽略不计。

第三，应明确环境外部性的空间范围，这样才能使得 ESG 报告能够全面、准确地披露温室气体排放信息。换言之，ESG 报告标准应明确是仅披露企业自身生产经营活动产生的直接温室气体排放量，还是将披露范围扩大到整个供应链，包含企业生产经营活动直接和间接产生的温室气体排放量。将温室气体排放的范围限制在企业内，披露排放信息操作简单、成本低且易于验证，但可能低估了企业生产经营活动的温室气体排放量。反之，将温室气体排放量披露范围扩大到整个供应链，可以更准确地反映与企业活动相关的温室气体排放量，但可操作性较低，披露成本高且难以核实。

4.1.3 中国 ESG 发展现状及相关建议

4.1.3.1 中国 ESG 发展现状

近年来，国内企业负面事件频发，如长生生物疫苗、瑞幸财务造假、江苏镇江水污染等，都造成了严重的负面影响。企业在环境、社会、公司治理等方面都需要改进。党的十八大对推进生态文明建设做出全面部署，重点强调可持续发展，要求企业在环境保护和社会责任方面引入新的发展理念和模式。在此背景下，ESG 投资理念越来越受到关注。深入了解我国 ESG 的发展现状和存在的不足，对于更好地发展 ESG、促进可持续发展具有十分重要的现实意义。

目前，我国的二氧化碳排放量居世界首位，单位国内生产总值的二氧化碳排放量也高于发达国家。但自工业革命以来，我国的二氧化碳累计排放量还不到经济合作与发展组织（OCED）国家的 1/3，人均二氧化碳排放量也低于美国，且下降趋势明显。西方国家不考虑工业化历史以及人均排放量，只针对我国现阶段的排放总量高的情况而给中国施加压力，这样既不公平也不合理。虽然如此，我国作为负责任的大国，秉持人类命运共同体理念，高度重视应对气候变化和减排，倡导绿色发展、可持续发展等高质量发展模式。

2020年9月，中国国家主席习近平在第七十五届联合国大会一般性辩论上发表重要讲话，宣布力争2030年前碳达峰，2060年前实现碳中和。2021年5月，碳达峰碳中和工作领导小组成立，并要求制定碳达峰、碳中和的路线图和时间表。我国目前的碳排放量是全球第一，所以我国宣布2060年之前实现碳中和难度巨大且意义非凡。全国碳排放权交易市场于2021年7月16日正式启动，这标志着我国在以市场化机制推动碳中和的行动上进入一个全新的阶段。"双碳"目标和实施路线图的确立，将会给我国ESG报告或可持续发展报告的发展提供强大而持续的动力，我国企业将迎来一个重大的发展机遇期。

香港是我国ESG发展起步较早的地区，受欧美国家ESG实践影响，我国香港于2011年开始探索上市公司的ESG信息披露。为鼓励上市公司披露ESG信息，港交所于2012年发布了《环境、社会及管治报告指引》。近年来，我国香港采取了一系列措施，加强ESG政策法规的推广，加强市场监管以促进加快ESG发展。自2016年1月1日起，港交所将ESG报告一般披露项目的披露要求升级为"不遵循就解释"。港交所于2019年发布了最新修订版的《环境、社会及管治报告指引》，在原有指引的基础上增加了新内容。在环境方面，增加了环境关键绩效指标，在应对气候变化层面做出了"不遵循就解释"的要求，让企业更好地应对气候变化对自身的影响，促进可持续发展；社会方面，增加了"就业类型""死亡率""供应链管理"和"反腐败"4项关键绩效指标，所有指标的披露要求提高为"不遵循就解释"；在公司治理层面，要求将ESG管理纳入董事会职责，将ESG提升到企业战略层面，有效推动ESG的发展和实践。港交所于2020年成立可持续及绿色交易所，这也是亚洲首个可持续金融咨询平台。

与国外和我国香港ESG的发展进度相比，我国内地的ESG发展相对落后，仍处于起步阶段。2006年和2008年，深交所和上交所提出上市公司应当定期发布社会责任报告，并要求报告披露公司在促进社会、环境和经济可持续发展方面采取的措施。2018年，证监会在修订后的《上市公司治理准则》中增加了环境保护和社会责任的相关内容，建立了ESG信息披露的基本框架。同年11月，基金业协会发布了《中国上市公司ESG评价体系研究报告》和《绿色投资指引（试行）》，提出了评价上市公司ESG表现的核心指标体系，以进一步推动ESG在中国的发展。

近年来，随着碳中和目标的提出，我国ESG投资迎来发展新机遇。2019年11月28日，我国ESG领导者组织正式成立，该组织是由新浪财经牵头发起，联合我国ESG领域表现卓越的企业共同组建的商业领袖企业组织，组织致力于成为引领本行业ESG发展和实践的领导者。截至2021年7月，该组织共汇集了新浪、碧桂园、中国平安等 36 家 ESG 领域的优秀企业。至此，我国 ESG 责任投资开始进入从探索、实践到拓展、推广的新阶段。从基金来看，据中信证券数据，2021 年国内 ESG 公募基金产品数量和规模迎来爆发式增长。A 股中披露 ESG 报告的公司数量也在快速增长。统计数据显示，截至 2020 年年底，A 股上市公司披露 ESG 报告的公司有 1 021 家，较 2010 年的 471 家有较快增长（世界经济论坛，普华永道中国，2021）。

总体而言，ESG 投资在最近两年增长迅速，我国资本市场从逐渐接受 ESG 投资理念到开始主动探索将 ESG 因素纳入投研流程，对 ESG 的关注程度也日益提升。虽然和欧美等先发国家相比，我国目前 ESG 的发展整体仍处于起步阶段，但未来的 ESG 发展潜力巨大，前景十分广阔。其主要原因有以下几点：首先，我国市场体量庞大，具有良好的后发优势；其次，在碳达峰、碳中和目标引领下，环境（E）将在未来很长一段时间受到持续关注；再次，我国正处于实现中华民族伟大复兴的关键阶段，共同富裕和社会公平被提到很高的位置，未来政府、企业、个人都会更加重视企业在社会（S）方面的表现；最后，从最近几年的市场表现来看，在公司治理（G）方面表现卓越的企业同时也会获得丰厚的利润。

4.1.3.2　中国 ESG 发展存在问题

（1）暂无统一 ESG 信息披露标准，信息披露标准不规范

ESG 基础数据的披露是 ESG 投资的前提，数据是整个 ESG 行业的关键基础设施，对于 ESG 在学术层面的有效性研究及其在行业中的投资应用具有重要意义。总体而言，我国上市公司缺乏对 ESG 概念的理解和自主披露 ESG 相关信息的意识，只有少数发展良好的 A 股上市公司和部分港股上市公司愿意主动了解 ESG 并进行 ESG 数据披露和 ESG 的改进。目前，我国尚未出台综合性 ESG 相关法律文件，已经出台的相关法规主要来自环境保护和社会责任两个方面。此外，证监会和沪深交易所关于公司 ESG 信息披露的相关文件的要求仍以自愿披露为主，对格式规范、指标体系和操作步骤等具体内容没有详细的、可参考的披露标准说明。

不规范的信息披露制度使得不同公司的信息披露程度不同，因此现阶段国内企业披露的 ESG 信息以描述性披露为主，缺乏定量化指标来对 ESG 等级进行量化评级。以主观描述为主的披露信息也降低了 ESG 报告的参考价值，无法起到促进投资者关注责任投资的作用，反而会让投资者误判企业真实的 ESG 水平。另外，企业可能会选择性披露对自己有利的信息，并避免披露不利信息，这也导致 ESG 信息披露的参考价值降低。

（2）缺乏统一且适合我国具体实际的 ESG 评级体系

国内目前有很多关于 ESG 的标准，交易所、行业协会、学术机构、监管机构和评级机构都有自己的标准，缺乏权威统一的标准。如果标准不统一，投资者和企业不知

道该遵循哪些标准。目前，明晟（MSCI）、汤森路透、富时罗素（FTSE Russell）等国际机构是 ESG 评级体系的领导者。随着 A 股被纳入 MSCI 指数，MSCI 也在加强 A 股主要公司的 ESG 评级覆盖，MSCI 是国际市场主流投资者最认可的评级机构。但是，国际 ESG 评价框架很难兼顾具体市场，特别是发展中市场的发展情况和当地的具体问题。发达国家市场的标准往往不同于新兴国家市场的标准，国际评估机构缺乏对当地市场深入而全面的研究，主要问题包括语言障碍和数据质量等。中国经济和资本市场的发展和欧美等国家不同，具有明显的中国特色，所以，单纯采用国际标准对中国 ESG 投资进行评级并不符合中国的具体国情。

（3）政策体系不完善

虽然我国主要依靠行政手段指导 ESG 的发展，但是相较于欧美发达国家，我国政策体系的完善程度还有不小的差距。总体而言，我国 ESG 相关的政策体系还停留在宏观决策层面，缺少针对 ESG 体系的具体而详细的政策指导。

我国目前尚未出台专门的针对 ESG 信息披露法律法规，现有的披露政策和准则主要体现在社会责任报告中。同时，信息披露的真实性需要监管机构、第三方审批机构和会计机构的相互配合。目前，在我国很难获得被投资对象（主要是以公司形式存在的各类企业）的 ESG 的相关信息。主要原因是，没有出台 ESG 相关信息披露的专门要求，只有一些零散的要求分散在各个部门的法律和一些规范性文件中，如《中华人民共和国劳动法》《中华人民共和国证券法》以及相关协会指南等。当前有一部分企业愿意进行信息披露，但披露意愿不强，信息披露质量不高。

在监管政策层面，香港地区已经发布的 ESG 指引要求相关企业"不披露就解释"，虽然内地尚未发布明确的 ESG 信息披露指引，但正在逐步加强对 ESG 相关信息披露的关注和要求，尤其是在环境（E）方面。中国证监会要求重点企业强制披露环境信息，鼓励上市公司主动披露相关信息以积极履行其社会责任。许多国际交易所、证券监管机构或一些非政府组织已要求上市公司披露 ESG 相关信息，一些交易所还推出了特别的信息披露指引，以明确指导上市公司发布 ESG 报告。由于中国的市场发展在很大程度上取决于监管政策的推动，而 ESG 的未来发展在监管层面缺乏明确的指导，因此必须尽快发布 ESG 指引，以加快 ESG 主流化的市场推广进程。

（4）我国 ESG 评级的相关机构专业能力不足

虽然目前在国内已经出现一些 ESG 评级和评价服务机构，但是整体的专业整合能力不足。国内机构更多使用定性指标或高度依赖专家评分，定量、可靠、客观的数据比例较少。此外，现有的评级机构为获取 ESG 数据信息，往往将多种来源的数据源进行整合，这就导致数据采用标准不一，可持续性不足，指标较为分散，破坏了 ESG 的内部统一性。此外，ESG 评级比较侧重多元标准的非财务指标，需要很高的专业整合能力，不同数据源的问题会增加整合的难度。与海外评级机构相比，我国 ESG 评级的差异化更为明显，这主要是由于缺乏可靠的基础数据且评估框架差异较大，这都将导致最终评级结果的可靠性较弱。

4.1.3.3　中国 ESG 发展相关建议

第一，ESG 发展需要国际化与本土化并重，借鉴国际经验，取长补短，发展具有中国特色的 ESG 理念，建立本土化、系统性、普适性和包容性的我国 ESG 评级体系。加快完善 ESG 的总体制度框架的建立和完善，在充分考虑本国实际情况的基础上主动与国际接轨，并且结合中国国情特点做出适当修订，建立中国统一标准。

第二，完成企业 ESG 信息披露由自愿披露向强制披露的转变。促进 ESG 投资的前提之一是加强企业 ESG 信息披露，避免因信息不足而导致错误决策。监管机构应尽快出台完善的 ESG 报告披露规则，以提高上市公司披露数据的质量。强制披露的方式更加有效，为 ESG 基础数据的结构和 ESG 评价体系的建立提供了基础和保障。高质量的企业 ESG 信息披露可以向投资者传递有效的价值信息，为投资者的投资提供价值判断，引导资本市场向绿色化转变，充分发挥 ESG 投资作为绿色金融体系的市场影响力。参考港交所、纳斯达克等交易所的成功经验，发布独立完整的 ESG 信息披露准则，并提供详细的 ESG 披露指引。

第三，加强市场各个参与主体的引导，从资本市场方面去落实 ESG 实践，纳入更多积极因素，尽可能提高 ESG 投资在提升实体经济的效率方面的作用。一方面，作为资本市场的重要参与者，资产管理人和资产所有者在推动我国 ESG 发展方面发挥了重要作用。因此，有必要加强机构投资者的 ESG 投资意识，提高对环境和社会风险的识别与防范能力。另一方面，引导更多上市公司提高 ESG 信息的披露水平，定期发布 ESG 报告，逐步建立统一的 ESG "中国标准"。

让企业意识到 ESG 投资可以形成正循环，发展 ESG 符合未来经济发展方向，能够获得更高的利润，履行 ESG 投资可以让企业受到更多优质投资者的关注，让股价取得更好的表现并获得有 ESG 意识的国内和海外投资者的融资。

第四，推动建立本地化的第三方 ESG 评估体系和数据库。鼓励更多第三方评级机构对上市公司进行 ESG 评级，通过专业可信的中介机构收集和整合企业 ESG 信息，为投资者提供投资决策的依据，为 ESG 相关产品创新和 ESG 学术研究支持提供可靠数据。此外，加强各科研机构的环境和社会风险评估、环境压力测试和环境效益评估的方法研究，帮助投资者通过能力建设将 ESG 纳入投资考虑范畴。

第五，依托互联网优势加强 ESG 宣传力度。通过各类媒体进行广泛宣传，提高大众对 ESG 投资的认知，让 ESG 投资得到更广泛的理解和认可。与此同时，通过举办论坛、培训、研讨会等线下活动的形式，让更多的金融机构、上市公司、媒体以及个人投资者参与 ESG 的交流互动，在广度和深度上对 ESG 进行宣传和推广。

4.2 ESG 评级体系

近年来，ESG 投资越来越主流化，投资者及相关企业开始关注财务指标之外的一些指标，其中环境、社会和公司治理指标最受关注。一些具有社会责任感的投资者希望选择在环境、社会和公司治理指标方面表现良好的企业进行投资，但现有的信息披露机制不足以有效、全面地揭示企业可持续发展的信息。为适应投资者的以可持续发展为重要关注点的投资活动，一系列能够提供相关指数信息并以此为基础进行评价的 ESG 评级机构和评价标准应运而生。

4.2.1 ESG 评级体系简介

一般情况下，ESG 评级机构将参照国际公认的 ESG 标准和指引，根据自身对 ESG 各个议题的理解和研究深度，制定一套 ESG 评价指标。在评价框架下，ESG 评级机构将通过公开渠道或企业问卷来调查收集企业的 ESG 信息，然后根据事先制定的评分标准对被评价企业的各项 ESG 指标表现进行分析及评分，最终计算出受评企业的 ESG 评分及相应评级。

常规的 ESG 评价体系一般由三级或多级指标体系组成。一级指标就是 ESG 最重要的环境、社会和公司治理 3 个核心维度。二级指标一般是 3 个核心维度下的主题，如气候变化、人力资源、公司行为等。三级指标主要是二级指标的各个主题下较为具体和可量化的评估点，如碳排放总量、人均培训小时数、董事会薪酬福利等。ESG 评级所需要的信息可分为外部信息和内部信息。外部信息一般来自政府、媒体等机构；内部信息是企业自身公开披露的信息，一般包括企业年报、社会责任报告、企业官网、临时公告等。大部分评级机构会同时收集和分析外部和内部信息，以对企业进行 ESG 评级。

自 2008 年全球次贷危机爆发以来，ESG 投资逐步走入大众的视野，而 ESG 评级机构及其制定的 ESG 评级体系也随着 ESG 投资的兴起迅速发展起来。ESG 评级机构的不断发展满足了不同利益相关者日益复杂和全面的评级需求。目前的 ESG 评级机构已将公司治理、数据管理、风险或沟通等专业研究机构纳入评级研究体系。此外，这种市场变化也使更多专业化、多学科、多文化的工作团队出现，扩大了涉及的行业、地区和部门的范围。作为 ESG 生态系统的重要环节之一，ESG 评级是推动国际组织和监管机构 ESG 实施的重要力量。ESG 评级还能有效解决投资者与上市公司之间的信息不对称问题，帮助投资者识别潜在投资标的的 ESG 风险和 ESG 价值，极大地降低投资决策成本，提高上市公司 ESG 意识和措施落实情况。

但在 ESG 评级的发展过程中，不同评级体系的差异性更加突出，即同一家公司在不同 ESG 评价体系下的评级结果是不同的。目前，全球对于 ESG 并没有统一的标准定义，各家机构会根据自身的理解对 ESG 提出不同的界定方法。并且由于数据来源不同，评级框架各异，导致评级机构的评级结果不一致，使投资者难以进行决策。不同的评级机构对同一主体进行评级，其结果各不相同，这是目前在国内和国际市场普遍存在的现象。具体来看，评级体系的差异主要体现在 ESG 主题覆盖、衡量差异、权重设置等。从主题覆盖来看，ESG 评级虽主要考虑 E、S 和 G 3 个维度，但是每个维度下的议题各有不同。例如，MSCI 的 ESG 评级分为 3 个核心，10 大主题以及 37 个关键议题；富时罗素评级分为 3 个核心，14 个大主题以及 300 多个指标；路孚特的 ESG 评级则包含 10 个大主题，450 多个指标等。商道融绿公司涉及 13 个议题，200 多个指标；中财绿色金融研究院涉及 22 个分项，160 个指标。从衡量差异来看，当面对同一家公司的 ESG 信息时，不同 ESG 评级关注的重点也不同，因此采用的评分标准也不同。从权重设置来看，不同 ESG 评级机构评估指标重要性的方法是不同的，不同 ESG 评级机构对不同指标的重要性的设置常常不同，这时就会出现权重差异，权重差异的存在会导致不同机构相同指标得分对 ESG 评级的影响程度不同。

众多不同的 ESG 评级机构在竞争中相互交流与借鉴，这可以促进创新和优胜劣汰，形成更高效、更符合市场需求的 ESG 评级体系。尽管各种评级体系存在较大差异，但各种 ESG 评级体系均具有一定的参考价值。面对差异化的 ESG 评级结果，企业应积极与评级机构沟通确认信息，确保评价结果更加客观。未来全球 ESG 发展成熟后，有可能存在多个各有适用范围的 ESG 评估体系，不同投资理念的投资者可以按照自己的需求选择 ESG 评价体系。

我国企业 ESG 信息披露不充分、主动性低，是导致我国 ESG 评价体系数据来源比较有限的因素。A 股公司发布 ESG 报告的比例在过去 10 年呈现波动趋势，并没有明显增加。考虑到我国企业 ESG 信息披露程度较低，部分 ESG 评级机构不得不自行搜集调查部分信息，以补充 ESG 基础数据库。2021 年，我国企业 ESG 信息披露的相关政策密集出台。随着 ESG 信息披露制度的不断完善将为 ESG 评级体系的发展提供很大帮助。

4.2.2　国内外知名评级机构

ESG 评级机构，即对企业进行可持续发展表现进行评价的组织。在 ESG 投资生态系统中，ESG 评级机构发挥着重要作用，为资产管理人和投资机构进行 ESG 投资研究分析和设计 ESG 基金 /ETF 等产品提供决策依据和量化支持。

目前世界上主要的 ESG 评级机构有 600 多家，以明晟（MSCI）、富时罗素（FTSE Russell）、Sustainalytics、彭博（Bloomberg）、汤森路透（Thomson Reuters）、道琼斯（DJSI）、恒生（HSSUS）以及碳信息披露项目（CDP）等最具影响力。

评级机构所设计的评级指标有上百个或者更多，数据获取的途径也很多，一般包括企业定期发布的年度报告、社会责任报告、政府部门发布的相关数据以及报刊等公开数据信息。主要计算方法有加权平均法、趋势外推法及成本分析法，其中最常用的方法是加权平均法。此外，一些评级机构还设计了一些负向指标。

4.2.2.1 国外 ESG 评级机构

（1）明晟公司（MSCI）

明晟公司（Morgan Stanley Capital International，MSCI），于 1968 年成立于美国。MSCI 是一家全球性指数编制公司，其总部位于纽约，在瑞士日内瓦和新加坡设有办事处，负责全球业务运营，并在英国伦敦、日本东京、中国香港和美国旧金山设有区域代表处，主要提供股票基金、收益基金、对冲基金、股票指数以及股东股票投资组合分析工具。MSCI 提供的产品主要是一些指数评级类的金融分析工具。

MSCI ESG 指数是指被纳入 MSCI 指数的上市公司对其在 ESG 报告（环境、社会、公司治理）中的表现进行打分和评级。投资者在进行投资决策时，除分析投资对象的财务和业绩外，往往还需要了解更多的信息，以此作为投资依据。MSCI 认为公司的 ESG 表现也是投资决策时要考虑的因素之一，因此推出了 MSCI ESG 评级，以帮助投资者了解投资目标的在 ESG 各个方面的状况。评级的上市公司无须向 MSCI 支付任何 ESG 评级的费用。然而，投资人查看 MSCI ESG 评级结果——ESG 评级报告是收费的。一个认可 MSCI ESG 评级权威性的投资人，想要了解投资目标在 ESG 方面的表现，可以通过支付给 MSCI 一定费用来获得 MSCI 针对该投资目标的 ESG 评级报告，以此得到投资参考。

MSCI 指数是全球广泛采用的投资标的。MSCI 对全球 7 500 余家公司和超过 650 000 只股票和固定收益证券进行了评级。A 股于 2018 年 6 月被正式纳入 MSCI 新兴市场指数和 MSCI 全球指数，所有纳入 MSCI 指数的上市公司都将获得 ESG 评级，从此 A 股上市公司开始接受"MSCI ESG 评级"。截至 2019 年 8 月，MSCI 已对 487 家纳入 MSCI 指数的中国上市公司进行了 ESG 研究和评级。2019 年中国上市公司 MSCI ESG 评级表现有所改善，但与全球市场仍有较大差距。2019 年 11 月，MSCI ESG 研究团队披露了超过 2 800 家上市公司的 ESG 评级结果。

如表 4.1 所示，MSCI ESG 评级包括三大核心、10 个主题、35 个关键指标。MSCI 主要通过各类公开信息获取上市公司 ESG 方面的表现，并整合 1 000 余条和企业 ESG 表现相关的数据点。在评价过程中会有相关沟通团队邀请上市公司对初步评级结果给出反馈；评估依据均来自可查询的公开信息。值得注意的是，针对上市公司自身信息披露不足的情况，MSCI 将采用公司之外渠道发布的与公司相关的信息进行补充。

表 4.1 MSCI 评级指标体系

三大核心	10 个主题	35 个 ESG 关键指标
环境	气候变化	碳排放
		产品碳足迹
		为环境保护提供资金
		气候变化导致的脆弱性
	自然资源	水资源稀缺
		生物多样性及土地使用
		原材料采购
	污染和废弃物	有毒的排放物和废弃物
		包装材料及废弃物
		电子废弃物
	环境机遇	清洁技术的机遇
		绿色建筑的机遇
		可再生能源的机遇
社会	人力资源	人力资源管理
		健康与安全
		人力资源开发
		供应链的劳动力标准
	产品责任	产品安全与质量
		化学品的安全性
		为消费者提供金融保护
		隐私与数据安全
		责任投资
		健康与人口风险
社会	利益相关方否决权	易引争议的采购行为
		社区关系管理
	社会机遇	涉足通信业的机会
		涉足金融业的机会
		涉足医疗保健业的机会
		涉足营养和健康业的机会

续表

三大核心	10 个主题	35 个 ESG 关键指标
治理	公司治理	董事会
		薪酬
		所有权与控制权
		会计准则
	公司行为	商业伦理
		税务透明度

MSCI 对上述 35 个关键指标体系中的每一个议题从被评估公司的风险暴露和风险管理两个方面进行评分。风险暴露指的是评价企业在多大程度上暴露于行业实质性风险，风险管理是评价企业管理每项实质性风险的措施效果。同时，它的权重也将由行业决定。权重的高低主要体现在两个方面：一是该指标对行业影响强度的强弱；二是行业受该影响的时间的长短。具体而言，首先，评估的是该企业所处行业中，该项指标对环境或社会所产生的外部性相对于其他行业而言是大还是小，这通常是基于相关数据进行数据分析获得，最终得到"高等""中等""低等"三档的影响力评价，如对于平均碳排放强度这一指标的权重判定就是如此。其次，评估的是该项指标给该行业公司带来实质性的风险或机遇，也就是可能产生实质性的负面或者正面影响的时间长短，也按照具体影响时间划分为"长期""中期""短期"三档。最后，获得"高等"和"短期"影响力的指标的权重设置可能是获得"低等"和"长期"影响力的指标的3 倍以上。在更新频率方面，MSCI ESG 每年 11 月份都会对各行业的调查指标和权重进行审核。最后，我们需要关注企业的负面事件，MSCI 会对企业的负面事件进行评估，因为在 MSCI 看来，负面事件的发生可能显示出企业在风险管理方面的存在重大的结构性能力缺陷。

评级是基于全球同行业的相对结果，各关键议题加权得到的总分经过行业调整后，根据评分得到对应的评级档位，从评分最低的"CCC"档到评分最高的"AAA"档，共分 7 档（图 4.1）。

图 4.1　MCSI ESG 评级结果分档

总体来说，MSCI ESG 评级是一套非常系统而全面的上市公司 ESG 评级体系，涵盖了很多内容和细节。主要优点是其指标体系非常全面，既衡量潜在风险，又关注环境、社会、公司治理等方面的发展机遇。在构建指标体系的实际过程中比较值得借鉴的是，其指标权重既考虑了行业差异，又考虑了时效性。要想获得更好的 MSCI ESG 评级，上市公司既需要构建完善成熟的管理体系，同时也需要及时披露相关的 ESG 信息。目前，国内上市公司在 ESG 方面相对不成熟，与国外公司相比存在明显差距。但是随着时代的发展，相信我国不仅在经济方面可以赶超国外先进水平，而且在 ESG 等软实力方面也能不断取得进步。

（2）富时罗素（FTSE Russell）

富时罗素是全球领先的指数编制和数据公司之一，也是 ESG 评级方面较为权威的机构，在过去 20 年中积累了大量关于环境、社会和公司治理（ESG）的数据。富时罗素隶属伦敦证券交易所，与其他欧洲机构一样更重视环境保护，根据具体业务类型划分出 10 个广义绿色行业和 64 个绿色子行业，并评估受评企业在对应领域中的绿色产品及服务所占的营收比例，以此描述该公司向绿色经济转型的速度和规模。该模型目前涵盖了 48 个发达国家和新兴国家的近 16 000 支证券，是基本 ESG 评级的重要补充。

富时罗素的 ESG 评价体系有三级结构：第一级是环境、社会和公司治理三大类指标；第二级是 14 个主题指标，其中环境类指标包括生物多样性、气候变化、污染与资源、供应链和水安全 5 个主题，社会类指标包括消费者责任、健康和安全、人权和社区、供应链和劳工标准 5 个主题，公司治理类指标包括反腐败、风险管理、企业管理、税收透明度 4 个主题；第三级是每个主题下划分的 10～15 个独立评估指标，共计 300 多个。

表 4.2　FTSE Russell ESG 评级体系

一级指标	二级指标（14 个主题）
环境	生物多样性
	气候变化
	污染与资源
	供应链
	水安全
社会	消费者责任
	健康和安全
	人权和社区
	供应链
	劳动标准

续表

一级指标	二级指标（14 个主题）
治理	反腐败
	风险管理
	企业管理
	税收透明度

富时罗素首先对每一家被评级的公司进行行业细分，然后根据行业细分结果选择适合该公司的主题进行评级，主要针对风险暴露和信息披露程度这两个维度进行加权评分（表 4.3）。以环境中的气候变化主题为例，假设某企业的气候变化风险暴露程度为中等，并且其气候变化相关信息披露程度为 21%～40%，那么该企业在气候变化主题的评分就是 3 分。指标权重的给定参考该指标风险程度的大小，最重要的 ESG 问题被赋予最大的权重。把所有主题的评分按照权重进行汇总加权，每家受评公司最终都会得到一个分值为 0～5 分的 ESG 总评分结果。值得一提的是，富时罗素在对 ESG 进行评分时仅使用公开数据，不会向公司发送问卷调查，但公司可以通过在线研究平台反馈评分结果，以获得可能的更正。

表 4.3 富时罗素 ESG 评分方法

		风险暴露		
		低	中	高
主题得分	0	N/A	0	0
	1	0%～5%	1%～5%	1%～10%
	2	6%～10%	6%～20%	11%～30%
	3	11%～30%	21%～40%	31%～50%
	4	31%～50%	41%～60%	51%～70%
	5	51%～100%	61%～100%	71%～100%

（3）Sustainalytics

Sustainalytics 是一家总部位于荷兰的世界领先的独立研究公司，拥有超过 26 年 ESG 的研究及评级经验，在业内专家和投资者心目中具有较高的权威及公信力。Sustainalytics 的 ESG 评价体系比较特别，其评价体系可以分为 3 个模块，分别是公司治理模块、实质性议题模块和特殊议题模块。3 个模块各有其关注点，公司治理模块主要关注因公司管理失误的可能带来的风险，没有行业差异性，权重一般为 20%；实质性议题模块主要关注公司所属行业商业模式和商业环境的潜在风险，是 Sustainalytics ESG 评价的核心和关键；特殊议题模板主要对应公司的"黑天鹅事件"，不涉及行业特点导致的共性问题。

Sustainalytics 结合风险敞口和管理能力对每个指标进行评分。其具体步骤如下：首先，通过事件跟踪、公司报告、外部数据以及第三方研究，计算行业的风险敞口，并根据生产、融资、事件和区域特点确定各公司的 beta 系数，将两者相乘得到公司的风险敞口；其次，评估各公司在管理员工的能力（如职业健康和安全）、外部参与者对公司管理能力的影响（如网络安全）、问题的复杂性（如全球供应链）和技术研究创新约束（如碳排放）这 4 个主要因素，以确定行业层面不可控风险敞口的比例，得到可控风险因子 MRF，并计算公司可控风险敞口；再次，根据管理制度和管理结果计算公司的管理分数，再乘以可控风险敞口，得到受控风险；最后，通过从公司的风险敞口中减去受控风险，得到公司的未管理风险评分。

该机构评估体系从企业 ESG 风险角度出发，分不同维度进行风险评估，并按企业 ESG 得分划分风险等级。其中 0～10 分为可忽略的风险等级，10～20 分为低风险等级，20～30 分为中等风险等级，30～40 分为高风险等级，40 分以上为严峻风险等级。

（4）汤森路透（Thomson Reuters）

汤森路透 ESG 评级体系作为国际上最全面的 ESG 评级体系之一，涵盖的数据范围包括全球范围内超过 7 000 家上市公司。汤森路透 ESG 评分体系对受评公司在包括环境、社会、公司治理三大类下 10 个主题包含的 178 个关键指标上的表现进行评分，评分之后以每个主题所包含的指标数作为该主题的权重，对所有主题得分进行加权就可以得到该公司的 ESG 评分。同时，汤森路透还针对 23 项争议项对公司进行评分，指标评分和争议项评分结合就最终构成了汤森路透 ESG 综合性评分。汤森路透 ESG 评级采用分位数排名打分法对上市公司进行 ESG 评级及争议项的打分。这一打分使分数相对平滑并且削弱了单项指标在得分上的差异性。

4.2.2.2　国内 ESG 评级机构

相较于国外 ESG 评级机构的发展水平，我国 ESG 机构的发展还处于初级阶段。虽然国际主流的 ESG 评级所评价的指标更为完善，但是不同地区和市场，由于其社会发展阶段的不同，政治经济文化的差异等，在具体的指标设定和权重设置方面有所区别，这也导致一些国际主流的 ESG 评级体系并不都适用我国公司的 ESG 评级。因此，这些年国内的 ESG 评级体系也逐渐发展起来，其中比较具有代表性的是如商道融绿、华证、社会价值投资联盟等。

（1）商道融绿

商道融绿是国内领先的绿色金融及责任投资专业服务机构，专注于为客户提供责任投资与 ESG 评估及信息服务、绿色债券评估认证、绿色金融咨询与研究等专业服务。商道融绿是中国责任投资论坛（China SIF）发起机构，始终致力于倡导建设负责任的中国资本市场。

商道融绿的 ESG 的评级流程分为信息收集、分析评价、评价结果、报告呈现 4 个步骤。

①信息采集，主要来自公司年报、责任报告、政府信息和媒体。

②在分析评价过程中，融绿 ESG 信息评估体系共包含三级指标体系。一级指标为环境、社会和公司治理。二级指标为环境、社会和公司治理下的 13 项分类议题，如环境方面的二级指标包括环境目标、环境管理、环境披露及环境负面事件等。三级指标将会涵盖具体的 ESG 指标，共有 127 项三级指标，如社会方面的三级指标包括劳工政策、员工政策、女性员工、多样化、供应链责任管理等 30 多项指标（表 4.4）。评估体系分为通用指标和行业特定指标。通用指标适用所有上市公司，行业特定指标是指各行业特有的指标，只适用本行业分类内的公司。融绿 ESG 评价指标体系的特点是注重对负面事件的评价，每个一级指标下的二级指标包括负面事件的二级指标，有利于投资者利用负面剔除进行投资。

③在评价结果环节，融绿 ESG 评级从高到低分为 A+ 到 D 共 10 个等级。根据行业类别的 ESG 实质性因子进行加权计算，最终得到各上市公司的 ESG 综合得分（表 4.5）。

④在报告呈现环节，评级报告将呈现公司 ESG 评分和负面信息报告。

表 4.4　商道融绿 ESG 评价体系

一级指标	二级指标	三级指标
环境	环境管理	环境管理体系、管理管理目标、员工环境意识、节能和节水政策、绿色采购政策等
	环境披露	能源消耗、节能、耗水、温室气体排放等
	环境负面事件	水污染、大气污染、固体废物污染等
社会	员工管理	劳动政策、反强迫劳动、反歧视女性员工、员工培训等
	供应链管理	供应链责任管理、监督体系等
	客户管理	客户信息保密等
	社区管理	社区沟通等
	产品管理	公平贸易产品等
	公益及捐赠	企业基金会、捐赠及公益活动等
	社会负面新闻	员工、供应链、客户、社会及产品负面事件
公司治理	商业道德	反腐败和贿赂、举报制度、纳税透明度等
	公司治理	信息披露、董事会独立性、高管薪酬、董事会多样性等
	公司治理负面事件	商业道德、公司治理负面事件

表 4.5　商道融绿 ESG 评级结果划分

评级结果	释义
A+ A	企业具有优秀的 ESG 综合管理水平，过去 3 年基本没有出现 ESG 负面事件或仅出现个别轻微负面事件，表现稳健
A- B+	企业 ESG 综合管理水平良好，过去 3 年出现过少数影响轻微的 ESG 负面事件，整体 ESG 风险较低
B B- C+	企业 ESG 综合管理水平一般，过去 3 年出现过一些影响中等或少数较严重的负面事件，但尚未构成系统性风险
C C-	企业 ESG 综合管理水平较弱，过去 3 年出现较多或较严重的 ESG 负面事件，ESG 风险较高
D	企业近期出现了重大的 ESG 负面事件，对企业有重大的负面影响，已暴露出很高的 ESG 风险

目前，商道融绿的 ESG 评级服务已经覆盖了沪深 300 以及中证 500 的共 800 只股票。从 ESG 评级的等级分来看，没有出现 A 级及以上的公司，也没有出现 C- 级及以下的公司，大部分公司集中在 B- 的评级（企业 ESG 管理和实践水平一般，过去 3 年出现过一些影响不太严重的负面事件）。

（2）华证

华证 ESG 评价覆盖全部 A 股上市公司、超过 2 000 家债券主体，季度更新，上市公司发生重大事件时临时调整。华证 ESG 评级在指标设计的过程中，一方面参考了国际主流的 ESG 评价体系，充分论证各个指标的适用性，删除了一些不适用或者无法获取相关数据的指标；另一方面针对我国国情，设计了一些中国特色的指标，如扶贫、社会责任报告以及证监会处罚等。这些指标也正是 A 股上市公司年度 ESG 报告中描述最多的内容。

华证的 ESG 评价体系包括 ESG 评级和 ESG 尾部风险评估两个部分。ESG 评级包含一级指标 3 个（环境、社会、公司治理）、二级指标 14 个、三级指标 26 个，底层数据指标超过 130 个。底层指标自下而上按照行业权重矩阵加总，就可以得到公司的 ESG 评分，并根据得分将受评公司的 ESG 评级分为 AA～C 九档。ESG 尾部风险更关注负面信息的监控和评估，通过负面信息的整理和评估，将公司分为严重警告、警告、关注、低风险 4 类（表 4.6）。

表 4.6　华证 ESG 评价体系

一级指标	二级指标（14 个主题指标）	三级指标（26 个关键指标）
环境	环境管理体系	环境管理体系
	绿色经营目标	低碳的计划目标
		绿色采购政策或计划
	绿色产品	碳足迹
		可持续发展的产品或服务
	外部环境认证	产品或公司获得环境认证
	环境违规事件	环境违规违法事件
社会	制度体系	社会责任报告质量
	健康与安全	减少安全事故的目标或计划
		负面经营事件
		经营事故发生趋势
	社会贡献	社会责任相关的捐赠
		员工增长率
		乡村振兴
	质量管理	产品或公司获得质量认证
公司治理	制度建设	企业自我 ESG 监督
	治理结构	关联交易
		董监比例
	经营活动	税收透明度
	运营风险	资产质量
		整体财务可信度
		短期偿债风险
		大股东质押比例
		信息披露质量
	外部处分	交易所处分
		上市公司高管违规事件

　　除了 ESG 尾部风险预警，华证的 ESG 评价体系的另一个特点是 AI 驱动的大数据引擎，利用机器学习和文本挖掘，获取政府及相关监管部门的网站和新闻媒体数据，构建传统数据加 AI 搜索大数据的标准化数据库，实现实时跟踪，解决公司报告发布频率过低导致信息披露不及时的问题。

　　（3）社会价值投资联盟

　　社会价值投资联盟的评价体系实行"先筛后评"的机制，由"筛选子模型"和

"评分子模型"两部分构成。"筛选子模型"是社会价值评估的负面清单，按照 5 个方面（产业问题、财务问题、重大负面事件、违法违规、特殊处理），17 个指标，对评估对象进行"是与非"的判断。如评估对象符合任何一个指标，即被判定为资质不符，无法进入下一步量化评分环节。在"筛选子模型"遴选出符合资质的上市公司后，"评分子模型"对其社会价值贡献进行量化评分。"评分子模型"分为通用版、金融专用版和地产专用版，包括 3 个一级指标（目标、方式和效益）、9 个二级指标（价值驱动、战略驱动、业务驱动，技术创新、模式创新、管理创新，经济贡献、社会贡献、环境贡献）、27 个三级指标和 55 个四级指标。

（4）中证

中证评级范畴覆盖全部 A 股上市公司，指标体系为 3 个维度、14 个主题、22 个单元和 180 余个指标构成，评级呈现形式是采用行业内分数，范围为 0%～100%，代表公司在同业内 ESG 评价结果的百分比排名。中证 ESG 评级兼顾国际框架与本土实际，兼顾 ESG 风险管理因素与机遇因素，在考察 ESG 风险的同时，关注企业在改善风险方面的投入和效果，同时指标权重考虑不同行业特征、采用中性化处理。评价方法具有清晰的风险与收益传导效应，可投资性较高，是一套面向投资的专业化评价体系。

4.2.3　ESG 评级基本流程

国内外 ESG 评级机构所采用的流程机制基本相同。ESG 评级环节主要包括标准制定、披露要求、数据采集、评分评级，整个流程包括 3 个步骤：首先，ESG 评级机构会参考国际广泛认可的 ESG 标准、指南，并根据自身对 ESG 议题的理解和研究深度，制定出一套完整的 ESG 评价指标；其次，通过查阅企业社会责任报告的相关内容、通过公开渠道或者向企业发放问卷调查的方式收集相关信息和数据；最后，评级机构对采集的数据进行分析，最终给出评分和评级结果。

ESG 评级活动的参与方除评级机构之外，还包含 ESG 披露标准的制定方、数据提供方以及数据集成方。近年来 ESG 评级的快速发展是各个参与方共同协作的结果。

4.2.3.1　标准制定方

标准制定方主要通过构建并优化 ESG 报告标准和披露准则来促进 ESG 投资的发展。ESG 相关披露标准的制定方主要是各国际组织和各国主要交易所。其中制定标准的国际组织包括全球报告倡议组织（GRI）、全球环境信息研究中心（CDP Global）、气候信息披露标准委员会（CDSB）和价值报告基金会（VRF）等。

①全球报告倡议组织（GRI）。作为全球最有影响力的非营利组织之一，该组织一直致力于为推动全球可持续经济提供可持续发展报告指导原则。随着越来越多的企业利益相关方包括投资人、合作伙伴等对企业可持续发展的关注，GRI 指南在全球的接

受度和影响力不断提高。全球报告倡议组织的 GRI 可持续发展报告标准是世界上使用最广泛的可持续发展报告和披露标准，其包含 17 个可持续发展目标（SDGs）和 169个具体目标，为 ESG 评级机构提供了更丰富的指标框架，有助于 ESG 评级体系的规范化和升级。

②全球环境信息研究中心（CDP Global）。CDP Global 是一个全球环境信息披露平台，成立于 2000 年。该平台邀请企业填写气候变化、水和森林相关问题的标准化问卷调查，并且基于供应商和政府提供的第三方数据对企业在环境方面的表现进行打分。

③气候信息披露标准委员会（CDSB）。CDSB 是由商业和环境非政府组织组成的一个国际联盟，成立于 2007 年。该组织为企业提供了与财务信息报告框架一样严格的环境信息报告框架，以提高企业环境信息的透明度。该环境信息报告框架帮助公司解释环境问题如对其业绩的影响情况，并在年度报告或综合报告中详述其是如何应对相关风险和机遇的。

④ ISO 26000。ISO 26000 是 ISO 组织发布于 2010 年的社会责任披露指南。与ISO 发布的大多数 ISO 标准不同，ISO 并不给 ISO 26000 的社会责任报告提供认证。该披露指南仅作为提供给相关企业的一个社会责任报告披露的指导性文件。

⑤气候变化相关财务信息披露工作组（TCFD）。TCFD 是由 G20 金融稳定委员会（FSB）发起的，成立于 2015 年的一个致力于制定统一规范的信息披露框架，使各类组织（上市公司、金融机构等）在发布年报或独立 ESG 报告时，能够结构化地披露气候变化可能带来的财务影响的组织。

⑥价值报告基金会（VRF）。2021 年，国际综合报告委员会（IIRC）与可持续发展会计委员会（SASB）合并成立了价值报告基金会（VRF）。价值报告基金会通过对原有的 IIRC 综合报告框架和 SASB 可持续发展会计准则进行整合，为市场提供更加清晰和可比的 ESG 指数数据，并努力推动可持续发展指标融入国际财务报告准则（IFRS）。在价值报告基金会的整体框架下，IIRC 负责构建"综合报告框架"的编制指南，并从财务、生产、人力资源、自然资源、情报和社会关系 6 个维度提出"资本"概念，为编制企业综合报告提供指导；SASB 负责为 77 个细分行业制定具体的 ESG信息披露标准，SASB 还与彭博社合作，共同推出这 77 个行业 ESG 指标的"实质性问题路线图"，帮助投资者选择不同行业对应的 ESG 数据进行投资决策。

为制定全球统一的可持续发展报告标准、便利发行人和投资者，近年来全球证券交易所通过联合国可持续交易所倡议、国际财务报告准则理事会（IFRS）等机构，积极参与政策讨论和标准制定，增强 ESG 披露的可比性、应用性。

⑦伦敦证券交易所。伦敦证券交易所发布的《ESG 报告指南》（*Your Guide to ESG Reporting*），规定上市公司发布的社会责任报告应当包括战略相关性、投资者重要性、投资级数据、全球性框架、报告格式、法规及投资者交流、绿色收入报告及债务融资

8 个方面的内容。《ESG 报告指南》让上市公司意识到提供高质量 ESG 信息的重要性，让投资者借此参与 ESG 投资。同时，激发投资者对 ESG 投资这种新经济模式所带来的创新机会的兴趣，帮助发行人和投资者更深入了解 ESG 所披露信息的方方面面，让发行人和投资者利用丰富的 ESG 数据进行交流和沟通。最终达到健全和完善 ESG 披露标准，帮助投资者做出更全面的投资决策的目的。

⑧香港证券交易所。港交所一直都紧跟国际步伐，2019 年 12 月 18 日，香港联合交易所正式发布《ESG 报告指引咨询总结》及《发行人披露 ESG 常规情况的审阅报告》，并公布了新版的《ESG 报告指引》（以下简称《指引》）以及相应的《主板上市规则》和《GEM 上市规则》（香港联合交易所，2019）。新版 ESG 指引及相关上市规则将于 2020 年 7 月 1 日或之后开始的财政年度生效。与之前发布的两个版本的《指引》相比，新版更侧重于披露背后的管理和治理，而非前两版所重视的披露。在新版《指引》中，最值得注意的是，一部分半强制"不遵循就解释"的披露指标升级为强制披露指标。

4.2.3.2 数据提供方

ESG 投资需要的非财务类数据，关乎一家企业及其利益相关方的可持续发展，却并不反映于公司的财务报表。ESG 数据主要有以下几个特点：

（1）数据量巨大且分散

ESG 评级体系在环境、社会和公司治理 3 个维度下，都有若干议题和详细的指标，各指标的计算都需要以大量的数据为基础。并且，ESG 数据的来源广泛，除了企业发布的 CSR（企业社会责任）报告和财务报告，政府部门、监管部门、新闻媒体、社交网络等发布的信息也是 ESG 数据的重要来源。除了来自企业自身的数据，还有很多相关数据源于供应商、客户、股东以及其他利益相关者。

（2）数据格式多样

数据一般可以分为结构化数据和非结构化数据两类。结构化数据包括可以用二维表结构表示的数据，如阿里集团的股价和交易量数据、腾讯公司近 5 年的财报数据等，可以用这些数据进行搜索、计算、统计和分析。非结构化数据包括文字、图片、音频、视频等多种形式。ESG 数据中存在大量非结构化数据，需要借助金融科技进行搜索、提取和整理。

（3）数据具有高度的实时性

企业的 CSR 报告一般是每年更新一次，数据的实时性不足。对企业有实质影响的相关的事件发生之后（如突发环境事件、监管处罚通告等），投资者需要在第一时间获得关于该事件的 ESG 情况。这就需要相关的数据服务公司保障 ESG 相关数据的实时性。

ESG 的数据提供方主要包括一些为公司、投资机构、政府、学术界等提供与 ESG 相关的数据服务的专业公司。最近 10 年，人工智能（Artificial Intelligence）和机器学习发展迅速，市场上也随之出现了一些采用人工智能以及机器学习等方法处理非结构化数据的专业数据服务公司。在国际上，Trucost、RepRisk、TruValue Labs 3 家专业数据服务公司是比较有代表性的 ESG 数据提供方；在国内，比较知名的数据提供方是妙盈科技（MioTech），妙盈科技致力于用人工智能解决金融机构、企业和政府面临的可持续发展、气候变化以及社会责任方面的挑战，妙盈的业务覆盖了 80 万家中国企业，在投资、风险、量化等方面提供 ESG 相关数据。这些数据提供方的数据并不完全依赖于上市公司的自主披露，而是借助人工智能等技术每一天都对包括新闻、交易平台、政府网站、非营利组织、行业组织、法律新闻、学术组织等各类非结构化数据进行梳理，以获取有关公司 ESG 发展的信息，其中包括分析师和监管机构等消息来源的观点。然后，利用相关算法将每条数据按照对企业在财务上的重要性进行分类，该软件还会将所有收集到的数据按照正面和负面进行分类。

4.2.3.3 数据集成方

数据集成方提供了从公共资源中提取的大量结构化数据。彭博（Bloomberg）、Factset、Capital IQ、汤森路透 Eikon Messenge 和万得（Wind）是国内外几个比较有代表性的金融数据集成方提供的金融数据平台，这些数据平台提供的金融数据库汇集了股票、外汇、商品、货币市场、国债及地方债、抵押贷款、金融指数，以及保险和法律信息等各类实时数据，为各类金融从业者提供海量的金融报价、财经资讯、数据分析、研究报告等信息。

4.3 碳中和背景下的 ESG

碳达峰和碳中和逐渐成为全球性目标。美国、英国、日本和欧盟等主要经济体已承诺在 2050 年之前实现碳中和。还有部分国家提出了更早的碳中和时间。我国"十四五"规划进一步明确了 2030 年实现碳达峰和到 2060 年实现碳中和的目标。中国碳达峰与碳中和的承诺，为全球绿色发展注入了更强大的信心。

作为投资的另一个维度，ESG 可以积极引导资金关注企业的可持续发展，从而带动社会进步，ESG 也将成为未来衡量和评估上市公司的重要指标之一。ESG 投资是实现"碳中和"目标的重要手段，其中 E（环境）的维度涉及气候变化、自然资源、污染与消费、环境治理、绿色发展等方面，与国家"碳中和、可持续发展"的战略布局相一致。

4.3.1　ESG 是实现碳中和的重要抓手

我国提出的力争 2030 年前碳达峰，2060 年前实现碳中和的"双碳"目标，体现了我国应对气候变化的实力和雄心，也体现了我国作为负责任大国的担当。目前我国面临着碳排放空间有限、国际碳排放关注度不断提高、国民经济增长与能源结构调整需要平衡等巨大挑战，在未来短短 40 年内实现净零碳排放对我国来说将是一项极其艰巨的任务，中国实现碳中和可以说是面临着巨大压力的。在面临巨大挑战的同时，碳中和目标也给企业和社会带来了全新的发展机遇。

在我国碳金融市场尚处起步阶段，ESG 投资产品的国际化特点可以为市场提供低碳发展、"碳中和"战略目标实现路径的有效补充。ESG 作为"双碳"目标达成的重要配套支撑，进一步完善绿色金融体系将是我国重要的下一战略步骤。可以说，ESG 是实现"双碳"目标的重要抓手。

首先，ESG 的理念与"双碳"目标高度契合。在"十四五"规划和"碳达峰、碳中和"的战略布局下，高质量发展的目标与 ESG 支持可持续发展的理念高度契合。其次，ESG 有助于提高企业的自觉意识。ESG 提倡投资机构积极识别企业环境风险，重视对企业环境风险敞口、负面外部影响、环保成果和环境信息披露等方面的评估，推动企业更加关注环保。最后，ESG 可以帮助企业建立长效机制。良好的公司治理是构建企业绿色发展的长效机制的前提。企业只有拥有良好的内部治理结构，才能制定和实施一系列与绿色低碳发展相关的制度，将低碳发展理念落实到企业日常经营中，推动生产工艺转型升级。

从 ESG 的角度来看，碳中和的目标对高能耗行业，尤其是煤炭、石油、纺织、钢铁、建筑、传统装备制造等二氧化碳排放量大的行业带来了较大困难。投资机构需要积极识别和控制风险，重视对项目环境风险敞口、负面环境影响、正面绿色绩效和环境信息披露水平的评估，促进被投资企业在发展过程中更加重视环境保护和技术创新，帮助企业规避政策和行业风险，不断提升企业的绿色研发和创新能力，创造良好的环境和社会效益。

此外，各个投资机构也应该积极把握碳中和过程中带来的发展机遇。一方面，国家将通过积极发展清洁能源、能源替代、节能减排以及可再生资源等方面以实现产业转型升级和循环经济发展；另一方面，我国迫切需要加大对创新技术的投入，建立绿色创新体系，通过支持数字经济、金融科技的发展，积极发展具有高附加值和高技术含量的关键工艺、技术、装备、材料，为绿色发展提供有力支持。

4.3.2　碳中和背景下的 ESG 投资

气候变化正在成为全球经济社会发展的重要威胁。为有效应对气候变化，完成经济发展模式从资源消耗型向可持续发展型转变，2030 年前碳达峰，2060 年前实现碳中和的"双碳"目标已经正式确立。实现碳中和需要大量长期稳定的资金供给，而政府资金只能满足其中的小部分，巨大的资金缺口需要市场资金填补。因此，要建立健全绿色金融政策体系，大力发展 ESG 投资，以市场化方式支持绿色投融资，为实现"碳中和"战略目标提供有力支撑。ESG 投资被认为是实现碳中和目标的重要金融手段。目前，国际资本市场已将气候变化广泛纳入 ESG 投资范围，成为环境（E）维度的核心概念，形成了一个气候投融资的新的细分领域。

ESG 投资与碳中和是相互促进的，一方面，ESG 投资为碳达峰碳中和行动提供资金保障；另一方面，碳达峰、碳中和行动又为 ESG 投资的发展提供强大的动力。2021 年年初，全球最大的资产管理公司贝莱德（BlackRock, Inc.）发布了"年度致客户信"和"致全球 CEO 信"，气候变化将改变全球资产配置格局是其中的一个重要观点。

在碳中和的背景之下，全球的 ESG 投资发展迅猛。全球可持续投资联盟统计数据显示，全球 ESG 投资资产管理规模从 2012 年年初的 13 万亿美元，增加至 2020 年年初的 35 万亿美元，年复合增速 13%，远超过全球资产管理行业的整体增速 6%。预计到 2022 年和 2025 年，ESG 资产规模或分别达到 41 万亿美元和 50 万亿美元（假设增速为 15%）。2021 年 2 月，MSCI 发布的《2021 年全球机构投资者调查》显示，在 200 名机构投资者中，52% 的投资者表示已经采用了 ESG 投资策略，73% 的投资者计划到 2021 年年底增加 ESG 投资规模。欧洲是 ESG 投资发展最早的区域，2012 年其 ESG 投资规模就已高达 8.76 万亿美元，是同期美国 ESG 投资资产规模的 2.3 倍。此后美国发展迅速，并于 2020 年超过了欧洲，预计美国 ESG 资产规模在 2022 年将超过 20 万亿美元。日本 2014—2016 年的增速为 811.5%，2018 年增速高达 360%。目前，美国、欧洲和日本是全球 ESG 资产规模占比最高的三个地区，资产规模也在逐年增加。

在我国，在碳中和与我国资本市场快速发展两个因素的影响下，将从多方面快速推动 ESG 投资在国内发展。

首先，碳中和对 ESG 投资发展的影响主要集中在 3 个方面：一是碳中和加速了 ESG 监管政策体系的建设；二是碳中和加速将 ESG 因素纳入长期基金（社保、养老金、职业养老金等）的投资决策过程；三是碳中和是当前的国家的一项重要战略方针，各界的深入研究和深入探讨，将对我国投资者对环保、新能源乃至 ESG 投资理念的理解产生积极的影响。

其次，我国资本市场正处在高速发展的阶段，其深度和广度都在不断扩展。从国际上，特别是美国市场的发展经验来看，资本市场的快速发展对于 ESG 投资的发展也非常重要。

最后，碳中和背景下的 ESG 投资符合现阶段我国资本市场投资者的需求。从公募基金近几年的发展来看，资金管理规模爆发式增长产品有两个主要特点：一是持续超额收益；二是标签清晰。ESG 投资，尤其是受益于碳中和政策的环保投资，恰恰具有以上两个特点。

我国 ESG 投资虽然起步较晚，但也取得了不错的成绩。公募基金参与 ESG 主动投资开始于 2005 年天冶低碳经济基金的成立，ESG 指数投资则开始于上交所上证治理板块及相关指数的推出。截至 2021 年 7 月 16 日，ESG 投资基金数量已经达到164 支，总规模超过 1 600 亿元。2020 年、2019 年和 2018 年的平均收益率分别达到了 37.27%、113.08% 和 108.75%（中国企业论坛，2021）。大多 ESG 投资基金被贴上"新能源""环保""低碳"的标签。纯 ESG 主题基金于 2019 年开始出现，目前已经成立了 18 支纯 ESG 主题基金，其中易方达 ESG 责任投资、南方 ESG 主题 A 和华宝MSCI 中国 A 股国际通 ESG A 自成立以来分别取得了 92.44%、90.52% 和 53.13% 的高回报率。业内人士认为，碳达峰和碳中和作为未来的重要战略目标，将是我国 ESG 投资发展的一个重要机遇。

在公募基金之外，银行理财子公司也在积极布局 ESG 投资领域。中国理财网2021 年 6 月 22 日数据显示，发行的产品名称中含有"ESG"内容的银行理财子公司有 28 家，发行机构包括华夏理财、兴银理财、农行理财、青岛银行理财、建行理财、光大理财、中银理财 7 家。固定收益 ESG 主题金融产品的重点投资标的包括绿色债券、绿色 ABS 和 ESG 表现优秀的债权类资产等。

同时，众多支持 ESG 发展的相关政策纷纷出台，2021 年 3 月，"加快推动绿色低碳发展"正式写入"十四五"规划和 2035 年远景目标。9 月 12 日，中共中央办公厅、国务院办公厅印发《关于深化生态保护补偿制度改革的意见》，提出建立绿色股票指数。9 月 24 日，证监会新闻发言人表示，要健全完善绿色股票指数体系，支持和引导指数机构与市场机构合作开发相关金融产品。10 月 29 日，中国保险资产管理业协会责任投资（ESG）专业委员会正式成立，提出汇聚专家智慧，配合监管部门加快完成保险资产管理行业 ESG 投资指引。相关政策的陆续出台给国内 ESG 投资市场带来了新的面貌。

4.3.3　ESG 推动碳中和的相关建议

4.3.3.1　政府及监管部门方面

政府及监管部门应该以强化相关机构和企业的 ESG 信息披露标准为载体，进一步提高环境信息披露的数量和质量。通过有效评估和持续跟踪企业在碳中和阶段的实施过程和绿色绩效，可以为我国加速实现"双碳"目标提供必要的数据支持和参考。与此同时，通过 ESG 信息披露加强对各个参与主体的监管和创新，在关注实现碳中和效益的同时，进一步加强企业对多维度可持续经营风险的管理能力。

进一步完善 ESG 评价体系顶层设计，推动出台量化、可比的 ESG 信息披露框架的指导文件，加强碳中及相关指标的构建和创新。发布 ESG 投资指导文件，引导市场深化 ESG 投资意识，提升 ESG 产品和服务创新能力。加强与 ESG 实践能力建设相关的激励支持机制，实现 ESG 从理念到实践的高效转变。

4.3.3.2　金融机构方面

在全面实现碳中和的目标的引领下，迫切需要继续以金融机构为端口，推动经济产业绿色低碳转型和可持续发展。在实现碳中和的过程中，高碳排放产业转型和新兴低碳产业商业模式的探索都面临着成本上升、收入下降、利润下降的风险，这都可能导致信用违约、资产减值等情况。ESG 作为评估可持续经营能力的综合指标，可为金融机构筛选投资项目提供重要参考，为投资产品和服务的设计提供支持。ESG 指标绩效纳入金融机构支持的碳中和创新转型项目的筛选。以金融机构的 ESG 投资促进行业主要关键指标的识别和构建。以 ESG 投资为触点，助力国内外 ESG 指标对接整合，拓宽以碳中和为核心的可持续发展国际合作。

4.3.3.3　企业层面

ESG 作为衡量企业可持续经营能力的综合指标，是企业践行"双碳"目标的过程中进行战略转型和创新运维所不可缺少的路径支持。

从环境维度来看，企业在碳中和发展框架下积极探索和应对气候变化，寻求专业机构的 ESG 信息披露方法的技术支持，以量化可比的环境信息披露，及时跟进企业转型过程。同时，提高环境信息指标的数量和质量，有助于企业进一步拓宽国际融资渠道。

从社会维度来看，气候变化的国与国之间以及各国国内的社会矛盾越来越突出，企业的社会表现是体现影响力的关键因素。所以，企业可以从内部对员工进行碳中和相关培训，让意识的形成作为碳中和实践的基本动力，进而渗透形成具有持续影响力的系统性企业文化。在企业碳中和路径规划和实施的基础上，多层次嵌入碳中和绩效评价机制将进一步加强碳中和意识建设和文化建设，同时形成可量化的信息披露点。值得注意的是，国有企业作为具有中国特色的实施主体和政策试点，可以通过积极实践碳中和、来承担社会责任，发挥集群效应和影响力。

从公司治理维度来看，科技创新、投资者关系管理、供应链管理、风险管理等指标要素将形成企业碳中和实施的有力支撑。企业可根据产业低碳转型的需要，加强碳中和技术创新。建立有效的投资者关系管理，增强多方利益相关者意识的统一性，积极调动和协调各参与方的专业优势。在供应链管理方面，加强企业绿色供应链和碳中和供应链是规划企业碳中和路径必不可少的关键要素之一。从企业风险管理的角度，将碳中和含义下的气候风险管理纳入规范管理机制，通过对各个环节的评价发现不足，可为企业路径规划和运维阶段的管理决策提供及时的参考和修正。

5

个人如何参与碳中和

　　2021 年，我国发布了《中国应对气候变化的政策与行动》白皮书，白皮书指出：实现碳达峰、碳中和是中国深思熟虑做出的重大战略决策，是着力解决资源环境约束突出问题、实现中华民族永续发展的必然选择，是构建人类命运共同体的庄严承诺。碳达峰和碳中和将会对社会系统产生深刻影响，碳达峰、碳中和并不是高深的学术名词，它们和我们每个人的日常生活密切相关。在实现碳中和的过程中，所有生产和生活的方式都将发生巨大的变革，也将给整个社会带来全方位的变化。全球气候变化影响着每一个人，应对气候变化不仅是政府和企业的责任，也需要我们每个人在衣、食、住、行、用等日常生活的各个环节行动起来，深入理解碳中和的理念，将低碳行为变成一种习惯。

　　一个国家的人均碳排放量，与其发展程度密切相关，我国的人均碳排放量其实远低于发达国家。作为发展中国家，我国的工业化、城市化进程还没有完成，经济仍处在上升期，所以在未来的一段时间里，对能源的需求还会继续上升。而且，世界上的一些发达国家，20 世纪 70 年代碳排放就已经达到峰值，它们有 70~80 年的时间可以利用去实现碳中和。而中国从碳达峰到碳中和，只有 30 年的时间。如何在保证国家经济持续发展、人民生活继续富足的前提下，在更短的时间里实现碳中和，这是一个巨大的课题。为此，我国政府、企业甚至我们每个普通人都应为这个目标贡献一份力量。

5.1　生活参与减碳活动

5.1.1　生活及消费方式

　　居民的生活和消费是生产端产品和服务需求的最终主体，人类排放的温室气体主要由人类的生活和消费产生，其中有 70% 左右的碳排放直接来自家庭和个人的生活消费，居民生活和消费方式对碳排放产生着重要影响。按国家统计局对统计指标的最新解释，居民消费包括食品烟酒、衣着、居住、生活用品及服务、交通通信、教育文化娱乐、医疗保健、其他用品及服务八大类（庄贵阳，2019），涵盖人们日常生活中的衣、食、住、行、游、用、娱乐等方面。包括我们日常选择和消费的家电产品、食物、交通方式以及办公方式等在内的个人生活方式，潜藏着巨大的减排潜力，生活及消费方式的减排对城市、国家乃至全球长期的低碳发展都有着举足轻重的作用。

　　实现碳达峰、碳中和，不仅仅是生产方式的转变，还是全民参与的一场生活方式的革命。全民动员起来，从小做起，从微入手，才能尽快实现碳达峰以及碳中和。践行绿色低碳生活方式，需要我们在衣、食、住、行等各个方面践行简约适度的生活方式，让绿色低碳生活成为新时尚。2021 年，国务院相继印发了《中共中央　国务院关于完整准确全面贯彻新发展理念做好碳达峰碳中和工作的意见》和《2030 年前碳达峰行动方案》两项碳达峰和碳中和顶层设计文件，将加快形成绿色生活方式写入重点任务，部署"绿色低碳全民行动"，进一步凸显了增强节约意识、动员全民参与、形成绿色生活方式在碳达峰工作中的重要地位。这就需要我们每个人全方位转变生活及消费方式，尽力减少自己的碳足迹，深度参与碳中和。

5.1.1.1　绿色低碳饮食

Xu、Sharma 和 Shu（2021）通过计算得出：全球食品生产的温室气体排放约合每年 173.18 亿 t 二氧化碳，其中 57% 对应动物性食物生产、29% 对应植物性食物生产，另有 14% 来自其他利用方式。实现绿色低碳饮食，要在以下几个方面努力。首先要做到的就是少吃肉类食品，素食产生的碳排放量在同等情况下远小于肉食，第一是动物成长过程中对食物的利用率较低，并且在饲养牛羊等动物时，会产生大量甲烷类气体。第二是在存储、运输及食用各类食品时，减少塑料制品及一次性餐具的使用频率；第三是不要食用过多卡路里，这不仅会增加排放，也不利于身体健康；第四是尽量食用当地生产的食品，以减少运输相关的碳排放；第五也是比较重要的一点一定要杜绝食物浪费。

5.1.1.2　低碳交通

要实现个人的碳中和，交通是最重要的行动领域之一。践行低碳生活，在交通出行方面要做到以下几点。第一，尽量少开私家车，短距离出行最好以步行、骑自行车以及公共交通为主，在开车时，可以考虑拼车出行；第二，长距离出行尽量选择碳排放相对较少的铁路交通方式，尽量减少乘坐飞机的次数；第三，购买汽车时，尽量优先考虑排放量更低的新能源汽车或者燃油效率更高的燃油车，拒绝购买大排量燃油车；第四，尽量减少不必要的出行，可以降低碳排放。

5.1.1.3　绿色家居

减少家庭生活的碳排放，一方面要依靠科技水平和能源技术的进步，更为重要的是，我们应该通过日常生活中的一些小的绿色低碳生活习惯，积少成多来降低碳排放。供暖和制冷占据家居能源消耗量的一半，我们可以通过很多方式来减少这一方面的碳排放，比如选择高能效空调及取暖设备，在保证舒适的前提下，降低取暖温度和升高制冷温度。有条件的家庭可以选择安装太阳能、风能、空气能等绿色能源供电设备为家庭提供电力，这也是减少家庭碳排放的重要手段。在房屋建设方面，如果房屋需要设计改造，推荐选择翻新而不是重建。在选择家电时，应重点考虑节能环保，选择节能灯以及一级能效的各类家用电器。在生活习惯上，要养成减少使用烘干机、减少电器待机、梯次利用自来水等节能习惯。同时，在日常生活中，做好垃圾分类工作，也是绿色家居习惯的重要组成部分。

5.1.1.4 避免高碳商品和服务

据国外统计，发达国家消费领域的能源消耗量巨大，占能源消耗总量的60%～65%，而制造业的能源消耗不足40%。我国目前的消费情况也显示出这种趋势。一方面，我们为低碳环保的生活方式呐喊；另一方面，我国煤炭消费量每年增加 2 亿 t，汽车消费增加 2 000 万辆。良好的愿望和不良的消费习惯之间存在严重的冲突。居民由来已久的粗放式消费习惯，过度消费、奢侈浪费、炫耀性消费等现象还在某种程度上存在，在衣食住行游的日常生活中还未养成健康、环保、适度的消费习惯，一定程度上造成了巨大的资源浪费、环境污染和生态退化问题（周宏春等，2022），低碳生活方式没有成为社会风尚（任勇等，2020）。这种高能耗、高碳排放的消费模式是超出人类自身需求的过度消费模式，不仅导致许多生理和心理疾病的流行，更是对本就有限的资源的巨大浪费。开启消费领域的生活方式变革，降低高碳排放商品和服务的需求，对建设低碳社会具有紧迫性和现实可行性。

5.1.1.5 培养低碳消费观念

思维决定行为，改变公众消费意识是推进低碳消费的重中之重。我们应该在生活中养成节约、低碳、环保的行为和习惯。绿色低碳生活意味着要在生活的各个环节落实低碳消费。每个公民都应该"从我做起，从现在做起，从身边的小事做起"，遵循"消耗最少的资源，满足更多人生存和人类发展的需要"的原则，适度、健康、文明地消费。通过实际行动，形成低碳消费的巨大社会风潮，履行每一个公民建设低碳社会的责任。

培养低碳消费观念应该从供给侧和消费侧两个方面入手。从供给侧来看，要增加低碳产品的供应，通过供应侧的技术进步和产业推广，把工业系统、建筑系统、交通系统等逐渐改造成一个全面低碳的基础设施体系。从消费侧来看，下一步可以通过对市场和社会政策的设计，形成低碳消费的社会风尚，并引导高收入群体进行碳资产的披露。

在我们践行低碳生活的同时，一定要避免片面的认识。不要把碳中和的生活理念和对美好生活的追求对立起来。避免站在道德制高点去批判高消费行为或人群，把高消费行为推到对立面不仅对减排无益，还有可能损害经济的正常发展。在一定的阶段，我们生活水平的提升的确会带来更多的碳排放，生活水平和碳排放量是正相关的关系。但是低碳并不代表着要大家要过艰苦的生活，而是希望人们在日常生活中购买、使用产品及服务时，尽可能节约资源、保护环境并且尽可能选择能耗较低的产品和服务。

5.1.2　移动支付

移动支付是指移动客户端利用手机等电子产品来进行电子货币支付，移动支付将互联网、终端设备、金融机构有效地联合起来，形成了一个新型的支付体系，并且移动支付不仅能够进行货币支付，还可以缴纳话费、燃气、水电等生活费用。移动支付开创了新的支付方式，使电子货币开始普及。

相较于传统的现金支付和信用卡支付等支付方式，移动支付具有方便快捷、便于管理、防止假币和低碳环保等优势。从碳中和的角度来看，移动支付自身就具有绿色低碳的属性，移动支付的出现，极大地减少了市面上流通纸币的数量，降低了大量纸币的制造、运输和流通等方面的碳排放，且移动支付减少了已流通纸币的磨损，有效降低了纸币回收、销毁等方面所产生的碳排放。同时，移动支付交易速度快，效率更高，成本更低，节约了交易过程中的时间成本和人力成本，节约的这些成本换算成碳排放也是很可观的。所以，移动支付是绿色低碳的重要支付工具，对推动绿色低碳生活具有积极意义。移动支付因其低碳环保的属性成为很多人支付的首选方式，移动支付也成为个人参与碳中和的一个有效手段。

目前，现金交易在我国正迅速被移动支付所取代。互联网时代，移动支付迅速成为主流的支付方式。随着我国移动支付的飞速发展，以其便捷、快速、低成本而得到广泛的应用，形成了"无现金革命"的这一潮流。中国的无现金交易主要是依靠手机扫描二维码实现的（主要依靠支付宝和微信支付），而世界上其他无现金支付比较高的国家，其主要无现金支付方式是刷卡消费（信用卡和借记卡等），从使用方便性和支付效率来看，显然使用手机扫码支付更加有优势。虽然从总的无现金支付比例来看，瑞典排在世界第一位，但是从更加方便快捷的手机扫码支付方面来看，我国毫无疑问是世界第一的。在我国，常规的现金交易为主的消费场所（如各类商场、餐饮服务场所等）都实现了非现金交易。就连人们一直认为的无现金支付最难攻克的菜市场以及路边餐饮都已经通过支付宝和微信支付提供的"扫描二维码付款"的方式实现了非现金交易。现在我国的消费者已经很少使用纸币，转而用他们的手机进行数额空前的移动支付钱包也从许多中国人的口袋里消失。中国银联 2021 年发布了《2020 移动支付安全大调查报告》，这是中国银联携手商业银行及支付机构连续第 14 年跟踪调查中国消费者移动支付安全行为。报告显示，随着信息技术的不断发展，移动支付已渗透到生活的各个领域，98% 的受访者将移动支付视为其最常用的支付方式，较 2019 年提升了 5 个百分点。其中，二维码支付用户占比达 85%，较 2019 年增加了 6 个百分点。在"无现金社会"的发展过程中，如果说西方发达国家定义了信用卡支付的时代，那么中国将有可能定义移动支付的时代。中国的移动支付能够达到如此之高的普及率，主要得益于以下 3 个原因：

（1）完善的无线网络建设移动支付场景的即时性很强，随时要付款，立刻要兑现。以移动、电信、联通为代表的三大运营商，还有 2014 年新成立的中国铁塔股份有限公司，共同推动我国大陆范围的移动网络信号覆盖。在城市、农村、戈壁滩、森林、高山等区域，我们都可以畅快地使用手机上网。而这点，恰恰就是国外所不具备的。美国运营商都是商业公司，从成本和盈利角度考虑，信号基站大部分在人口密集的城市。稍微偏远的郊区和农村，信号随时都会断线。所以，完善的无线网络覆盖，是中国移动支付普及的第一大幕后功臣。

（2）相对宽松的业务政策环境

移动支付涉及严肃的金融问题。当 2010 年移动互联网兴起时，国家对移动支付也充满疑虑。对移动支付这个新事物，采取先松后紧、先观察后管控的做法，而不是把创新一棍子打死。这给互联网企业留下了巨大的施展空间。

例如，第三方支付 2006 年就已经产生，而央行在 2011 年正式采用发放牌照方式进行监管；而第三方支付的资金池利息问题，在 2011 年才由央行正式确定由第三方支付平台所有。又如，移动支付 2010 年开始兴起，直到 2015 年支付规模快速膨胀，行业乱象频发后，政府监控措施才密集出台，监管机构的规范文件也密集而来，对于支付牌照的发放也突然收紧。

而国外恰恰相反，对创新业务的容忍度低。例如欧盟，对安全问题担忧不已，提出大量的安全要求，最终导致互联网企业初创阶段难以实现或成本过高，从而推高商家使用门槛，最终移动支付难以发展。在发展中解决问题，是我国的政策优势之一。

（3）以阿里和腾讯为主的互联网企业的创新和推广

从学习到模仿，再到创新，中国互联网企业逐步取得领先地位，并在市场竞争的过程中逐渐积累了大量的用户运营经验。在产品和营销方面，有很多引人注目的创新。

微信支付充分考虑了在偶尔没有信号时的场景下如何支付的问题。扫码方式用于微信支付的收付款，可实现离线状态完成支付。要实现离线支付，就需要解决一系列的问题。比如，如何实现离线状态下的身份认证，如何保证付款码安全，如何完成与银行的业务沟通，这个创新场景应用，使得线下支付成功率接近 100%。当年腾讯和阿里巴巴利用大额补贴的方式分别借助滴滴和快的打车服务迅速向城市白领普及了移动支付；借助"双 12"现场 5 折优惠，阿里巴巴吸引大批用户；而微信支付开发的微信红包使得微信支付迅速抢占了大片市场。更值得一提的是二维码扫描支付，只要打印一张纸，小商店、小贩和司机就可以使用移动支付和收款。成本很低，非常方便。

为推进支付行业进行绿色转型，进一步促进移动支付的发展，中国支付清算协会于 2021 年 8 月发布了《创新绿色支付服务，助力绿色发展——支付清算行业支持双碳战略、推进绿色支付倡议书》，倡议书号召行业各主体，将碳达峰和碳中和引入企业发展战略布局，践行绿色、环保、低碳运行理念，倡导绿色低碳生活生产方式，着力绿色支付、服务创新，加快推动绿色低碳发展。

5.1.2.1　微信支付和支付宝支付

2011 年 5 月，中国人民银行公布了首批"支付许可证"，包括支付宝、理财通、银联商务在内的 27 家公司拿下第三方支付牌照。而后随着移动互联网的普及，移动支付的时代正式开启。过去 10 年，支付被推向了一个前所未有的高度，它作为基础账户、流量入口和数据底层的意义不断凸显，也成为互联网巨头在金融、科技赛道对弈的关键。而支付宝和微信支付之间的支付"战争"，则是中国移动互联网时代最引人瞩目的商战。它的背后是场景之争、生态之争、流量之争，是两大互联网巨头之间的全面"战争"。支付宝和微信支付在激烈的竞争中，联手构建了引领世界的移动支付技术、体验和庞大网络，这成为我国新经济、新金融发展的重要根基，更深远地影响了商业市场的格局。从结果来看，我国移动支付市场两分天下的格局已定。就过程而言，支付宝和微信支付，以及它们身后的阿里巴巴和腾讯，两大对手相互成就，完成了一次完美的跃迁。

我国的无现金社会的实现主要是依靠以支付宝和微信支付为主的第三方移动支付平台实现的。微信作为中国最大的即时交流软件之一，依托其强大的社交软件属性而拥有极其庞大的用户群体；支付宝作为我国最大的购物网站（阿里巴巴旗下的淘宝）的主要支付平台，其拥有的用户数量也达到了数亿的规模。如今微信和支付宝"扫一扫"的支付方式，已经成为人们日常购物的"标配"。而微信和支付宝支付方式越来越成为第三方支付方式的主流，无论是大型超市、小商店还是街边小摊，都支持用手机扫码支付。过去 10 年发展中，微信和支付宝支付凭借着丰富的场景优势和服务生态，覆盖了人们日常吃、穿、住、行方方面面。

5.1.2.2　数字人民币

数字人民币（Digital Currency/Electronic Payment，DC/EP）并不是一种新的货币，而是中国人民银行发行的数字形式的法定货币，其功能和属性与纸钞完全一样，只不过形态是数字化的。通俗来讲，它就是电子版的人民币。

比起纸币，数字人民币天生就有"无纸化"的特性，带有与生俱来的绿色低碳的属性。数字人民币在制造环节节约了庞大繁复的纸币造币成本，而且它也没有处理、库存还有运输的问题，也没有特殊的油墨和印刷工艺的问题，它是一种更清洁的、更高效的、更环保的支付方式。数字人民币是数字化形态的现金，今后随着数字人民币发行数量的逐步增长，印钞、发钞以及旧钞回笼和销毁所需的资源和成本就可以逐步缩减。业界普遍认为，数字人民币有条件成为绿色金融的重要抓手，在推动绿色低碳生活方面具有价值，以数字人民币为代表的新技术创新将成为碳中和进入用户日常生活场景的重要突破口。

与传统纸币以及以微信支付和支付宝支付为代表的第三方移动支付相比，数字人民币的优缺点如下：

（1）优点

①数字人民币不需绑定银行卡，使用数字人民币只需要申请一个数字钱包，然后把数字人民币充值到钱包里即可交易，中间不收取手续费。

②数字人民币更容易监管。与纸币和传统银行电子账户里的存款不同，每一张数字人民币从诞生之日起的每一笔交易、每一次流通，都记录在央行的服务器里。央行和政府可以监控每一"张"数字人民币的流向和使用情况，便于查明每一笔交易明细，有效杜绝洗钱、偷税漏税的情况。

③数字人民币不要求实名注册，匿名支付不显示商家信息，只显示模糊的交易类型，更保护消费双方的个人隐私。数字人民币可以在交易双方的数字钱包间直接进行点对点交割，不需要在第三方银行开设账户进行交割。

④使用场景更全面。现在可能会存在个别商家与第三方支付合作，单一进行交易，但是数字人民币是法定货币，由国家信用背书，任何商家无法拒绝。

⑤双离线支付。只要手机有电，即使没有信号也可以完成支付，大家可以类比蓝牙，两个手机通过蓝牙连接传输数据，也可以通过 NFC 传输，只不过传输的东西是数字人民币。

（2）缺点

①数字人民币也需要智能手机才能使用，对于操作智能手机有障碍的老人和孩子来说，使用起来有一定难度，导致其前期的推广也并不容易。

②数字人民币不产生利息，这和现金一样，不像"零钱通""余额宝"还会给利息。

③数字人民币不需要实名注册，虽然可以保护隐私，但支付安全性会减弱。支付密码有遗失或泄漏的危险，如果手机丢失，数字人民币容易被盗用。

④发行数字人民币所需要的成本很高。除前期研发成本、推广成本外，载体的研究也需要持续投入资金。如果数字人民币大范围运行，还要考虑网络设备的监控成本。

中国人民银行数字货币研究所所长穆长春和蚂蚁集团 CEO 胡晓明都曾表示，支付宝和其他移动支付钱包是金融基础设施，而数字人民币是支付工具，是钱包的内容。简单来讲，支付宝、微信支付等是钱包，数字人民币则是"人民币的数字化"。虽然数字人民币在试点和推行的过程中，无法避免会对微信和支付宝的场景带来更多不确定性。但是，像微信和支付宝等第三方支付机构，依旧可以依靠自身优势继续发展。

5.2 从业参与减碳活动

在 2020 年 9 月设立碳达峰、碳中和目标后,经济社会转型随之而来,相应的人力资源转移也在悄然进行中。国际可再生能源署预测,若以气温上升控制在 2℃ 以内为准,到 2030 年,碳中和将为中国带来约 0.3% 的就业率提升。碳中和目标下的低碳发展将提供更多的就业岗位,最直接的就业岗位增长体现在可再生能源领域,预计到 2030 年,约 5 850 万人的可再生能源就业缺口将极大提升就业数量和就业质量;另一个由碳中和带来的就业增量领域是碳排放权交易市场。有专家预计,到 2030 年低碳领域的就业人数可达到 6 300 万人,碳中和本身也会成为一个很庞大的产业,成为产业支柱,给国民一个山清水秀、空气良好的生活环境。

在不久的将来,会有越来越多人不仅仅在生活中为碳中和目标贡献自己的力量,还将直接从事碳中和相关的工作,把碳中和当作自己的人生事业,在工作中推进碳中和目标的实现。

5.2.1 碳中和专业技术人员

碳中和是一场广泛而深刻的社会性变革,我国进入"双碳"时代,绿色低碳的发展战略成为共识,而智能化、低碳化的产业发展需要更多高水平的绿色技能人才的支撑。碳中和的飞速发展将会创造很多新型就业岗位。

碳中和专业人才主要包含三大类:碳中和技术研发新工科人才、碳中和相关的管理及运营人才以及碳法治人才。这三种人才都要求学科交叉、工科理科文科能力叠加。

5.2.1.1 低碳技术研发新工科人才

科学技术是第一生产力,科技创新是应对气候变化的重要手段,应对气候变化关键技术的研发和创新是有效减缓气候变化的重要途径。在碳中和这一重大社会变革之中,科学技术的发展和创新发挥着举足轻重的作用。科技创新可以促进新能源开发和利用成本不断下降,为能源结构的优化提供巨大支撑。低碳技术开发与应用,推动传统能源工业的科技革新,不断降低各行业的碳排放强度。特高压输电等先进的输电技术为清洁能源的大规模利用提供了前提和保障。大规模储能技术能够增强电网调频、调峰能力,平抑、稳定风能、太阳能等间歇式可再生能源发电的输出功率,显著提高电网对清洁能源的消纳能力。同时,负排技术快速发展为达成"双碳"目标提供有力支撑。

科技人才培养的主力是校园,为深入贯彻中共中央、国务院关于碳达峰、碳中和的重大战略部署,发挥高校基础研究主力军和重大科技创新策源地作用,为实现碳达峰、碳中和目标提供科技支撑和人才保障，中华人民共和国教育部制定了《高等学校碳中和科技创新行动计划》（以下简称《计划》）。《计划》提出，利用3～5年时间，在高校系统布局建设一批碳中和领域科技创新平台，会聚一批高水平创新团队，不断调整优化碳中和相关专业、学科建设，推动人才培养质量持续提升，实现碳中和领域基础理论研究和关键共性技术新突破。通过5～10年的持续支持和建设，若干高校率先建成世界一流碳中和相关学科和专业。立足实现碳中和目标，建成一批引领世界碳中和基础研究的顶尖学科，打造一批碳中和原始创新高地，形成碳中和战略科技力量，为我国实现能源碳中和、资源碳中和、信息碳中和提供充分科技支撑和人才保障。

低碳技术研发人才是利用科技创新快速实现碳达峰、碳中和的基础，也是国家明确要大力培养的人才，随着"双碳"目标的提出，碳中和相关的技术领域市场空间和人才需求都非常大。选择学习低碳技术相关专业，就业前景广阔，同时也为科技推进碳中和贡献自己的一份力量。

5.2.1.2　碳中和相关的管理及运营人才

在所有碳中和专业人才中，碳中和相关的管理及运营人才是目前最紧缺的，此类人才主要分为碳资产管理师、碳排放管理员以及碳金融人才3种。

（1）碳资产管理师

碳资产管理师是碳中和背景下诞生的新兴职业，主要职能是为碳资产的所有者实现碳资产的保值增值管理，并帮助企业运营全程的碳资产综合管理业务，包括碳资产开发、碳盘查、碳审计、碳资产计量、碳资产评估以及低碳品牌建设等的专业人员。其主要职能是熟悉碳交易原理，跟踪分析国际碳市场和国内碳市场进展，帮助企业通过内部节能，技术改进，增加清洁能源利用等办法减少碳排放量的同时，把配额碳资产作为新型资产并进行交易、转让、融资等活动，协助企业开发信用碳资产，并在配额碳资产和信用碳资产中进行资产管理，使企业更早完成碳达峰、碳中和目标。

碳资产管理人才严重短缺，碳资产管理人员将迎来供不应求的就业前景。由于综合实力和职业前景的不断提升，一些业内人士甚至将碳资产管理称为继房地产、IT行业之后的第三波经济增长点。随着政策的不断加码，未来10～15年低碳产业将处于上升阶段。随着碳资产管理专业技术人才培养力度的加大，整个行业将迎来一次黄金爆发期。在碳资产管理领域助力中国实现"双碳"目标的同时，新兴的"碳资产管理师"将持续受到业界的认可和重视。

（2）碳排放管理员

随着我国经济发展方式向绿色低碳转型，碳排放管理的重要性日益显现，企业亟须掌握相关碳排放技术、熟悉政策标准，能胜任碳排放规划、核算、核查和评估工作的技术人员，从而催生了碳排放管理员新职业。

碳排放管理员是指从事企、事业单位的二氧化碳等温室气体排放监测、统计核算、核查、交易、咨询等工作专业技术人员。碳排放管理员新职业是在人力资源和社会保障部、生态环境部的指导和支持下，由中国石油和化学工业联合会牵头，与中国化工节能技术协会、北京国化石油和化工中小企业服务中心共同提出，并会同中国电力企业联合会、中国钢铁工业协会、中国建筑材料联合会、中国有色金属工业协会、中国航空运输协会、冶金工业规划研究院等行业协会和单位共同申请设立的。2021年3月，"碳排放管理员"被列入《中华人民共和国职业分类大典》。

碳排放管理员的主要职能是建立核算工作组，确定核算边界，确认排放源、气体种类、识别流入流出边界的碳源流及其类别、收集和获取活动水平数据、选择和获取排放因子数据、计算排放量、编制核算报告、报送核算数据和资料，包括核查安排、建立核查技术工作组、文件评审、建立现场核查组、实施现场核查、出具《核查结论》、告知核查结果、保存核查记录等。碳排放管理员包含的岗位包括碳排放监测员、碳排放核算员、碳排放核查员、碳排放交易员、碳排放咨询员、民航碳排放管理员等。

在碳中和背景之下，所有企业都承担着减排的任务。即使对一些低排放企业来说，实现碳中和也并非易事。碳中和不仅是计算碳排放量并根据自身排放情况购买或卖出一些配额，而是建立一个科学完整的碳管理体系。所有这些工作都离不开专业的碳排放管理员，能源企业作为主要的控排对象，对碳排放管理员的需求最为迫切。目前，我国仍处于全国碳排放交易市场快速发展的阶段。政府部门和电力、水泥、钢铁、造纸、化工、石油化工、有色金属和航空等众多行业都需要控制碳排放，全国控排企业数量约8 000家，碳排放管理人才缺口很大，市场需求巨大。

碳排放管理是一个技术性、综合性较强的工作，需要掌握相关碳排放技术。碳排放管理员这个新职业将在碳排放管理、交易等活动中发挥积极作用，有效推动温室气体减排，为我国降碳工作发挥积极作用。

（3）碳金融人才

在未来加快建设碳市场的进程中，亟须一批专业的碳金融人才。相对于传统金融，碳金融业务对专业性人才要求较高。要发展碳金融，金融业必须对现有人力资源进行重组和培训，并引进专门人才。碳金融人才主要负责包括策划低碳金融发展战略，碳金融市场的开发，碳金融产品开发与推广和碳交易在内的多项工作。

碳金融专业人才缺乏是当前制约银行业发展碳金融业务的因素之一。人才建设的滞后性给中国参与全球碳交易制造了障碍，而培养碳金融专业人才能很大程度上解决问题。在碳中和与碳市场蓬勃发展的背景下，碳金融人才培养将成为未来碳市场发展的基础性保障工作。高等院校有义务根据国家战略方针，积极调整人才培养方案。从专业划分角度来看，碳金融应隶属于金融工程专业方向，是金融工程在低碳领域的延伸与拓展。碳金融以金融工程的基础理论知识为支撑，涉及能源、环境、金融、会计、工商管理等多学科的交叉协同。因此，未来在碳金融的人才培养上亟须突破学科专业壁垒，建立多学科协同的培养模式，加强复合型创新低碳人才培养，为碳市场的发展提供人才保障，助力我国实现碳中和。

5.2.1.3 碳法治人才

法律是治国之重器。实现"双碳"的目标需要立良法、促善治。"双碳"法治是一个系统工程，需要一大批"德法兼修"的高素质卓越法治人才。碳中和法治人才是从事碳中和法治研究、立法、执法、司法与法律服务的专业性人才。从学科的隶属关系来看，碳中和法学属于环境法学。环境法学研究目的的综合性、研究对象的特定性、研究领域的复杂性，使其一开始就具有研究领域交叉性、研究格局立体式、研究方法开放性的领域法学的鲜明特点。这一特点在我国实现碳中和目标背景下更为明显和突出。碳中和法治人才既要熟悉碳中和的专业技术知识，又要精通碳中和的政策、法律和相关法律实务。同时还需要积极参与国际规则和标准制定，推动建立公平合理、合作共赢的全球气候治理体系。碳中和法治人才是实用型、复合型、国际型、创新型人才。碳中和法治人才需要具有国际视野、跨界思维以及综合解决问题的能力。当前，碳中和法治人才非常稀缺，需要加大碳中和法治人才培养的政策支持力度，需要国内相关高校不断创新碳中和法治人才培养的体制机制。

培养"碳中和"法治人才需要依托与碳中和相关的技术类专业。资源、能源、环境、水利、电力、钢铁、建材、化工等理工科专业，是碳中和法治人才的第一专业或专业基础，也是碳中和法治人才成长的沃土。碳中和法治人才培养应当推进"技术＋法学"的交叉学科建设，利用理工科院校的特色和优势学科，坚持分类培养与深度交叉。

我国"双碳"目标的提出，催生了大量碳中和人才的需求，同时也有更多的人希望从事碳中和方面的工作，表面上，碳中和人才应该出现供需两旺的形势。但实际的情况：碳中和人才供给严重不足，而许多想要入行的人不具备相关知识和能力。其原因是，"双碳"目标提出之前，碳中和相关行业是相对比较冷门的行业，相关从业人员不足万人，有足够资历和经验，可以上任后马上发挥作用的不足千人，能够从零开始建立部门并顺利开展业务的甚至不足百人。

5.2.2 碳中和创业者

自国家提出要在2060实现碳中和后，碳达峰、碳中和与碳减排等相关词汇迅速变成了热门词汇，越来越多的人开始关注碳中和产业，希望能参与与碳中和相关的创业活动。在实现碳中和的进程中，电力、交通、工业、新材料、建筑、农业、信息通信与数字化这 8 个领域的创业机会值得关注，但参与门槛较高。对于想要在碳中和相关领域中创业的人，以下几个方面值得关注。

5.2.2.1　新能源充电桩项目

充电桩是向新能源汽车（包括纯电和插混）补充电能的装置，功能类似加油站里面的加油机，可安装于公路、办公楼、商场、公共停车场和住宅小区停车场等场所，根据不同的电压等级为各种类型的新能源汽车充电。

随着碳中和的不断深入，很多国家和车企陆续发布了禁售燃油车的时间表。新能源汽车取代传统燃油车已经成为历史的必然。随之而来的新能源汽车市场的快速增长也必将带来巨大的充电桩市场需求。在《2020 年政府工作报告》中，充电基础设施正式被纳入七大"新基建"产业，国家也出台一系列扶持政策。根据《新能源汽车产业发展规划》，到 2030 年，我国新能源汽车保有量将达 6 420 万辆。那么在未来 10 年，我国充电桩建设存在 6 300 万的缺口，这将形成超过万亿规模的充电桩市场。

不同于新能源汽车建造的高壁垒、高投入，充电桩建设相对简单，投资创业的门槛较低。并且，充电桩作为新能源汽车的重要基础设施，现已形成较为完善的奖补政策，一般是以中央统筹规划＋地方奖补的形式进行财政补贴。这都使得新能源充电桩项目非常适合个人投资创业，在选择好合适的场地，充电桩产品质量过关并且做好日常维护的前提下，创业者在获得较为可观的盈利的同时，也为新能源汽车的发展做出了一定的贡献。

5.2.2.2　自媒体创业

自媒体是指普通大众通过网络等途径向外发布他们本身的事实和新闻的传播方式，是普通大众经由数字科技与全球知识体系相连之后，一种提供与分享他们本身的事实和新闻的途径。自媒体是私人化、平民化、普泛化、自主化的传播者，以现代化、电子化的手段，向不特定的大多数或者特定的单个人传递规范性及非规范性信息的新媒体的总称。自媒体是针对传统媒体的一种说法，随着网络用户不断增加，自媒体已经有逐步代替传统媒体的趋势。自媒体创业就是一个有内容或者能提供价值的人，在传播平台不断宣传自己的观点，受到众多人的关注和认可，其本质是流量变现。自媒体创业的门槛较传统媒体更低，绝大多数具备一定创作基础的人就可以加入，是普通人创业的一个很好的选择。

以自媒体的方式进行碳中和相关的科普和宣传，并进行流量变现，是一个很好的创业方式。可以在公众号、抖音号、头条号、微博、知乎等多个自媒体平台以原创或者转发的形式对与碳中和有关的各方面政策、常识、知识等进行科普及宣传。以优质的内容和独特的观点不断积累用户，在获得足够多的关注之后就可以实现变现。但是，随着自媒体的火热，创作者也越来越多，用户对于自媒体内容和质量的要求也不断提高，高质量的原创作品加上独具特色的个人风格才是自媒体创业者成功的关键。

5.2.2.3 新能源发电

在碳中和大势之下，未来向新能源切换的步伐势必要加快，光伏发电以及风力发电被大力推广，这也将是今后比较有前景的创业机会。光伏和风电，过去几年成本大幅下降，2021 年 3 月 30 日，国家能源局局长章建华在国务院新闻办公室举行的中国可再生能源发展有关情况发布会上表示：近 10 年来陆上风电和光伏发电项目单位 kW 平均造价分别下降 30% 和 75% 左右。光伏和风电逐渐进入平价时代，业内预计，2050 年后，我国 70% 的电力将来自风光发电，成为碳中和的主力军。风光发电将是今后很长一段时间的热点，创业者可以重点关注小型风力发电设备的投资及屋顶光伏发电项目。

5.2.2.4 新能源供暖

我国北方冬季供暖目前还是以煤炭为主，碳排放量较大，且污染严重。在政府绿色理念和环保政策的推动下，多种新能源供热技术已在各国商用和民用建筑中广泛应用（刘继磊等，2019）。新能源供暖是指利用天然气、电、地热、太阳能、工业余热、清洁化燃煤等清洁化能源，通过高效用能系统实现低排放、低能耗的取暖方式。在科学技术不断的发展下，空气能和太阳能正在逐步占领市场，呈现出了不错的创业机会，其中太阳能尤为值得重视。

5.2.2.5 开发林业碳汇

开发林业碳汇指通过造林、再造林，或者优化经营和管理等林业活动，增加森林吸收二氧化碳的能力。增加的二氧化碳吸收量经特定程序认证后，可以在碳市场出售，获得相应的收益。林业碳汇相对于工业减排量而言，具有成本低、效益好的特点。在精准扶贫、生物多样性保护、改善生态环境、维护国家生态安全等方面具有显著效益，兼顾减缓和适应气候变化的双重功能，为中国林业转型带来新的机遇。根据我国林权划分情况，95% 以上林权在村集体与农户手中。创业者可以联合身边农户或村委，进行碳汇开发（林业开发主要针对的是 2005 年以后的造林及经过人工干预的碳汇林）。中国林业碳汇市场规模庞大，中国有几次大规模的造林工程，仅党的十八大以来，我国累计完成造林 9.6 亿亩，林业造林项目碳汇量每亩每年约为 0.8～1.2 t，按照 1 t 计算，全国林业碳储备量达增加 9.6 亿 t。根据华宝证券测算的数据，到 2030 年，我国森林蓄积量有望超过 184 亿 m³，若核证自愿减排（CCER）价格为 30 元 /t，则市场规模将达到 2 802 亿～4 691 亿元。

5.2.3　个人碳中和交易

目前来看，碳排放的制定和市场交易的主要参与者是政府和各大重点排放企业，似乎和个人关系不大。碳市场作为一种实现碳达峰、碳中和的政策工具，其建设的出发点和落脚点都是为了控制温室气体排放，服务绿色低碳发展，而不是为了实现个人投资而建立的投资市场。从现阶段来说，个人参与碳排放确实途径有限，额度较低，且有一定的门槛。研究发现：个人碳交易机制能够刺激消费者选择清洁能源，形成低碳能源消费模式（李军等，2016）。上海环境能源交易所董事长赖晓明透露，全国碳市场启动初期，投资机构和个人不会参与交易，启动运行一段时间内，会尽快将投资机构纳入交易。生态环境部组织起草的《碳排放权交易管理暂行条例（草案修改稿）》中提到，个人作为全国碳排放权交易市场的交易主体之一，可以参与碳排放配额交易。也就是说，碳交易将以一种金融投资方式，让更多的普通公众参与进来。

虽然目前个人无法在全国碳市场进行交易，但是目前的 9 个试点交易所有 5 个是支持个人开户交易的，这 5 家分别是广东碳排放权交易所、海峡股权交易中心、四川联合环境交易所、重庆碳排放交易中心和湖北碳排放权交易中心。这几家交易所的个人碳交易开户流程大体一致，与股票开户流程相类似，个人开户首先需要按要求提交申请，通过审核后再进行开户领取席位号、绑定银行卡、网银签约等操作，按系统提示完成操作后，可通过网上交易客户端和手机 App 进行交易。个人交易对试点市场是有较为积极的意义的。

除了在 5 个试点交易所开户直接进行碳交易，个人还可以其他几种方式参与碳交易。

①投资碳中和表现良好公司：通过投资有富余碳排放权的上市公司、符合碳中和主题的新能源产业链或者碳中和主题基金等，间接参与碳交易市场。

②投资碳金融衍生产品：在碳的现货商品交易日趋完善的情况下，市场型金融工具将得到发展，个人投资者可以关注如排放权质押、碳期货、碳期权以及挂钩排放权的结构性金融产品。

③参与碳普惠活动：碳普惠是近几年兴起的一个新概念，如果不想以投资的方式参与碳减排，那么碳普惠作为碳金融的创新模式，也能将个人的低碳行为转换为经济价值。市民用户日常工作生活中累积的低碳行为，比如乘坐公交地铁、走路 10 000 步，骑共享单车 20 分钟等，可以换取有经济价值的碳币，用于兑换商品或者折扣券，直接或间接地参与碳交易。碳普惠制是为市民和小微企业的节能减碳行为赋予价值而建立的激励机制，可以鼓励和引导市民在生活中践行低碳消费、低碳出行、低碳生活的理念。

④参与碳汇开发：个人有相关资源时，可以考虑碳汇开发，碳汇开发项目需要经

过项目审定、项目注册、项目核证、项目签发，签发后的 CCER 就可以进行市场交易。碳汇项目开发不像房地产开发一样需要巨额投入，只需要有明确产权的林地、田地，汇聚一起就可以作为项目启动，开发门槛相对较低，普通个人也可以成为碳汇项目的业主。

目前，个人参与碳交易还存在几个尚未解决的问题。一是全国碳交易市场尚不支持个人开户交易；二是碳普惠核证减排量方法学有待开发；三是个人累积的碳资产的使用、消纳场景有限；四是缺少成熟的交易模式和清晰的法律性质。

5.3　碳中和服务与实践

5.3.1　碳中和推广及教育培训

5.3.1.1　碳中和推广

目前，我国社会整体对碳达峰、碳中和还缺乏一定共识，很多人对碳中和相关概念和理念不是很了解，认为碳排放控制是国际、政府事务，与个体无关；有些人则对碳中和概念理解不足，在新能源和节能环保等碳中和相关领域，有参与热情却不得其法。因此，需要尽快对公民进行广泛宣传，进行科学普及。做到了正确认知，才能理解碳中和的内涵。

碳中和的推广宣传工作主要是以各种传统媒体、新媒体以及自媒体为主导，以各种赛事、会议、展览等大型活动为引领，以商场、景区、星级饭店等经营场所和各类企事业单位、社会组织为重点向公众宣传和普及碳中和的概念和意义，使碳中和在整个社会成为新热潮、新风尚，让实现碳中和目标成为全社会共同努力的方向。参与碳中和的宣传推广，一方面可以为全社会的碳中和贡献个人的力量，另一方面也可以使自己在宣传推广中加深对碳中和的理解。

5.3.1.2　碳中和教育培训

随着碳中和事业的蓬勃发展，碳中和相关的各类专业技术人才、管理人才以及法治人才均出现了较大缺口。很多人希望加入碳中和相关的各行业，把减碳、环保作为自己一生的事业，同时存在部分碳中和相关从业人员经验不足，水平不高的问题。碳中和目标的实现需要大批碳中和技术研发新工科人才、碳中和相关的管理及运营人才以及碳法治人才的加入，所以，制定碳中和相关人才教育培养规划是当务之急。

中共中央、国务院公布了我国碳达峰、碳中和工作的纲领性文件——《关于完整准确全面贯彻新发展理念做好碳达峰碳中和工作的意见》。意见明确指出把绿色低碳发展纳入国民教育体系，开展绿色低碳社会行动示范创建，凝聚全社会共识，加快形成全民参与的良好格局。碳中和教育培训体系的建设，正是完成这一目标的重要保障。

教育部于 2021 年 7 月 15 日发布了关于《高等学校碳中和科技创新行动计划》的公文，文中将碳中和与高校教育相结合，展望了其总体目标，高校开设碳中和专业指日可待。高校将成为碳中和教育培训的主体。在可见的将来，全国各大高校都要建立碳中和相关的专业和研究院，低碳学院、碳中和实验室等也将会像雨后春笋般广泛出现在各个高校。作为高校，应该加速制定、完善相关教师队伍、课程、教材体系建设规划。在碳中和课程与教材体系建设中，必须高度重视基础学科（如数学、物理、化学）的交叉融合，集思广益，在研讨中凝练、发现重大科学问题与技术问题，形成一批高水平的、经得起时间检验的、能成为经典的教材和课程。此外，各种讲座论坛是大学生们除本专业学习之外了解其他学科学问的主要途径，碳中和本身就是一项需要多学科交叉的科学，一个行业的碳中和绝不仅仅只是涉及其行业本身的内容。培养复合型碳中和人才也将会是大学生和研究生阶段主要的目的之一。与此同时，碳中和相关的各个科研机构、组织、团体所设置的各种碳中和培训，也是培养碳中和人才的一个重要的补充。

最适合参与碳中和教育培训的是高校及相关科研机构的从业人员，这些人员自身拥有较好的碳中和知识背景，又有大学及科研机构为依托，组织碳中和教育和培训自然是事半功倍。作为普通人，可以做已有培训课程的代理商，自己负责招生，或者和有资质的院校和机构合作制作课程，开设相应的培训班。这都是比较好的入局碳中和教育培训的方式。

5.3.2 新能源运营维护和回收

在碳中和的大趋势之下，新能源的开发和利用更加受到各国的重视，新能源的大规模推广的趋势势不可当。为实现"双碳"目标，在加快构建以新能源为主体的新型电力系统基调下，中国新能源市场迅速增长。中国将按照集约高效、优化布局的总原则，高效开发风力发电、太阳能发电、潮汐发电以及生物质能发电等各类新能源，全面提高我国新能源的开发规模和质量。同时在道路交通领域大力推广以电动汽车为主的新能源汽车。

5.3.2.1 新能源运营维护服务

随着新能源发电的高速发展，中国将会在今后很长的一段时间内大量兴建新能源发电站，将会投入运营大批发电基础设施。在新能源项目的开发过程中，发电机组设备能否在运转时期发挥最佳性能是衡量新能源投资成败的关键因素之一。因此，发电机组设备质量虽然很重要，但是其生命周期内的运营维护更为重要。以风力发电为例，风力发电机组在实际应用的过程中，容易受到各方面因素的影响，而出现故障问题，这就对整个发电机组的工作性能有着严重的影响（孟惠等，2014）。良好的运维服务是保证风力发电机组高效运转的关键。运维服务的主要内容包括 4 个方面：设备管理、技术管理、安全管理和运维人员管理。设备管理又可以分为设备运行管理和设备维护管理两部分。设备运行管理是指发电设备的日常运行管理、输变电设备的日常运行管理、定期和专项检查。设备维护管理包括定期维护、日常检查和故障排除、大件改造、升级及维修和更换。

国家能源局 2022 年 1 月 25 日发布的数据显示，2021 年我国风电、光伏发电新增装机规模超过 1 亿 kW。在碳中和背景下的未来 40 年，新能源将迎来爆发期。在高速增长的势头下，现有的存量市场只是未来整体市场的其中一小部分。大规模新能源存量资产的加速增长和积累，正在催生更大、更多的运维服务市场需求。新能源运维服务的巨大市场需求拉动了市场供给。数据显示，2006—2021 年，仅风电运维服务注册企业就从几十家增加到近千家，并逐年创出新高。

虽然新能源运维领域经历了近 20 年的发展，但是在火热的运维市场需求之下，依然没有几家运维容量超过 5 GW 的第三方运维服务企业。相较于传统的火电站，新能源电站地处偏僻、单机容量更小、地域分布更分散，资源要素差异性大、不确定性程度高，业务标准化程度不高，使得新能源运营维护在高速发展的进程中很难兼顾品质、成本和规模。而数字化是解决物理世界碎片化的最有效的工具，是将技术支撑和管理过程闭环起来的驱动手段。其以科学、精准、高效的决策优化生产资源的配置效率，实现以数据自动流动来化解复杂系统的不确定性。新能源运维服务保证了新能源发电市场的稳定运行，进而对整个"双碳"目标的实现产生了积极的作用。新能源运维服务市场需求旺盛，是个人参与碳中和进程的一个有效途径。

5.3.2.2 动力电池回收

2015 年开始，我国新能源汽车进入高速增长期，新能源汽车以电动汽车为主。全国乘用车市场信息联席会公布的 2021 年国内乘用车产销数据显示，以电动汽车为主的新能源汽车国内零售渗透率达到了 14.8%，这相当于我国每卖出 7 辆车，便有 1 辆是新能源汽车，这相较于 2020 年 5.8% 的渗透率有着较大的提升。

在新能源汽车产销两旺的同时，废旧动力电池的回收处理问题逐渐浮出水面。动力电池是电动汽车三大核心零部件之一，其性能直接决定了整车的安全性和续航里程，成本更占据整车的 40% 左右。从动力电池使用寿命来看，动力电池的使用年限一般为 5~8 年，根据国家规定，动力电池容量衰减至额定容量的 80% 以下，就面临退役及强制回收，所以动力电池的有效寿命为 4~6 年。据此判断，从 2020 年开始我国动力电池开始进入规模化报废期。据赛迪顾问数据，我国自 2018 年开始进入动力蓄电池大规模退役期，年底达 7.0 GW·h，到 2020 年将有 25.6 GW·h 的动力蓄电池退役，

2025 年动力蓄电池退役将达 174.2 GW·h（约 200 万 t），复合增长率将达到 58.2%。退役电池的处理，成为新能源汽车产业迫在眉睫的发展难题。废旧动力电池若未妥善回收处理将存在较大的环境风险，钴、镍、铜等重金属会对人类健康和生态系统带来损害。动力电池的构成材料包括外壳材料、正负极材料、电解液、隔膜等，虽然不含汞、镉、铅等毒害性较大的重金属元素，但在正极、电解液等多种材料中也含有六氟磷酸锂、酯类化合物等具有一定毒害性的化学物质，会严重威胁环境质量和人类健康。推广新能源汽车是为了环保，也是汽车、出行行业实现碳达峰、碳中和的重要途径，但如果因动力电池未能"安全下岗"而造成资源浪费甚至环境污染，无疑会给"碳中和"之路蒙上一层阴影。

退役的动力电池仍然具有较高利用价值，电池回收在避免废旧电池危害环境，缓解我国金属资源短缺的同时，也极大地减少了未来生产动力电池所产生的碳排放，对整个碳中和进程有重要意义。理想中的动力电池回收利用模式有两条路径：梯次利用和资源再生利用。前者是将已退役的动力电池拆解重组后，应用到储能等对电池能量密度要求不高的领域；后者则是提取报废电池中的钴、镍等价格高昂的金属材料。

梯次利用是指当动力电池容量降低至额定容量 80% 以下，不再满足新能源车使用标准时，通过拆解、检测、重组得到一致性较好的梯次电池用于低速电动车等领域，当电池容量降至 20% 以下时，进行再生利用。也就是说，电池初始性能的 20%～80% 这一区间就是动力电池的残值区间，残值率高可以进行二次利用。比如，将电池转移到低速运行的两轮车、三轮车、叉车、环卫车等对动能要求不高的用电工具之上，或者将之利用于有储能需求的行业，如用锂电池代替铅酸电池进行动力电池梯次利用的中国铁塔。从资源利用最大化和环保等多角度来看，旧物回收后二次利用释放残余值的方式，比直接进行材料拆解再利用的价值要高。磷酸铁锂电池所含贵重金属较少，锂含量较低，进行资源再生利用的价值较低，要使磷酸铁锂电池的剩余容量下降为额定容量的 80%，一般要经过 3 500 次以上的充放电循环，有的甚至高达 5 000 次，并且磷酸铁锂电池的实际容量是随着充放电次数的增加而缓慢下降的，这种特性使得磷酸铁锂电池更适合梯次利用（图 5.1）。

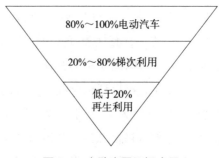

图 5.1　电池容量区间应用

对于已无法进一步降级使用的动力电池，再生利用是必然的选择。将电池模组进行精细拆分，随后投入极片破碎装置，再从中提取镍、钴、锂等金属材料，制成碳酸锂等产品，可再次用于新电池生产，实现资源循环利用。资源再生利用一般包括物理法、化学法和生物法，其中物理法包括破碎浮选法和机械研磨法，回收效率极低；生物法目前在实验室研究层面，离大规模应用有一定距离；主流方法为化学法，包括3种处理工艺：火法处理、湿法处理、电极修复再生。国内主要动力电池回收企业主要采用湿法处理提取高价值金属，并且和发达国家相比，我国技术水平处于领先地位。三元锂电池的循环寿命要远低于磷酸铁锂电池，并且其含有大量锂、钴、镍等元素，这使得三元锂电池更适合资源再生利用。随着最近两年动力电池原材料钴、镍、锰、锂、铜等价格的强劲上涨，动力电池生产成本剧增，废旧电池资源再生利用的效益凸显。

根据中国能源报相关数据，2019年中国动力电池回收市场规模约50亿元。中国汽车技术研究中心数据显示，2020年我国退役动力电池市场规模累计达到100亿元。2022年我国动力电池回收量预计将超过280亿元。庞大的报废动力电池规模，加上原材料价格上涨和供应紧张，使得电池回收行业前景一片光明。但是现在整个动力电池回收行业目前面临着两个亟须解决的问题：

（1）动力电池梯次利用的推广存在较大的难度

磷酸铁锂电池的循环寿命远高于三元锂电池，理论上，磷酸铁锂更符合动力电池回收行业的价值导向——梯次利用后，再通过拆解进行资源再生利用。而实际上，大部分的磷酸铁锂电池的回收处理是以资源再生利用为主，而不是梯次利用。其主要原因是，梯次利用在技术上和标准上存在较大难度。动力电池梯次利用并非简单地直接替换使用，而是要把回收的动力电池做成标准产品，这就需要厂商通过一致性评估、动力电池拆解技术、电池成组连接技术、残余寿命模型、安全性能指标评价等多方面的技术对动力电池进行标准化改造，这是一个完整的技术体系。目前国内大部分相关厂商并不具备整合整个技术体系的能力，二手电池的采购成本加上改造成本，最后得到的产品很有可能比新电池成本还高，所以很多厂家只能对回收的电池进行拆解及资源再生利用。同时，关于梯次利用的标准也不是很成熟，动力电池品种繁多，电池构造复杂且没有固定标准。电池容量还剩多少，梯次利用还能安全使用多久，都需要统一的标准来评估。目前只有一些少量、分散的不成熟标准供企业参考，很难对这个行业起到规范和引领的作用。

（2）动力电池大量流入非正规企业

动力电池回收在本质上属于化工行业，并非所有企业都有参与的资质。只有符合工信部所发布的《新能源汽车废旧蓄电池综合利用行业规范》（俗称"白名单"）的企业才能从事动力电池的回收工作，从2018年至2022年，工信部一共批准了3批共47家企业进入白名单。但是，据《新京报》2021年7月的报道，近八成废旧动力电池流向了"黑市"。《每日经济新闻》在 2022 年年初的调查发现，仍有近七成废旧动力电池没有流向正规的渠道。

据业内人士介绍，与有资质的动力电池回收企业相比，"小作坊"式的动力电池回收公司工艺设备落后，在环保方面接近零投入。部分企业在回收的过程中，直接省去了电池检测、放电和环保处理等环节，低成本使得这些企业在收购废旧动力电池时有了更强的议价能力，市场也因此出现了"劣币驱逐良币"的现象。资源强制回收产业技术创新战略联盟秘书长何叶曾表示，截至 2020 年，我国累计退役动力电池超过 20 万 t，但目前规范渠道能收来的电池全行业加起来只有约 3 万 t，但流向非规范渠道的有 10 万 t 以上。

由于没有回收资质和专业的电池处理设备，非正规企业回收动力电池将会给社会和环境带来极大危害。一方面，这些企业一般对电池采用原始的手工拆解方式，严重危害操作工人身体健康，并且有爆炸风险。另一方面，这些企业在从电池正负极中提取贵金属后，没有处理废电解液隔膜和废液的能力，一般都是采取非法掩埋或倾倒的处理方式，随着物质的渗入和雨水的冲刷，这些电池废弃物会对几千米范围内的土壤和水质造成不可逆转的污染。

对动力电池进行回收利用，不仅符合新能源汽车绿色环保的定位，而且有利于对锂、钴等资源的循环利用，降低对自然资源的依赖，意义重大。近年来，我国大力支持动力电池回收产业发展，出台了一系列支持政策。动力电池的回收利用不仅符合新能源汽车绿色环保的定位，并且有利于钴、镍、锰、锂、铜等贵金属资源的循环利用，减少对自然资源的依赖，意义重大。近年来，我国出台了一系列扶持政策以大力扶持动力电池回收产业的发展，并且为规范动力电池回收市场，国家密集出台了很多相关政策，制定行业规范，明确生产者承担回收的主体责任，开展电池回收试点工作，建立溯源管理平台，指导回收网点建设等，为行业的健康发展提供了保障。动力电池回收行业前景广阔，参与动力电池回收行业，一方面是对自己职业生涯的一次良好规划，另一方面也是个人参与碳中和的一种方式。

5.3.3 科技企业引领的相关实践

在当前，降低碳排放，实现碳中和已经成为整个社会的共识。在实现碳达峰和碳中和的道路上，需要政府、企业以及个人的共同努力，经济体量庞大的企业是关乎成败的重要参与方，其中，科技企业扮演着十分重要的角色。一方面，科技企业通过自身的技术水平，在可再生能源、绿色材料、节能技术、碳捕集、利用与封存技术、智能家居等碳中和相关领域不断取得突破和创新，为全社会实现碳中和提供有力的科技支撑；另一方面，许多平台型科技企业以平台为依托，通过平台强大的辐射能力，潜移默化地促进人们的消费、沟通和购买行为的正向改变，塑造更加绿色低碳的行为模式，同时通过平台这个信息传播媒介以促进气候应对相关的信息、数据和技术的自由流通。科技公司在科技领域的研发和攻关对于普通人来说，很难参与其中。但是科技公司通过网络平台发起的碳中和实践是普通民众参与碳中和进程的一种有效途径。

5.3.3.1　蚂蚁森林

作为中国知名的互联网科技企业，阿里巴巴在碳中和领域一直是相当积极的，2021 年 12 月，阿里巴巴发布了国内互联网科技企业首个碳中和行动报告——《阿里巴巴碳中和行动报告》，并提出三大目标。（1）不晚于 2030 年实现自身运营碳中和；（2）不晚于 2030 年实现上下游价值链碳排放强度减半，率先实现云计算的碳中和，成为绿色云；（3）用 15 年时间，以平台之力带动生态减碳 15 亿 t。其中，个人能够参与的主要是阿里巴巴通过平台发起的蚂蚁森林活动。

目前，我国个人碳账户主要依托互联网企业平台，其中最大的是蚂蚁森林。2016年 8 月，支付宝公益板块正式推出蚂蚁森林，用户步行替代开车、在线缴纳水电煤、网络购票等行为节省的碳排放量，将被计算为虚拟的"绿色能量"，"绿色能量"积攒到一定数值就可以用来在手机里种植一棵虚拟树，同时支付宝蚂蚁森林和公益合作伙伴就会在地球上种下一棵真树，或守护相应面积的保护地，以培养和激励用户的低碳环保行为。据生态环境部 2021 年"全国低碳日"主场活动公布的数据：蚂蚁森林作为全球最大的个人碳市场产品，从 2016 年上线 5 年来，已累计带动超过 6.13 亿人参与低碳生活，产生"绿色能量"2 000 多万 t。为了激励社会公众的低碳生活，5 年来蚂蚁森林参与了全国 11 个省份的生态修复工作，累计种下 3.26 亿棵树，其中在甘肃、内蒙古均超过 1 亿棵。同时，蚂蚁森林还在全国 10 个省份设立了 18 个公益保护地，守护野生动植物 1 500 多种。通过在各地的生态环保项目，蚂蚁森林累计创造了种植、养护、巡护等 238 万人次的绿色就业机会，为当地群众带来劳动增收 3.5 亿元。蚂蚁森林因其在环保和减排领域做出的突出贡献，于 2019 年 9 月 19 日获得联合国最高环保荣誉——"地球卫士奖"，获颁"地球卫士奖"中的"激励与行动奖"。虽然目前蚂蚁森林的"绿色能量"还不能参与碳交易，但是蚂蚁森林承诺，如果未来蚂蚁森林记录的个人碳减排量能被纳入碳交易体系，产生的所有收益将属于用户个人。蚂蚁森林的个人碳减排一旦接入碳交易，就相当于数亿人将参与碳交易。如果仅从数字和体量上评价，蚂蚁森林的贡献似乎并不是那么大。但它的意义并不是数字所能完全代表的。蚂蚁森林最大的贡献，是通过互联网平台让普罗大众以游戏化的方式参与公益与碳中和，并从中收获乐趣，这对推进普通民众广泛参与碳中和实践来说，有非常重大的现实意义。

5.3.3.2 美团的碳中和实践

美团是目前为数字人民币提供应用场景最多的平台之一。2021 年 9 月，美团正式启动数字人民币碳中和试点。第一期活动以绿色低碳出行场景为主，成为数字人民币测试以来首次面向全用户开放的无门槛普惠活动。试点地区的用户可以通过美团客户端使用数字人民币免费使用共享单车，累计的骑行次数也可兑换更多数字人民币奖励，用于支付后续骑行费用。

2021 年 12 月，美团进一步扩大了数字人民币碳中和试点的奖励范围，凡在美团 App 参与绿色低碳消费，均可获得相应的以数字人民币形式发放的低碳奖励。比如，在美团点外卖不使用一次性筷子，购买生鲜时使用自备的环保袋，这些日常生活中的微小的低碳实践可以获得相应的数字人民币奖励。截至 2022 年 1 月，美团开展的试点活动已累计吸引超过 800 万用户参加，其中超过 200 万用户在活动期间下载并打开数字人民币个人钱包。这些用户累计绿色骑行里程超过 5 150 万 km，与驾驶普通燃油车相比，同等车流量下，预计可减少碳排放约 1.4 万 t。

在 2022 年 3 月 26 日"地球一小时"来临之际，美团单车与生态环境部宣传教育中心共同发起"一人骑行减碳一吨"行动，鼓励和号召居民通过绿色出行的方式保护地球，助力实现碳中和目标。这是继 2021 年生态环境部宣传教育中心向共享单车用户颁发"减污降碳达人"证书以来，又一次在全国层面鼓励绿色出行。美团单车数据显示，入春以来，美团单车和电单车用户骑行呈增长趋势，最近一个月全国已累计减碳超 2.5 万 t。

5.3.3.3 腾讯的碳中和实践

作为中国互联网的头部企业之一，腾讯也一直致力于碳中和目标的实现。腾讯于 2021 年 1 月 12 日宣布启动碳中和规划，创始人马化腾表示将加大探索以人工智能为代表的前沿科技在应对地球重大挑战上的潜力，推进科技在产业节能减排方面的应用（吕歆等，2021）。2022 年 2 月 24 日，腾讯宣布开始"净零行动"，承诺不晚于 2030 年，实现自身运营及供应链的全面碳中和。同时，不晚于 2030 年，实现 100% 绿色电力。

除了推进实现自身碳中和目标，腾讯更希望发挥助手和连接器的角色，在引领绿色低碳生活、助力产业低碳转型、推动经济社会可持续发展等方面发挥作用。腾讯与深圳市生态环境局等机构联合打造的"低碳星球"小程序，自 2021 年 12 月起，深圳市民每次通过腾讯乘车码、腾讯地图乘坐公交、地铁，或是通过微信运动累计步数，都可以获知每次公共出行的具体减碳量，并累计碳积分。2021 年 8 月，腾讯联合生态环境部宣传教育中心推出碳中和科普公益活动，依托"碳中和问答"小程序，帮助用户在轻松答题过程中学习了解碳中和知识，助力碳中和公益项目。截至 2022 年 1 月

31 日，累计答题用户数 770 万，累计答题次数 3 253 万次。

此外，2022 年 1 月，腾讯还上线了"碳碳岛"功能游戏，在游戏中真实还原碳中和建设路径，潜移默化中助力提升公众对低碳绿色生活的认知和认同。2022 年 6 月 9 日，腾讯首次对外发布"能源连接器"（Tencent EnerLink）和"能源数字孪生"（Tencent EnerTwin）两款能源行业产品，两款产品依托腾讯平台的连接协同优势，发挥大数据、人工智能、数字孪生等技术能力，将有力促进企业提质增效和节能降碳，助力行业加速迈向数字化和碳中和。这两款能源行业相关产品的发布，是腾讯助力能源行业碳中和的一项重要举措。

5.3.3.4 百度的自动驾驶实践

2022 年，自动驾驶商业化运营加速前进。以百度为代表的无人驾驶企业，正在推动这个行业日新月异，并且不断释放出新信号。2022 年 4 月 28 日，北京发放无人化载人示范应用通知书，百度、小马智行两家公司成为首批获准企业，与之前不同的是，此次获准的是向公众提供"主驾驶位无安全员、副驾有安全员"，也就是"方向盘后无人"的自动驾驶出行服务，这是无人驾驶的一次里程碑事件，将为无人驾驶未来全面开放应用，注入新的市场信心。消息一出，拥有 Apollo（阿波罗）开放平台与多年自动驾驶研发经验的百度，更是备受关注，当日港股大涨 4.13%，涨幅更是位居恒生指数前列。

近年来，我国智能网联汽车的发展如火如荼，百度、阿里和腾讯等互联网巨头也相继入局，推动无人驾驶技术不断进步。随着研发技术的投入不断加大，无人驾驶汽车市场也逐步走向了市场化、商业化的阶段。据中商情报网数据显示，2017—2021 年我国无人驾驶市场规模由 681 亿元增至 2 358 亿元，年均复合增长率为 36.4%。中商产业研究院预测，2022 年我国无人驾驶市场规模可达 2 894 亿元。

在这样的大趋势之下，百度早年率先入局，并在互联网、云计算、AI 等基础设施技术的基础上，形成了移动生态、百度智能云、智能交通、智能驾驶及更多人工智能领域，布局多引擎增长新格局。其中，自动驾驶就是非常重要的组成部分。据了解，百度 2013 年起开始研发相关自动驾驶技术，目前已与 10 家中国及全球的汽车制造商签署了战略合作伙伴关系，提供高精地图、自主泊车、领航辅助驾驶等汽车智能化服务，加速无人驾驶技术的普及和应用。按这个时间节点，百度无疑是国内最早进行无人驾驶研究的公司。随后的 2017 年，百度启动"Apollo"计划，打造了一套属于百度的自动驾驶系统，并以此为底盘，让自动驾驶由技术走向应用。早前，以自动驾驶技术为载体的 Robotaxi 已经落地，用户通过百度旗下的"萝卜快跑"App，就可以选择想去的目的地站点，除配备主驾安全员以外，与一般的网约车模式无异。用户通过 App 下单之后，在起点等候，就会有主驾无人的自动驾驶出租车（Robotaxi）前来接驾。待车停下后扫码开车门、上车后排落座，系好安全带就能在大屏上单击"开始行程"。在2021年11月底，北京正式推出自动驾驶出行服务商业化试点，并向百度和小马智行发放许可后，百度在自动驾驶方面的推进进度，进一步加速。彼时，百度的Apollo完成了首单任务，"无人驾驶时代"自此开启。而本次"方向盘后无人"获得批准，也意味着自动驾驶迎来新的发展期，并越过新的里程碑，踏上新征程。综合来看，百度围绕移动App、搜索引擎等互联网入口的优势仍在。而借助其基本盘，百度自动驾驶也借势行业大潮，取得了阶段性成果。

自动驾驶在碳中和的进程中大有可为，百度智能驾驶事业群副总裁、首席安全运营官魏东在2021年从5个方面阐述了自动驾驶是如何助力碳中和实现的。

第一，自动驾驶规模化落地，将推动"出租车"与"租赁车辆"两种业态融合，满足专属时段的机动车使用权消费，降低机动车保有量，并最终减少机动车废气排放，实现碳减排目标。

第二，自动驾驶规模化落地，可解决MaaS（出行即服务）车辆调度过程中受制于驾驶员供给的问题，实现通过动态调整车辆、驾驶员，减少固定线路、固定用途对公共交通车辆运输能力的束缚，减少无效公交供给，最终实现按乘客出行需求调度车辆，进而减少无效公共交通资源消耗，最大化地实现公共交通系统的服务能力。

第三，车路协同可有效改善交通通行效率。百度Apollo基于ACE智能交通系统，可对道路不同方向车流进行预判，通过云端系统智能化动态调配所有通行车辆及路口信号系统，实现区域范围内各街道和交通路线的通行效率整体最优化。

第四，自动驾驶在停车场景中的应用可减少停车过程的碳排放。百度自主泊车AVP功能，可以让车辆自动寻找空闲车位，自动出车库候客，实现泊车场景中的完全自动化，这样不仅可节省人们寻找停车位的时间，并可避免这一过程导致的交通拥堵，也可避免停车场资源的严重浪费。

第五，自动驾驶规模化落地可以优化城市空间布局，释放空闲停车场资源，还地为林。自动驾驶将出行方式由需要停车位的私人车辆出行，转变为共享车辆的按需出行，高效利用城市道路和停车场空间资源，释放更多城市空间用于全新的城市社会功能场所规划，如城市绿化、人行道和自行车道规划、公园休闲场所以及低价住房建设等，让整个城市更节能、更高效、更宜居。

截至目前，百度Apollo自动驾驶已累计服务乘客40多万人次，测试里程超过1 400万km，成为全球唯一一家实现千万km级路测积累的中国企业。自动驾驶出行服务平台"萝卜快跑"将计划在2023年年底将自动驾驶业务拓展至30城，服务300万用户出行。"萝卜快跑"在越来越多的区域和城市落地，助力构建按需调配交通资源，实现智能交通、智慧城市、绿色城市的目标。自动驾驶、智能交通的普及和规模化落地将优化城市交通出行及城市空间规划是百度坚持投入自动驾驶以及智能交通技术研发、落地和推广的原因，也是百度履行企业社会责任、助力碳中和的技术基础。

5.3.3.5 特斯拉的碳中和实践

特斯拉作为目前新能源汽车产业的国际领先企业，其产品在全球市场具有绝对的竞争优势（乌力吉图等，2021）。同时，特斯拉在碳中和方面的成绩也是有目共睹的，特斯拉在其官方发布的报告中提到，2021年，特斯拉在全球范围内的汽车、太阳能面板使用过程中，累计节约了840万t二氧化碳当量，相当于3 400多亩森林一年的减排量（特斯拉，2022）。报告中还提到，2012—2021年，特斯拉太阳能板所生产的清洁能源电量，已超过所有超级工厂和车辆总耗电量，也就是说，特斯拉自己生产的清洁能源已经完全覆盖了自身和所有客户的能源消耗。在中国，特斯拉也在积极探索对清洁能源的极致利用。2021年，特斯拉先后在拉萨和上海开通光储充一体化超级充电站，将阳光转化为电能，并将产生的电能通过Powerwall储能设备进行储存以供车辆充电，从而实现本地能源生产与用能的基本平衡，提高了能源使用效率。

特斯拉在碳中和方面的巨额投入并不妨碍其成为一家赚钱的公司。一方面，得益于其优秀的科技创新能力，特斯拉的新能源车在电池及电池管理技术、充电技术、自动驾驶技术等均处于行业顶尖水平，优秀的产品使得特斯拉目前销量的唯一限制因素就是产能。另一方面，碳积分的出售也使特斯拉获得了高额的利润，特斯拉公布的数据显示，2012—2021年，特斯拉的累计碳积分销售收入高达53.4亿美元。从公布的财报来看，特斯拉2020年的净利润为7.21亿美元，首次实现年度盈利，并且其净利润在2021年暴涨至55.19亿美元，CEO马斯克在特斯拉2022年股东大会大会上高调宣布，特斯拉2021年利润率超过所有车企。

6

碳中和综合效益和发展前景

中国宣布碳达峰和碳中和目标，积极响应《巴黎协定》以应对气候变化，积极做出减排承诺，彰显大国担当。碳中和目标对于加快推进我国社会、经济、能源、科技等领域的转型和升级也具有深远的战略意义。碳中和将引导建立新的经济循环体系，带来生态环境、经济和社会的绿色可持续增长，为国家产业、能源体系、绿色金融以及整个社会的发展带来广阔的发展前景。

6.1 碳中和综合效益

实现碳达峰和碳中和是一场广泛而深刻的经济社会的系统性绿色变革，涉及观念转型、经济转型、产业转型以及生活方式转型等诸多方面。其本质是促进经济社会全面、高质量、可持续发展。实现碳中和在保护生态环境的同时，可以带来许多新的经济增长点，在低碳领域创造更多优质就业和创业机会，带来经济竞争力的提升、社会发展和环境保护等多重效益。

6.1.1 生态环境效益

气候变化影响人类的生存和发展，深度触及农业和粮食安全、水资源安全、能源安全、生态安全、公共卫生安全，应对气候变化和防灾减灾已成为各国经济社会发展战略的重要组成部分（秦大河，2007）。气温上升、海平面升高、极端气候事件频发给全人类生存和发展带来了极大的挑战。做好碳达峰和碳中和工作，不仅可以减少由气候变化带来的极端天气增多和气象自然灾害频发给人民群众生命财产、经济社会造成的损失，有效减少环境污染对人类健康的损害，也降低了生态系统退化和物种灭绝的风险，提高了生态系统的质量和稳定性，为构建人类与自然生命共同体提供了有力支撑。制定碳中和目标的初衷就是通过碳减排的方式应对全球气候变化，保持全球生态环境的稳定。碳中和的实现首先会缓解气候变化带来的直接威胁，在生态环境方面带来巨大的效益，这是碳中和带来的最直接的效益。

6.1.1.1 遏制气候变化

在联合国提出的可持续发展目标中，应对全球气候变化是人类面临的共同挑战，也是当今世界最突出的环境问题之一，而过量的碳排放导致的全球气温升高是气候变化的主要因素。全球气候变暖导致高温热浪、洪涝、干旱、台风等极端天气气候事件发生的强度和频率呈非线性快速增长趋势，对自然生态系统、人类管理和社会经济产生了广泛影响（Sanderson，et al.，2017；Dosio et al.，2018）。

《中国气候变化蓝皮书（2021）》数据显示，2020 年全球平均气温比工业化之前的高出 1.2℃，即气温升高幅度仅比《巴黎协定》规定的升温 1.5℃的目标相差 0.3℃，虽然尚未达到 1.5℃的临界值，但 2020 年全球多地出现的极端天气现象足以敲响气候变化的警钟。全球气温升高将改变区域水热资源分布，这会导致农业、水资源、海洋、人类健康等敏感领域和区域的不利影响。可以预见，气候变化将对全球经济社会可持续发展产生深刻影响，并对各国粮食安全、生态安全、土地安全和水资源安全构成严重威胁。

气候变化作为一个负面的外部因素将直接影响生态环境，无论是渐进式的气候变化还是突发的自然灾害，都会对全球社会和经济造成严重灾难，并容易给金融体系带来系统性和结构性风险。此外，在经济全球化背景下，气候变化风险也将通过全球贸易、金融以及产业链等渠道在全球范围内互相传导。气候变化给一些国家带来的损失，将通过连锁反应和发酵，影响与之有经济关联的国家和地区，引发系统性和全球性金融风险。

我国属于生态敏感和气候敏感型国家，近年来以洪水为代表的自然灾害风险呈上升趋势，而碳中和进程将有效降低气候灾害的影响（田慧芳，2021）。作为受气候问题影响最大的国家之一，如果应对气候变化，保护地球生态的碳中和目标能够顺利实现，我国将会是最大的受益国。全球气候变暖带来的直接后果之一是海平面上升。我国的京津冀、长三角以及珠三角等经济和人口重心都在地势低的地区。如果全球平均气温持续上升，海平面升高将不可避免，我国最发达的地区将是第一批被海水淹没的地区。除此之外，近几年由于气候变化，极端气候灾害屡屡发生。2021 年的河南暴雨就是一个典型的例子，连续的特大暴雨让整个城市猝不及防，损失惨重，国务院常务会议审议通过的《河南郑州"7·20"特大暴雨灾害调查报告》显示这次特大暴雨灾害共造成河南全省 16 个市 150 个县（市、区）1 478.6 万人受灾，直接经济损失 1 200.6 亿元，其中郑州 409 亿元、占全省的 34.1%；全省因灾死亡失踪 398 人，其中郑州 380 人，新乡 10 人，平顶山、驻马店、洛阳各 2 人，鹤壁、漯河各 1 人，郑州因灾死亡失踪人数占全省的 95.5%。据气象学家预测，未来百年一遇甚至千年一遇的极端降雨会随着全球气温升高而越来越多，并且极端降雨将主要发生在长江流域和黄淮一带。所以，从实际利益得失上考虑，推动全球气候问题的改善，是我国战略选择的必然。

碳中和是积极应对全球气候变化的最主要手段。实现碳中和目标，降低气候风险，大幅减少和气候变化相关的各类自然灾害及其造成的巨额经济损失和社会损失，并且行动越早，越有利于减少气候相关的损失（Stern，et al.，2017）。中国的能源互联网实现碳中和的路径与现有能源利用模式相比，到 2060 年能够减少气候相关损失累计约为 31 万亿元人民币，下降约 56%（Zhao，et al.，2020）。中国双碳目标的实现，将有助于控制气温升高水平，大幅降低整个生态和环境系统所面临的各种风险；减少因气候变暖所引起的极端天气和气候事件，降低干旱、洪水、沙尘、热带气旋（台风、飓风）、寒潮和低温、高温和热浪等各类气候灾难发生的强度和频率，减少因极端气候灾害所造成的人员伤亡和经济损失；降低气候变化对农业、民生经济部门、基础设施和人体健康的负面影响和损失，减少气候变化对水资源、土地和生态系统等自然系统的不利影响。

6.1.1.2　加强环境保护

碳中和也是保护环境的一个重要手段，实现碳中和的过程能够有效减少环境污染。国际能源署 2016 年 6 月发布的《能源与空气污染：世界能源展望特别报告》指出，在碳中和背景下，二氧化硫、氮氧化物和细颗粒物排放量到 2060 年分别减少 1 576 万 t、1 453 万 t 和 427 万 t，减少比例分别为 91%、85% 和 90%。碳中和开辟了解决气候变化、大气、水资源、森林、土地、海洋、粮食、生物多样性等环境问题的新路径，为打赢污染防治攻坚战、推动生态环境治理体系和治理能力现代化提供重要保障。

实现碳中和的过程也能够促进生态文明建设。从源头实施清洁能源替代，大幅减少碳排放和污染物排放，优化化石能源利用途径，从污染源头直接减少化石能源生产、消费和转化全过程大气污染物排放。在此过程中，推进电网互联互通，优化资源配置，协调季节差、电价差和资源差，让过度依靠传统化石能源的地区转而使用清洁电能，扩大各地区的环境容量空间，解决资源禀赋限制和发展路径锁定问题。在能源消费终端，推进电能替代，提升减排潜力，推动工业、交通、建筑等高耗能领域使用清洁电力代替传统的煤炭、石油和天然气，减少工业污染物排放、交通尾气、生活和供暖废气，实现大气污染的综合治理。

6.1.2　经济效益

根据"十四五"规划纲要，我国将努力保持制造业比重基本稳定，降低钢铁、有色金属、石油化工、水泥和造纸等传统行业的能源消耗和碳排放强度，这是实现碳达峰和碳中和目标的必然要求。因此，促进产业结构优化升级，发展绿色制造、智能制造和工业互联网，保障产业链和供应链安全，是我国经济发展的必然选择。因此，实现碳达峰和碳中和目标将对我国经济社会发展产生重大影响。

碳中和与经济增长并不是对立的关系，实现碳中和并不意味着要放弃经济增长。相反，碳中和不仅可以提高就业数量和就业质量，推进技术进步，促使传统产业提质增效，催生崭新的经济增长点，并且还能够优化人类生存环境、减少极端天气灾害、保障国家能源安全，促进整个经济社会综合性高质量的发展。碳中和不是经济发展的一个约束条件，而是我国经济全要素生产率提升的重要推动力量。所以，碳中和与经济增长完全可以实现协同共赢，整个碳中和进程不仅不会拖累经济，还将产生巨大的经济效益。

我国的能源结构特点决定了我国更有可能在碳中和进程中获得长期效益。第一，我国是化石能源的净进口国。因此在向新能源转型的过程中我国将大幅减少传统化石能源的进口量，从而降低对进口能源的依赖。Mercure、Pollitt 和 Edwards（2018）的研究显示，在落实《巴黎协定》2℃的气候政策以及棕色资产（特定会计主体在高污染、高能耗和高水耗等非资源节约型、非环境友好型经济活动中形成的，能以货币计量，预期能带来确定效益的资产）大幅下降的背景下，中国作为化石能源的净进口国将是少数在低碳转型中受益的主要国家。第二，在我国强有力的政策推动和引导下，未来40年我国绿色低碳投资总额将达到数百万亿元，这种规模的投资需求将有助于拉动总需求并刺激经济。同时，合理的气候政策可以有效地配置资源，引导投资向高生产率行业发展，从而整体提高经济增长潜力。第三，碳中和及相关投资创造的就业岗位数量明显高于传统高碳产业退出所减少的就业岗位数量。第四，中国在大规模研发和推广绿色低碳技术方面具有得天独厚的优势。一方面，中国是制造业大国，可以形成规模效应和产业链集聚效应；另一方面，中国拥有全球最大的绿色产品市场，研发成本更容易分摊，因此更容易获得绿色低碳技术的技术进步和创新。

碳中和是我国经济发展模式的战略转变和生活方式变化，它不仅是传统意义上的能源结构变化，更是整个经济结构的变化和经济技术的再造。碳中和将是我国经济社会发展的新引擎，有望开创一条兼具成本效益、经济效益和社会效益的新路径。

6.1.2.1 经济发展

碳中和目标将成为未来推动中国经济可持续发展的重要动力。从中远期来看，在碳中和目标下发展绿色低碳经济是为实现可持续发展和保护国内生态环境的必然选择，这个选择将影响所有行业和众多企业并有望重构中国经济。

我国实现碳中和目标，将拉动投资，带动上下游产业发展，并为经济活动提供优质、清洁、智能的电力供给，提升能源利用效率，具有显著的经济拉动作用。总部设在北京的全球能源互联网发展合作组织（Global Energy Interconnection Development and Cooperation Organisation，GEIDCO）对实现碳中和目标的直接和间接投入进行研究，其研究结果显示，截至2060年，我国对能源系统的累计投资将达到122万亿元，同时能够带动的整体投资规模约为410万亿元，整个投资对未来40年每年GDP增长贡献率至少为2%。

我国实现碳中和目标，也将推动经济转型。构建以清洁能源为主体的零碳可持续能源体系，可以直接推动我国工业、建筑、交通等主要终端领域的低碳转型，推动国内经济高质量发展。推动构建绿色低碳及循环发展的产业结构，新能源、新材料、智能制造、新型储能、大数据、电动汽车等先进技术和新兴产业得到大力发展，不断提高能源利用效率和资源利用率，增强我国经济发展的核心竞争力，带来社会发展和环境保护的协同效益。

6.1.2.2 产业带动

实现碳达峰、碳中和是产业结构优化升级的重大战略机遇。碳达峰、碳中和虽然给我国产业结构调整带来了前所未有的巨大压力，但同时也为产业结构优化升级创造了重大的战略机遇。一是碳达峰、碳中和让全社会对绿色低碳发展形成广泛共识。中国将生态文明建设纳入"五位一体"总体布局（指经济建设、政治建设、文化建设、社会建设和生态文明建设五位一体，全面推进），树立绿色发展新理念，坚定不移走生态优先、绿色发展道路。政府、企业和社会对实现碳达峰、碳中和目标的共识将形成强大的合力。二是传统行业能效提升空间巨大。我国传统产业规模巨大，化石能源是我国能源体系中的主要能源，2021年我国煤炭消费比重为56%（国家统计局，2022），能源利用效率较低，减少对化石能源的依赖，促进节能减排的潜力巨大。三是绿色发展的"后发优势"。我国工业化和城市化起步相对较晚，新的工业产能和城市基础设施需求可以通过发展绿色产能和绿色基础设施来实现。同时，随着以重工业快速发展为特征的工业化进入尾声，传统制造业碳排放将陆续达峰并进入平稳期，先进制造业和现代服务业在经济中的比重将不断提高，新一代信息技术和绿色低碳技术的应用将越来越广泛并渗透到所有产业领域，这将为实现碳达峰、碳中和创造有利条件，带来巨大的绿色低碳转型效益。

碳中和目标的实现可以推动经济和产业结构调整和升级，引导资金、技术、人才等生产要素向绿色低碳产业转移，促进重点行业和重要领域绿色低碳产业转型，解决钢铁、煤炭等传统产业产能过剩和排放超标的问题，扩大节能减排、低碳环保、清洁能源等重点产业，建设信息技术、新能源汽车、绿色环保等新一代战略性新兴产业集群。加快产业由低附加值向高附加值、由粗放型向集约型转变的步伐，全面提升我国各个行业的发展活力。

在碳中和的过程中，将会对包括光伏、风能、氢能、水能、核能、储能、新能源汽车等在内的新能源行业以及全社会各行业起到显著的带动作用。可以说，实现碳达峰、碳中和，是推动产业结构调整的强大推动力和倒逼力量，不仅对产业结构调整提出更加紧迫的要求，也为产业结构优化升级提供了重大战略机遇。碳中和的产业带动作用主要体现的两个方面：一个是推动能源产业的转型升级；另一个是助力全社会产业转型升级。

①我国实现碳中和目标，将推动能源行业转型升级。能源系统转型升级将涉及能源生产、转换、传输、储存和消费等各个方面，有效带动上下游产业链的整体发展。促进基础能源产业发展，高比例的新能源的接入和多能互补能源网络的建设，将推进新能源发电产业、智能电网产业、输配电设备制造业、新型储能产业、节能减排以及低碳环保产业等多个产业的蓬勃发展。发展推进数字能源产业，将大数据、物联网、

云计算、人工智能、移动互联网等先进互联网技术应用于能源系统，推动能源系统向高端化、智能化发展，构建包括能源智能终端产业、能源传感通信产业、能源大数据产业等在内的开放、共享的能源信息网络相关产业。建设新兴能源服务产业，以能源系统和信息技术的深度融合为依托，带动配电产业、车联网服务产业、新能源云产业的大规模发展。

②我国实现碳中和目标，将推动全社会产业转型升级。在传统产业和制造业方面，以清洁电力为主全面推进传统产业节能减排，加快传统产业的转型升级，加快传统重化工业向清洁低碳新型重化工业转型。在数字产业发展方面，能源系统的转型为5G通信、物联网、云计算、大数据、人工智能等先进互联网数字通信技术的应用提供重要支撑，推动产业链和价值链升级，以跨界融合的方式，打造经济发展的新模式，通过智能化和数字化的方式推进全社会的碳中和目标的实现。在战略性新兴服务产业方面，构建低碳、智能、高效的能源供需体系，降低全社会能源消耗成本，促进包括新零售服务、云计算服务、智能家居服务、工业智造服务、智慧出行服务、三农服务等新型服务产业和商业模式的快速崛起，提高传统服务业的科技含量和附加值，创造更大的社会效益和经济效益。实现碳中和目标，将为全社会产业结构转型升级提供强劲动能，能源消费方式的创新将促进形成新业态新模式，加快技术创新步伐，推动高端装备制造、电动汽车、新型交通基础设施等产业大规模发展，信息技术、新能源、新材料、节能环保等新一代战略性新兴产业将成为经济发展的主导产业。碳中和的实现也将优化经济产业结构，加快提高第三产业比重，全球能源互联网发展合作组织测算，到2060年，第三产业比重将提高到66%左右。

6.1.2.3　推动技术进步

科学技术的进步是实现碳减排的重要推动力量。只有充分整合各种新兴技术，依靠自主研究和创新，提升以低碳科技为核心的新竞争力，才能在碳中和进程中取得优势，实现长期可持续的高质量发展。低碳科技的发展趋势必然会带动第一、第二、第三产业及相关基础设施的绿色升级。

为提高我国在全球低碳科技领域的竞争力并抢占领先地位，我国相关产业，特别是电力系统、工业原燃料替代和交通电气化等关键领域，必须主动从基础理论研究到科研成果应用进行全方位、多层次探索研究，解决关键技术"卡脖子"的难题，建立我国主导的技术标准，这样既能保证我国在世界各行业发展中抢占先机，又能从更深层次激发高质量发展的潜力。

碳中和的实现将引领技术创新、装备创新、标准创新、市场创新和机制创新，推动新能源发电、特高压输电、大规模储能、燃料电池、绿色氢能、碳捕集利用与封存（CCUS）等技术研究、创新和应用推广，在碳中和发展中关键材料、仪器设备、核心工艺、工控装置等关键领域实现技术突破，促进碳中和发展。推进新一代信息技术与先进低碳技术深度融合，形成世界领先的低碳科技创新体系。

除发电行业之外，碳排放主要由钢铁、化工等高耗能行业产生。在实现碳中和的进程中，技术升级和设备改造将帮助这些传统产业提供全新的增长动力。一方面，高耗能行业对技术升级的需求将带来新的投资，据生态环境部环境规划院测算，2030年实现碳达峰目标时，全社会预计将投入8.5万亿元用于零碳产业，这其中的大量资金将用于科技升级和研发。另一方面，从经济理论来看，技术进步本身是提高生产水平的重要因素。经生态环境部规划院计算，上述8.5万亿元投资预计将创造10.9万亿元GDP。

6.1.2.4 能源保障

实现碳达峰、碳中和目标，能源系统必须进行转型升级，能源转型升级的核心是清洁能源对传统化石能源的逐步替代，是非化石能源消费比重的大幅度提高、社会整体能效水平的提升，这将深度改变未来能源生产和消费的方式。由于非化石能源的利用主要是通过将其转化为电能供终端使用实现的，非化石能源消费比重的提高必然会导致能源系统的电气化水平的提高：一方面，一级能源的电能转化的比重趋于上升；另一方面，电能在终端能源消费中的比重呈上升趋势。对于电力系统而言，非化石能源消费比重的大幅提升意味着电力结构的深刻变革，非化石能源发电比重将逐步在电力系统中占据主要地位。并且，考虑到非化石能源，特别是风能、太阳能等新能源具有明显的分散、间歇性的特点，能源电力系统形态也将发生深刻变化，新能源开发利用需要集中式和分布式并重。因此，能源系统电气化、电力系统低碳化和能源电力系统去中心化是碳中和趋势下能源转型的三大趋势和必由之路（林卫斌等，2021）。

能源转型不仅需要进行产业结构调整，同时也需要能源技术创新的支撑，碳中和愿景目标有助于加速突破一些转型难点和技术"瓶颈"，如能源行业的体制机制改革、煤电的退出机制、产业结构的转型等，除了CCUS技术，还有氢能、甲烷、风能等非化石能源的各种技术创新（刘强等，2021）。自2020年9月中国提出"双碳"目标以来，能源企业纷纷响应并快速行动起来。近期，多家能源央企公布了其"双碳"目标的行动计划，新一轮能源技术革命正在快速兴起，新能源科技成果层出不穷，新兴能源技术正以前所未有的速度加速迭代，包括可再生能源发电、先进储能技术、氢能技术、能源互联网等在内的具有重大产业变革前景的颠覆性技术应运而生。随着云计算、物联网、大数据等新兴技术的发展，能源的生产、运输、储存和消费等各个环节发生剧变。可以预见，在未来十几年，以CCUS技术、可再生能源技术、电气化技术、信息技术等为中心的一系列低碳技术将会有突破性进展。

总体而言，碳中和能够助力我国进行能源系统的转型升级，保证能源安全并建成现代化能源系统。在确保能源安全方面，自主发展以新能源发电为主的清洁能源，为经济社会快速发展提供稳定、充足、清洁的能源供给保障是实现碳中和目标的重要前提。据全球能源互联网发展合作组织测算，我国一级能源供应总量到 2060 年将达到 59 亿 t 标准煤，其中新能源在其中占比可达 90% 以上，这将从根本上解决能源供应的问题。我国发电量到 2060 年将达到 17 万亿 kW·h，其中可再生能源发电比例在 96% 以上，高比例的可再生能源电力系统安全稳定运行，人均用电量将达到 1.3 万 kW·h，是 2015 年的 3 倍以上，全社会用电成本下降 20%。2060 年，中国基本实现能源自给，能源保障能力大幅增强。非化石能源在一级能源消费中的比重提高 80% 以上，电气化和电力系统深度脱碳，2060 年电力在终端能源消费中的比重提高至 70% 以上，非化石电力在电力供应中比重提升至 90% 以上，电力系统在 2045—2050 年实现净零碳排放（张希良等，2022）。在构建现代能源体系方面，降低能源供应综合成本，提高能源供应的经济性、可靠性、安全性和环保性。优化配置，构建以清洁能源为主导、以电力为中心、互联互通、开放共享的现代能源体系，为经济社会提供安全、清洁、低碳、高效的能源保障。提高效率，推动我国产业结构转型升级，进而有效提高能源效率。到 2060 年，我国单位 GDP 能耗比 2018 年下降 80% 以上（张希良等，2022）。

6.1.3　社会效益

6.1.3.1　改善民生

就业是最重要的民生工程、民心工程、根基工程。碳中和带动了新型业务、新型企业、新型行业的广泛发展，新职业、新岗位、新的就业机会也将随之而来。大量研究发现，投资于低碳行业所创造的就业数量可能显著高于因退出高碳行业而损失的就业（李启平，2010；徐承红等，2013）。Garrett-Peltier（2017）的研究发现，100 万美元的化石燃料的投资仅能创造 2.65 个全职工作岗位，而相同数量的投资将在可再生能源或能源效率领域可以创造 7.49 或 7.72 个全职工作岗位。因此，在可再生能源或能源效率领域，每 100 万美元将净增 5 个全职工作岗位。

2020—2050 年，碳中和目标所带动基础设施投资约 70 万亿元，各类新业务的不断涌现将为经济和产业的可持续发展创造新的发展机遇，这也意味着大量的相关从业人员和即将就业的人员为谋求更好的发展，将从传统的高碳产业转向低碳产业。仅在清洁电力、可再生能源和氢能等新兴领域就将创造超过 3 000 万个就业岗位。碳中和带来的另一个就业增量领域主要是碳排放交易市场。建设碳交易市场是实现碳中和目标的重要途径。目前，碳交易已在世界范围内被广泛认可并使用。碳交易市场能够将碳排放所带来的社会成本内部化，倒逼企业加大对环保技术的投入，提高能效，降低碳排放。从 2013 年起，我国陆续建立 9 个碳排放权交易试点，并于 2021 年建立全国碳排放权交易市场。全国碳排放权交易市场的正式成立，将进一步带来大量与之相关的就业岗位和人才需求。例如，碳排放交易员、碳交易数据分析师、碳排放配额评估师、碳资产管理人员、碳排放交易所工作人员等岗位将进一步提高中国的就业数量和质量。这种与产业升级相匹配的就业机会变革将对劳动力的素质和技能提出更高的要求，有利于促进高质量就业。

在增加就业数量和提高就业质量的同时，碳中和将有助于公众摆脱对传统能源的依赖，降低能源方面的支出。同时新能源的分布式特性，一方面将重构城市空间单元，解决目前由于集中式供能所导致的大量人口集聚、土地利用效率低、交通拥堵、垃圾围城、空气污染、配套落后等诸多问题，让老百姓出行更便利、居住更舒适；另一方面分布在用户端的灵活能源设施将成为全国大电网的有效补充，有效规避大停电所带来的巨大安全隐患。

共同富裕是社会主义的本质要求，是中国式现代化的重要特征。习近平总书记在中央财经委员会第十次会议上强调："共同富裕是社会主义的本质要求，是中国式现代化的重要特征，要坚持以人民为中心的发展思想，在高质量发展中促进共同富裕。"在碳中和框架下，积极应对气候变化，对于消除贫困有着积极的意义，碳达峰和碳中和目标为共同富裕注入了可持续发展的内涵。气候变化对农业产生的负面影响是贫困增加的主要原因之一。IPCC第五次气候变化评估报告指出，气候变化会阻碍各国减贫进程，引发新的贫困类型，导致贫困人群陷入受灾和贫困的恶性循环。在气候变暖的趋势下，极端天气不断出现，气候变化增加了我国农业环境的敏感性和脆弱性，局部干旱高温加重，农作物胁迫现象严重、农业气象灾害频发、农业生态环境恶化，粮食安全问题明显，对农业可持续发展造成严重影响。碳中和的各项实践将有效减少干旱、暴雨、洪涝等气候变化给农业生产带来的灾害，大大减少气候变化对贫困地区的负面影响，增加农业产出，保障当地居民的基本生存需求，改善农村贫困状况。在积极适应对气候变化的影响之外，一些创新的气候变化减缓措施也有助于实现扶贫、减贫目标。为实现到2020年消除绝对贫困人口的宏伟目标和落实新发展理念，我国着重通过产业扶贫增强贫困地区内生动力，光伏扶贫是产业扶贫的重要形式（郭建宇等，2018）。贫困地区利用其丰富的太阳能资源，通过以政府全资或政府提供部分扶贫资金加银行贷款、社会捐助资金或贫困户自有资金相结合等多种模式帮助贫困户建立分布式光伏系统，并将这些光伏能源并入电网，所得收入归贫困户所有，以达到精准扶贫的目的。与光伏扶贫类似，针对农村家庭的生物质能发电的开发利用一方面可以增加贫困农民的收入；另一方面也能助力节能减排目标的实现。开发或减排项目不仅可以改善农民的生活条件，还可以降低农民的生活成本。将扶贫与积极应对气候变化相结合是一种极具中国特色的方式，其在中国的脱贫攻坚战中发挥了突出的作用，有效减少了贫困人口数量，同时缩小了区域间的发展不平衡，大大改善了气候脆弱地区的生态环境，降低了气候变化对贫困人口的负面影响。

碳中和的发展过程将会进一步促进区域协调发展。加快西部地区清洁能源开发和消费，带动发电、氢能源、新型化工、绿色矿业等产业快速发展，形成该区域的支柱产业，将资源优势转化为经济效益，增加收入，增加就业，改善民生，促进稳定，缩小区域间发展差异，促进东西部协调发展，实现共同富裕。

6.1.3.2 提升全民健康水平

研究表明，气候的变化可通过多种不同的途径直接或间接对人体健康产生诸多负面的影响，增加传染性疾病和非传染性疾病的罹患风险，甚至可能导致急性损伤或过早死亡（于贵瑞等，2001；罗云峰，2002；Jendritzky et al.，2009）。在全球气温升高的趋势下，中国极端天气事件的发生频率和强度都在增加。伦敦卫生和热带医学学院的研究证实，气温与心血管病死亡率呈 U 形关系，极端温度会增加人类死亡率。其中，高温和低温会增加敏感人群过早死亡的风险，缩短人类预期寿命。除极端温度之外，洪水、干旱、台风和野火等极端气候事件也会增加人群的死亡风险。证据表明，即使短期暴露于高浓度 $PM_{2.5}$ 的野火中，也可能引发包括咳嗽、哮喘、心脏病发作、中风、肺功能下降、住院和过早死亡等不良健康后果（Stowell, et al.，2019；Matz, et al.，2020）。2021 年 10 月 20 日，《柳叶刀》杂志发表了名为《柳叶刀人群健康与气候变化倒计时 2021 年报告：为健康未来发出红色预警》的报告。报告指出，在可获得数据的 43 个国家中，平均每年有超过 30 000 人死于野火所释放的烟雾。在未来很长一段时间，气候变化可能会进一步增加敏感人群的死亡率。此外，在对传染病的影响方面，气候变化可以通过影响媒介生物的生命活动和繁殖环境，改变传染病的流行方式，增加传染病的传播风险。在对非传染性疾病的影响方面，气候变化和极端天气事件也会增加敏感人群的疾病负担。

同时，《柳叶刀人群健康与气候变化倒计时 2021 年报告》指出，日益增加的气候风险加剧了人们面临的健康风险，特别是在受粮食和水安全、热浪和传染病传播影响的脆弱社区。气候变化及其驱动因素为传染疾病的快速传播创造了理想条件，世界各国在经过数十年的努力在控制登革热（dengue fever）、疟疾（malaria）、寨卡（Zika）、基孔肯雅病（chikungunya）和霍乱（cholera）等疾病所取得的成果很有可能因此而功亏一篑。极端气候与天气事件、食品和水质问题以及传染病传播带来的风险相互关联、相互叠加，使最脆弱的人群面临更大的风险，并可能破坏各国多年来在公共卫生和可持续发展方面取得的进展。

实现碳中和目标，解决气候危机，与我们的健康是息息相关的。中国实现 2060 年碳中和目标所带来的预期寿命增长可能相当于中国过去 5～10 年努力所获得的预期寿命增长（Zhang, et al.，2021）。碳中和目标的实现，将为生态环境带来根本性改观，改善空气质量、水质和土壤质量，显著改善中国居民健康状况。通过清洁替代和电能替代，减少各类空气污染物排放，显著降低人口死亡率、心血管疾病和呼吸系统疾病的发病率，大幅改善我国空气质量和人民健康水平，增强人民群众幸福感。到 2060 年，我国空气中细颗粒物浓度较 2015 年减少 80% 以上，达到国家环境空气质量一级标准，可避免因室内外空气污染、气候变化、极端天气灾害造成的死亡人数累计约 2 000 万例，减少污染相关疾病约 9 600 万例（Qu, et al.，2020）。

6.1.4　国家利益

中国承诺在 2060 年达到碳中和，没有在历史累积排放量以及人均排放量等问题上过多纠结，除大国担当的气度之外，"双碳"目标也和中国的核心国家利益相符合。中国"双碳"目标背后的本质原因是在当前中国的发展水平下，"双碳"目标做法和先进技术发展、产业发展的方向是一致的。

6.1.4.1　能源安全

从全球视角来看，石油消费在包括石油、煤炭、天然气、风能、太阳能、生物能等全部能源中占比约为 31.2%，我国的石油消费约为全世界的 1/5（余娜，2021）。我国是一个"多煤贫油少气"的国家，就是煤炭资源多，石油天然气资源很少。这种无法改变的资源禀赋导致我国大部分石油天然气资源需要从国外进口。据国家统计局统计数据，2020 年全国原油产量 1.95 亿 t，进口原油 5.42 亿 t，2020 我国石油的对外依存度上升为 73%。在我国经济高速增长和工业化进程持续推进的背景下，未来对于能源的消费还将持续增长。既然当前我国的石油大部分依赖进口，那难免就会受到国外的制约，而国际油价的剧烈波动，就会对我国的能源安全造成很大威胁。如发生战乱或者其他原因，中国的能源供应和经济发展将会受到很大影响。

传统化石能源的分布情况和储量是我国不能决定的，但如果能用风、光等全球分布相对均衡的新能源取代化石能源，将打破我国资源过度依赖海外进口的现状。加快发展以光伏、风能、水电为代表的可再生能源，是保障国家战略安全的必然选择。如果中国的能源结构主体从化石能源变成以光伏和风能为代表的新能源，那么马六甲海峡就不再是被控制的咽喉要道。我国可再生能源非常丰富，资源禀赋远超过化石能源，并且我国新能源起步较早，新能源产业链和新能源技术领先世界。在全力推进碳中和的背景下，我国极有可能实现由"传统能源进口国"转变为"新能源生产能力出口国"。

在碳中和的框架下，大力发展可再生能源，提高清洁能源的消费比重，可以减少对煤炭、石油、天然气等化石能源的依赖，摆脱传统的高耗能的能源结构，提高我国能源自给率，保障我国能源安全，推动能源高质量发展，提升中国产业的国际竞争力，这是维护中国国家利益的重要举措。

6.1.4.2　摆脱美元体系

20世纪初，英镑代替黄金执行了国际货币的各种职能，人们因此也把国际金本位称为英镑本位（朱庆，1999）。然而，两次世界大战极大地削弱了英国的实力，让美国成为了战争的主要受益者。第二次世界大战结束后，美国成为全球最大、最强盛的经济体，美元取代英镑已成为必然。凭借着强大的综合国力，美国主导成立了双挂钩（美元与黄金挂钩，其他国家货币与美元挂钩）的布雷顿森林体系，由此奠定了美元霸权的基础。在布雷顿森林体系瓦解后，美国通过为中东各石油大国提供军事保护和武器装备，并要求这些国家对外出售石油以美元结算，逐步将美元与石油绑定，进一步巩固了美元的霸权地位。美元霸权给美国带来了诸多经济利益，但同时可能给其他国家经济造成各种负面影响。美元霸权是美国维持全球霸权的重要基石，它可以帮助美国收割全球财富，让世界各国为美国服务。

目前，美元是全球大宗商品交易所使用的主要货币。通过国际贸易，美元可以给美国带来巨大的经济利益。由于美元是国际商品交易的中介，国际贸易绝大多数需要通过美元来完成。美元只能由美国发行，美元的流通范围遍及全球。如果其他国家在交易中使用美元，它们需要支付相应的成本，这使得美元可以剥削其他国家，剥削所得就成为美国的利润。

绑定石油的美元体系一直在收割我们创造的财富。美元以加息和大量印钞等方式，不断提高美元的供应量，通过一张张印刷出来的美元大肆购买其他国家的商品，让其他国家为美元的通胀买单。2021年新型冠状病毒疫情期间，美国通过多轮量化宽松，频繁印钞大量购买我国商品。大量印制美元使美元不断贬值，由于疫情和美国国内的产业空心化，美国必须在国外流通印制的美元，刺激了美国的消费，加快了美国的经济复苏。在中美贸易中，美国只需要印美元，而我国要付出高昂的人工成本、环境成本和原材料成本，这导致双方贸易在成本上严重不对等。

至今为止，石油仍是世界第一大能源，这是美元霸权的重要基础。但是在二氧化碳排放量不断提高，全球气温快速上升，威胁着人类赖以生存的环境这一背景下，碳中和出现的目的之一就是要用新能源逐渐替代以石油为主的化石能源，以降低全球的碳排放。在碳中和的进程中，石油的需求量将大大降低，美元霸权将失去其基础。

当前，我国的风力、光伏等新能源发电技术在全世界处于领先水平。国家能源局统计结果显示，我国可再生能源发电总装机容量稳居世界第一，全部可再生能源装机量居世界首位。我国全面推进碳中和，新能源领域将实现更快发展，我国将逐步减少石油、天然气等化石能源的消耗，实现能源独立，也将不必通过换取美元来进口石油，逐步摆脱美元体系。

同时，我国的碳中和进程将提高人民币在国际货币体系中的价值，加速人民币国际化的进程。在碳中和的大背景下，我国主要通过以下几个方面的努力来推进人民币的国际化。

首先，石油与美元的绑定，是美元国际化的重要因素，所以在新能源蓬勃发展的今天，与新能源绑定的货币也将在国际货币体系中扮演不可替代的重要角色。中国既是光伏发电、风力发电等技术居于世界领先地位的国家，也是全球最大的碳排放权交易国之一，这种技术优势和市场优势将有利于中国提升新能源产品的国际定价话语权（易庆玲，2021）。我国将凭借新能源领域的优势地位，将人民币与新能源绑定，推动构建人民币结算体系。其次，在碳中和目标的引领下，不断规范碳排放交易市场和市场管理机制。推动碳远期、碳期权等碳金融衍生品的发展。此外，不断扩大市场交易主体，提高碳交易市场的活跃度。通过构建更加开放、健全的碳金融市场，为人民币流出提供更安全、更有利可图的栖息地，从而推动人民币回流，建立人民币境内外双向流通机制。最后，在与"一带一路"相关国家和地区在新能源贸易和技术转让方面开展合作过程中，不断扩大人民币的支付场景，使人民币影响力进一步提升。

6.1.4.3　促进全球产业链重构

在碳中和目标下，产业链上企业之间的经济交流不再局限于传统的产品和服务，还包括其生产、经营的各个环节的碳排放。企业要实现自身的碳中和，不仅要降低自身生产和经营中可控的直接碳排放总量，还应该减少各种能源消耗造成的间接排放，以及企业在运输、配送、废物处理等环节产生的其他间接排放。

碳中和进程中所产生新的价值视角和监管要求必然会导致新的竞争优势的出现，改变现有产业链各方的议价能力，进而引发产业链全球分工格局的重构。作为世界制造大国，我国需要在未来市场争取低碳竞争优势，才能在未来全球产业链分工中参与高附加值产业。

目前，我国在新能源领域的产业发展和技术发展均处于世界领先水平。例如，在锂电池领域，我国产生了全球动力电池领域头号巨头——宁德时代；在新能源汽车领域，涌现了比亚迪、蔚来、小鹏等自主品牌，在市场上表现优异。因此，席卷全球的碳中和热潮对中国的产业发展来说将是一个巨大的机遇。碳中和可以帮助我国在能源、汽车等领域实现产业竞争力的飞跃。

6.1.4.4　成为碳中和规则制定者

一直以来，欧盟都是碳中和最积极的倡导者，在气候和环境方面，欧盟一直在控制着环境保护和低碳经济的话语权，包括制定大部分碳排放交易规则。2008年11月19日，欧盟通过法案决定将国际航空纳入欧盟碳排放交易体系并于2012年1月1日起实施。也就是说，从2012年1月1日起，所有在欧盟境内飞行的航空公司其碳排放量都将受限，超出部分必须掏钱购买。2020 年，欧盟开始在航空领域征收碳税，其直接目的是提高欧洲航空公司的综合竞争力，事实上，这也起到了限制新兴市场国家的作用。这就变相利用"碳配额"形成了一种全新的贸易壁垒。继航空业之后，欧盟的碳税进一步延伸至航运业。而且，欧盟、美国、加拿大和韩国近年来相继推出了"碳标签"制度，在产品标签上以量化指标标示出商品在生产过程中排放的温室气体排放量，以此引导消费者选择低碳产品，逐步"排挤"高碳产品的市场。大多数发展中国家在出口贸易中更容易遭遇"低碳壁垒"。"碳中和"已成为西方发达国家设置贸易壁垒、收获全球财富的新工具。对于大多数发展中国家来说，大量财富被发达国家收割仅仅是因为发达国家改变了游戏规则。以欧盟为主的发达国家通过制度性安排在碳排放权交易、碳金融业务等方面掌握了绝对的话语权。当全世界都将气候问题和碳中和作为"共识"时，如何设计这一规则就将涉及巨大的国家利益。

作为全球碳排放最高的国家，碳中和的基本规则对我国来说是至关重要的。如果不能参与规则的制定，我国的发展将会受到极大的限制。一般来说，植树造林和植被恢复所吸收的大气中的二氧化碳，是可以作为碳汇来抵扣生产和生活中的碳排放的。例如，一直以来，我国西南部的云南、贵州和广西，以及东北部黑龙江和吉林的森林的碳汇量级被大幅低估（Wang, et al., 2020），这就意味着在计算减排量时，我国的进账部分被少计算了，而出账部分被多计算了，这明显是不合理的。又如，中国消费的水产品是以淡水鱼为主的，淡水鱼是靠吃水草和浮游生物长大的，其碳排放量比欧、美、日等发达国家主要消费的海水鱼要低很多，如果计算中国在水产品消费上的碳排放时，采用和这些发达国家一样的标准，也是明显不合理的。再如，Cai、Sun、Qiao（2021）在实验室中首次实现了从二氧化碳到淀粉分子的全合成，这项技术一旦大规模投入生产，将对减排产生重大影响，如果碳中和相关规则全部由欧美等发达国家制定，那么我国就会在一个明显不公平的规则下与之竞争。我国多吸收了很多碳排放的贡献不被认可，还需要向欧美购买碳排放指标，甚至新的产业不能发展，产品出口都受限制，那整个国家的产业和经济发展都将受到限制。

碳中和不仅是低碳技术、清洁能源、绿色金融等表层领域的国际竞争，而且在更深层次上是一场国际话语权以及规则制定权的竞争，事关国家与文明的生存权和发展权。这也是我国必须大力推进碳中和的重要原因，只有尽早布局碳中和，在相关产业和技术领域取得足够的优势，才有可能在碳中和上争取足够的话语权，并逐步参与和主导碳中和相关规则的制定。只有掌握碳中和规则的话语权，我国才能和发达国家成为真正平等的贸易伙伴。通过碳排规则的制定权，我国能让外人进入我们已经领先的赛道来进行公平的比赛，我们的先发优势就能转换成更长期的产业战略优势。

6.2　碳中和发展前景

气候变化是人类面临的共同挑战，国际碳中和行动有广泛的社会基础，未来也将有广阔的发展前景。对中国而言，实施碳中和战略，对于中国构建低碳经济运行体系、促进产业全面转型升级，建设可持续的稳定能源体系，保障国家能源安全，构建健康发展的绿色金融体系具有十分重要的意义。

6.2.1　生态环境层面

实现碳中和目标，将构建清洁、高效、安全、可持续的现代能源体系，解决目前困扰人类的极端气候灾害、土地荒漠化、环境污染、水资源污染和生物多样性短缺等问题，恢复绿色清洁、充满活力、美丽和谐的人居环境，使人们进入享受自然之美的新常态，开启尊重自然、珍惜自然、与自然协调发展的生态文明新格局。

自然环境优美。清洁高效的零碳能源体系将极大消除生产、生活活动对自然环境的影响，大规模开发利用清洁能源，直接减少化石能源的生产、使用和转化全过程的污染物排放；以清洁电力替代工业、交通、建筑等领域使用的化石能源，减少工业排放、交通尾气和生活、取暖废气对空气和水资源的污染。太阳能、风能、核能等清洁能源的大力推广，使得大规模海水淡化和大规模水利调度成为现实，水资源供应丰富且分布均匀。能源、土地利用、农林气象等领域的创新技术和电—水—林—汇等先进理念的发展，推动西北荒漠化地区雨水和地下水的高效收集和储存。有效利用淡化海水，增加植被覆盖率，将沙漠改造成为适合人类居住的区域。森林、湿地覆盖面不断扩大，生物多样性得到保护，形成了天更蓝、地更绿、水更清、人与自然和谐发展的新格局。

气候生态和谐。以取之不尽、用之不竭的低成本清洁能源供应和碳捕集与封存、气候工程等前沿技术为基础，消除化石能源开采、加工、运输、储存、燃烧等环节的温室气体排放，彻底从根源上消除全球变暖，降低对地质、土地和海洋的破坏，使气候生态回归自然状态，消除气候和环境危机，粮食生产、土壤、水资源和人民生命财产不再受到气候变化的限制，人们将过上更加幸福美满的生活。

6.2.2　经济层面

在实现碳中和的进程中，人们的生产方式和消费方式将发生深刻变化，经济发展方式和整个经济体系将发生结构性变化，经济社会将进入绿色、低碳、智能、高效、开放、共享的新格局。

经济发展势头强劲。经济社会发展对自然资源的依赖程度逐步降低，经济增长与资源环境要素投入脱钩，从源头上打破制约经济持续健康发展的资源环境制约，释放更多增长潜力。新能源、新材料、节能减排、生物科技、清洁生产、新一代信息技术等低碳产业蓬勃发展，现代供应链、共享经济、中高端消费、高端服务业等领域将形成新的经济增长点，为经济高质量发展提供持续保障。实现资源高效利用，环境协调发展，社会潜力充分释放，经济又好又快发展的新局面。

创新驱动发展。经济增长模式将由传统的土地、资源、投资、劳动力等因素驱动转变为创新驱动。低碳降碳相关的前沿科技、现代工程技术和颠覆性技术不断取得突破，能源、材料、制造、信息、生物、环境等多个领域将涌现一大批科技创新成果，推动新能源、新材料、电动汽车、轨道交通、新一代信息通信产业、智能电网等产业进入高速增长通道。各种新技术、新产业、新业态在交叉、融合、聚合发展方面取得突破。不断涌现的大批量创新研究成果将推动新的价值创造方式的产生。

6.2.3 产业层面

碳中和背景下的经济高质量增长要求实现"双脱钩"，即经济增长需要尽可能与化石能源消费和能源电力需求增长脱钩（林伯强，2022）。消除了经济发展对资源和环境的依赖，经济增长转为由低碳技术创新驱动，这保证了经济稳定运行和健康可持续化发展。

碳中和将促进产业体系全面升级。碳中和进程将推进生产要素和生产方式发生根本性变革，引领传统产业转型升级和新兴产业蓬勃发展。传统产业将从"高污染、高排放、高消耗、低效率"的粗放式发展模式转变为"低污染、低排放、低消耗、高效率"的高质量发展模式。整个产业向附加值更高的中高端产业链转移，实现高质量发展，形成多个世界级先进制造产业集群。碳交易市场的全面建立使企业可以通过交易碳排放权来稳定其生产成本甚至产生收益，直接促进企业从源头上减少碳排放量；排放需求高的企业也因购买更多的碳排放配额而增加了成本，这促使它们改进生产工艺，淘汰落后产能，促进传统产业转型升级。清洁能源、信息技术、节能环保、生物技术、新能源汽车、智能电网、航空航天等战略性新兴低碳产业的高速发展，将加快关键核心技术的创新应用，培育壮大整个产业发展新动能。产业链中的各行各业对信息、技术和资金进行合作共享，形成线上线下有机结合、上下游各产业协同发展、各种体量企业间产能共享的网络化产业链、供应链和价值链，构建绿色低碳、协调共享的产业结构。产业结构升级带动就业岗位的增加，创造新的社会分工，劳动者知识、技能和创新能力不断提高，几亿人直接或间接从事低碳产业，共享低碳发展成果。

6.2.4 能源层面

随着能源转型步伐的加快，我国能源结构不断优化。目前，风力发电、水力发电、太阳能光伏发电和生物质能发电均在我国取得了飞速发展，近10年发电量逐年增加。国家能源局新能源和可再生能源司司长李创军于2021年在国新办召开的发布会上表示，到"十四五"末，我国计划可再生能源发电装机容量超过50%，为我国能源提供可持续的电力供应。中国将形成以电能消费为核心，以智能电网为依托的低成本、多种能源消费形式高效互补的综合能源体系。未来，我国能源生产和消费方式将从低效、粗放、高碳、污染的方式持续向高效、智能、低碳、清洁的方向发展。传统的火力发电厂将逐步被淘汰，以煤炭、石油、天然气等为主的化石能源消费比例将逐步降低。化石能源由主力能源转变为次要能源，并逐步去除能源属性，逐渐回归其化工材料属性，未来将主要作为化工原材料使用。大量建设千万kW级的水电、风电、太阳能等各类系能源发电站，各种分布式电源广泛分布在城市、乡村，太阳能、风能、水能、海洋能、地热能、生物质能等清洁能源比重逐步提高，由目前的辅助能源变为主流能源。

碳中和将保证能源的充足供应。我国清洁能源的资源禀赋优越，水电、陆上风能和太阳能资源技术可开发容量分别达到6.6亿kW、56亿kW和1 172亿kW，年发电量分别为2.3万亿kW·h、5.9万亿kW·h和6.2万亿kW·h，2021年，生态环境部发言人表示我国已经建成世界最大的清洁发电体系，装机容量达到10.3亿kW，同比增长18.0%，相当于40多个三峡电站的装机容量，占全国发电总装机容量的45.5%，同比提高3.3个百分点。我国清洁低碳化进程不断加快，水电、风电、光伏、在建核电装机规模等多项指标保持世界第一。多种形式的清洁能源，将通过各种新型发电设备转化为电能，随时随地满足人民群众的能源需求。全球能源互联网发展合作组织预测，到2060年，中国每年可生产清洁电能16.5万亿kW·h，比2020年增长约7.7倍，丰富的电能将照亮中国的每一个角落。在充足的能源支持下，人民群众巨大的物质需求得到充分满足，如将大量收集的雨水、排放的污水和咸海水转化为清洁低价的淡水，以满足社会日益增长的用水需求。

碳中和将促进能源消费更加便捷高效。电能已成为能源消费的核心，中国进入电能无处不在的电气化新时代。电能将基本满足人们对能源的各类需求，电锅炉、电采暖、电制冷和电力交通广泛应用于生活的各个方面，如热水、做饭、取暖、制冷、照明、灌溉人们日常生活所需能源都将由电力解决。智能电网为各类用户、设备和系统提供灵活、可靠、经济、便捷的清洁电力。整个电力系统将变成以电为核心，以冷、热、气、电等能源消费形式高效互补、整合、转化的新型综合电力系统。

碳中和将不断降低能源利用成本。新能源实现了规模化开发和网络化配置，极大地降低了新能源的开发成本，提高了全社会的能源综合利用水平。能源生产链条大大缩短，能源供应的边际成本大大降低，普通民众将充分享受到高效、低成本的清洁电力供应。以清洁电能为载体，能源突破资源属性，不再是战略物资，不再制约经济社会发展。所有人均享有经济、便捷、充足的能源供应，带动了低碳家庭、低碳城市和低碳社会的全面发展。

6.2.5 金融层面

中国人民银行印发《银行业金融机构绿色金融评价方案》等通知鼓励银行业金融机构积极开展绿色贷款、绿色债券、碳金融产品、绿色保险、绿色基金等绿色金融业务，不断加强对高质量发展和绿色低碳发展的金融支持，统筹开展绿色金融评价，引导资金流向低污染、理念前卫、技术先进的部门。

目前，国家开放碳市场主要针对电力、建材、钢材等八大高耗能领域展开，但是参照欧盟碳市场的发展道路，未来中国将实现碳现货市场、期货/期权市场以及碳融资市场等共同发展，构建多层次立体的碳交易市场、并覆盖更多行业，更好地发挥碳交易市场的作用。

碳金融市场的出现为碳排放交易提供了平台，为控制温室气体排放提供了市场化的交易手段。碳交易和碳金融市场的发展，极大地促进了碳减排计划的实施，在提高生态环境资源配置效率、促进发展方式转变、实现我国经济社会的协调可持续发展等方面发挥了重要作用。总而言之，作为与碳交易相关的一切经济活动，碳金融市场以碳排放权及其衍生品为交易对象，通过市场交易机制在促进节能减排产业结构的转型升级中发挥着日益重要的作用。

新型冠状病毒疫情的暴发，让全球认识到自然生态的失衡所带来的严重灾难，这给在全球范围内推进绿色发展带来了重要启示；近年来，中国积极倡导节能减排、节约资源等有利于环境保护的行动，推动了绿色可持续发展理念的发展进程。在政府和金融机构积极制定并实施各项金融减排政策的多重有利环境下，发展碳金融势在必行，未来中国碳金融前景可期。

从"十二五"试点到"十三五"全国市场筹建，全国碳市场建设快速稳步推进。"十四五"期间，随着碳市场的不断完善，全国碳交易体系将在全社会形成碳价格信号，为全社会低碳转型奠定坚实基础，助力实现中国"力争到 2030 年达到碳排放峰值，到 2060 年实现碳中和"的承诺。并且，在碳中和背景下，国内金融机构将更加关注碳金融市场，提供碳交易账户开立、资金清算结算、碳资产质押融资、保值增值等碳金融相关业务。碳金融的发展将迎来全新的局面。

6.2.6 社会层面

6.2.6.1 人民健康幸福

碳中和行动有效减少污染物和温室气体排放引起的高温暴露所造成的生理疾病，

降低呼吸道、心血管等非传染性疾病的发病率，避免极端降水导致饮用水中病原体浓度增加，降低空气、水和其他媒介传染病的发病率。在碳中和背景下的高质量经济发展模式下，医疗保障水平大幅提升，民众健康水平显著提升。以清洁能源为主的持续稳定的发电技术、精准气象预报技术、人工降雨、降雪、消云、消雾技术、防冻、防雷、削弱台风等前沿技术，有效缓解极端气候事件，降低干旱、洪水、台风、飓风、沙尘、寒潮和低温、高温和热浪等灾害事件的强度和发生频率，有效减少人员伤亡和降低经济损失。

6.2.6.2 区域协调发展

区域发展不再受到人口分布、产业聚集、资本积累等因素制约。西部地区以丰富的能源资源优势为依托，完善能源、交通、信息等基础设施，带动氢能、电气原材料、大数据等高新技术产业发展，构建以清洁能源为主导、绿色循环产业协调发展的价值体系，开创创新时代西部大开发新局面。统一开放的全国市场体系充分挖掘和调动了东西部资源和市场互补的特点，东部地区的资金、技术、人才优势与西部地区的资源、市场和劳动力优势高效协调、有机结合，形成区域协调、共享、共同繁荣的经济发展新格局。

6.2.6.3 低碳理念深入人心

碳中和的进程将促进更多组织和个人参与应对气候变化、环境治理和保护、科技创新等推动社会发展的伟大事业。人们更加意识到生态文明的重要性，关注人与人、人与社会、人与自然的和谐共生、良性循环、全面发展和可持续繁荣。人们一致认为，要以更加文明的态度对待自然，拒绝野蛮粗暴地掠夺自然，提倡合理节俭，摒弃铺张浪费，采取节能、节水、节地、节材、回收再生、循环利用等行动。

6.2.6.4 低碳生活成为一种时尚

低碳代表着一种更健康、更自然、更科学的生活态度。同时，也是一种低成本、低能耗的生活方式。在碳中和的背景下，人们回归自然开展社会活动，摒弃以金钱来标榜身份的生活方式，转变成适度合理，提倡健康环保，追求更多非物质的精神享受。珍惜粮食、减少浪费的饮食习惯已成为广泛共识；环保低碳的棉麻衣物深受人们欢迎，旧衣回收已成为居民的习惯；城市建设规划更加合理，大拆大建现象逐步减少，超低能耗的"零碳建筑"全面推进；电动汽车、燃料汽车等新能源汽车将成为绝对主流的交通工具，轨道交通快捷方便，共享单车在城乡流行，零碳排放公共交通已成为出行的优先选项。

6.2.6.5 进入零碳社会

碳中和进程将给中国经济社会带来系统性变革。人们倡导零碳文化，发展零碳经济，享受零碳生活，建设零碳城市和零碳村庄，进入零碳社会。社会各界形成了重视生态价值、倡导绿色环保、提倡勤俭节约、坚持可持续发展的整体社会氛围。政府以绿色增长新理念推动零碳经济发展，企业以低碳产品和服务为核心竞争力参与零碳市场体系建设。人们具有零碳意识，追求理性消费、节俭朴素的生活方式。居民过上舒适健康的生活，人与人、人与社会、人与自然在绿色、健康、安全的体系下和谐共生。

中国社会科学院世界经济与政治研究所与社会科学文献出版社共同在京发布了《世界经济黄皮书：2022年世界经济形势分析与预测》（以下简称黄皮书）。黄皮书指出，从当前形势看，实现碳中和目标是大势所趋。全球各国在未来几十年的脱碳行动将对全球经济产生广泛、深远和持久的影响。碳中和目标的实现过程将涉及经济发展、健康民生、技术进步、生态环境等多个领域，产生巨大的碳中和投资需求，总体而言，碳中和发展前景非常广阔。

尽管碳中和的前景广阔，但碳中和进程中所面临的挑战同样不容忽视。首先，不确定性事件的影响可能会给碳中和的进程带来不确定性。比如，2020年暴发的新型冠状病毒疫情延续3年，终于在2022年年底基本结束。对许多国家来说，当前的重要挑战仍然是控制公共卫生危机；二是能源需求和结构调整的挑战；三是城市化约束要求建设更加人性化、绿色低碳的宜居城市，还需加大如电动汽车、智能电网、自行车高速公路、节能建筑等城市绿色基础设施和技术的投入，提高基本的水、卫生和废物处理服务水平；四是低碳科技研发的差距；五是碳中和资金缺口。清华大学气候变化与可持续发展研究院牵头的《中国长期低碳发展战略与转型路径研究》报告指出，在今后30年，我国若要接近实现净零排放，需要低碳投资138万亿元。

参 考 文 献

Allen M, Antwi-Agyei P, Aragon-Durand F, et al., 2019. Technical Summary: Global warming of 1.5℃. An IPCC Special Report on the impacts of global warming of 1.5℃ above pre-industrial levels and related global greenhouse gas emission pathways, in the context of strengthening the global response to the threat of climate change, sustainable development, and efforts to eradicate poverty[R]. IPCC.

Babich I V, Moulijn J A, 2003. Science and technology of novel processes for deep desulfurization of oil refinery streams: a review[J]. Fuel, 82(6): 607-631.

Benz E, Trück S, 2006. CO_2 emission allowances trading in Europe-specifying a new class of assets[J]. Problems and Perspectives in Management, 4(3): 30-40.

Bento A M, Kanbur R, Leard B, 2015. Designing efficient markets for carbon offsets with distributional constraints[J]. Journal of Environmental Economics and Management, (70): 51-71.

Cai T, Sun H, Qiao J, 2021. Cell-free chemoenzymatic starch synthesis from carbon dioxide[J]. Science, 373(6562): 1523-1527.

Carroll A B, 1979. Paving the rocky road to managerial success[J]. Supervisory Management, 24(3): 9-13.

Crippa M, Solazzo E, Guizzardi D, 2021. Food systems are responsible for a third of global anthropogenic GHG emissions[J]. Nature Food, 2(3): 198-209.

Derwall J, Koedijk K, Ter Horst J, 2011. A tale of values-driven and profit-seeking social investors[J]. Journal of Banking & Finance, 35(8): 2137-2147.

Dosio A, Fischer E M, 2018. Will half a degree make a difference? Robust projections of indices of mean and extreme climate in Europe under 1.5℃, 2℃, and 3℃ global warming[J]. Geophysical Research Letters, 45(2): 935-944.

Freeman R E, 2010. Strategic management: A stakeholder approach[M]. New York: Cambridge university press.

Garrett-Peltier H, 2017. Green versus brown: Comparing the employment impacts of energy efficiency, renewable energy, and fossil fuels using an input-output model[J]. Economic

Modelling, 61: 439-447.

Green M, Dunlop E, Hohl-Ebinger J, et al., 2021. Solar cell efficiency tables (version 57) [J]. Progress in Photovoltaics: Research and Applications, 29(1): 3-15.

Harrison J S, Freeman R E, 1999. Stakeholders, social responsibility, and performance: Empirical evidence and theoretical perspectives[J]. Academy of Management Journal, 42(5): 479-485.

Intergovernmental Panel on Climate Change (IPCC),2007. IPCC 4th assessment report: summary for policy-makers[M].New York: Cambridge University Press.

IPCC, 2011. Renewable energy sources and climate change mitigation: Special report of the intergovernmental panel on climate change[M]. NewYork: Cambridge University Press.

IRNEA, 2020. Global renewables outlook: Energy transformation 2050[EB/OL]. (2020-04-12) [2021-02-19]. https: //www.irena.org/publications/2020/Apr/Global-Renewables-Outlook-2020.

IUCN, 2016. Nature-based solutions to address global societal challenges[R]. Gland, Switzerland: IUCN.

Jendritzky G, Tinz B, 2009. The thermal environment of the human being on the global scale[J]. Global Health Action, 2(1): 2005.

Labatt S, White R R, 2011. Carbon finance: the financial implications of climate change[M]. John Wiley & Sons.

Lewis A, Mackenzie C, 2000. Support for investor activism among UK ethical investors[J]. Journal of Business Ethics, 24(3): 215-222.

Louche C, Lydenberg S, 2006. Socially responsible investment: Differences between Europe and the United States[C]//Proceedings of the International Association for Business and Society, 17: 112-117.

Macreadie P I, Costa M D P, Atwood T B, 2021. Blue carbon as a natural climate solution[J]. Nature Reviews Earth & Environment, 2(12): 826-839.

Manabe S, 1997. Early development in the study of greenhouse warming: The emergence of climate models[J]. Ambio: 47-51.

Marnellos G, Stoukides M, 1998. Ammonia synthesis at atmospheric pressure[J]. Science, 282(5386): 98-100.

Matz C J, Egyed M, Xi G, 2020. Health impact analysis of $PM_{2.5}$ from wildfire smoke in Canada (2013-2015, 2017-2018) [J]. Science of the Total Environment, (725): 138506.

Mercure J F, Pollitt H, Edwards N R, 2018. Environmental impact assessment for climate change policy with the simulation-based integrated assessment model E3ME-FTT-

GENIE[J]. Energy Strategy Reviews, (20): 195-208.

Paustian K, Lehmann J, Ogle S, 2016. Climate-smart soils[J]. Nature, 532(7597): 49-57.

Pavlíková E A, Wacey K S, 2013. Social capital theory related to corporate social responsibility[J]. Acta Universitatis Agriculturae et Silviculturae Mendelianae Brunensis, 61(2): 267-272.

Qu C, Yang X, Zhang D, 2020. Estimating health co-benefits of climate policies in China: an application of the Regional Emissions-Air quality-Climate-Health (REACH) framework[J]. Climate Change Economics, 11(3): 2041004.

Ramachandran R, Menon R K, 1998. An overview of industrial uses of hydrogen[J]. International Journal of Hydrogen Energy, 23(7): 593-598.

Salazar, J, 1998. Environmental Finance: Linking Two World[J]. In A Workshop on Finance Innovations for Biodiversity Bratislava, 1998: 2-18.

Sanderson B M, Xu Y, Tebaldi C, 2017. Community climate simulations to assess avoided impacts in 1.5 and 2 C futures[J]. Earth System Dynamics, 8(3): 827-847.

Sherwood S C, Bony S, Dufresne J L, 2014. Spread in model climate sensitivity traced to atmospheric convective mixing[J]. Nature, 505(7481): 37-42.

Stern N, Stern N H, 2007. The economics of climate change: the Stern review[M]. New York: Cambridge University press.

Stowell J D, Geng G, Saikawa E, 2019. Associations of wildfire smoke PM2.5 exposure with cardiorespiratory events in Colorado 2011-2014[J]. Environment International, (133): 105-151.

Wang J, Feng L, Palmer P I, 2020. Large Chinese land carbon sink estimated from atmospheric carbon dioxide data[J]. Nature, 586(7831): 720-723.

World Resources Institute. How National Net-Zero Targets Stack Up After the COP26 Climate Summit.[2021-11-15]. https: //www.wri.org/insights/how-countries-net-zero-targets-stack-up-cop26.

Xu X, Sharma P, Shu S, 2021. Global greenhouse gas emissions from animal-based foods are twice those of plant-based foods[J]. Nature Food, 2(9): 724-732.

Zhao Z J, Chen X T, Liu C Y, 2020. Global climate damage in 2°C and 1.5°C scenarios based on BCC_SESM model in IAM framework[J]. Advances in Climate Change Research, 11(3): 261-272.

Zhang S, An K, Li J, 2021. Incorporating health co-benefits into technology pathways to achieve China's 2060 carbon neutrality goal: a modelling study[J]. The Lancet Planetary Health, 5(11): e808-e817.

安岩，顾佰和，王毅，2021. 基于自然的解决方案：中国应对气候变化领域的政策进展、问题与对策 [J]. 气候变化研究进展，17(2): 184-194.

澳财，2021. 特斯拉搞副业，卖"碳权"赚 16 亿美元！绿色金融是本世纪最大投资机遇（Z/OL）. [2021-09-06]. https://mp.weixin.qq.com/s/DyfCqCK-K1Vob02bOgZGnA.

奥瑞金，2022. 首个全球"限塑令"来了 利好可回收再利用金属包装 [Z/OL]. [2022-03-04]. https://mp.weixin.qq.com/s/e_U9SpOLGkVrzjCIPTqHFQ.

风能，2020. 风能北京宣言 开发 30 亿风电，引领绿色发展，落实"30·60"目标 [J]. 风能，11: 34-35.

常世彦，郑丁乾，付萌，2019. 2℃/1.5℃温控目标下生物质能结合碳捕集与封存技术（BECCS）[J]. 全球能源互联网，2(3): 277-287.

陈波，2013. 低碳大变革：中国崛起在混沌与秩序的边缘 [J]. 低碳世界，2: 34-35.

陈瑞，张哲鸣，曹丽，2021. 生物质能发电行业现状及市场化前景 [J]. 市场周刊，34(1): 39-41.

邓祥征，蒋思坚，刘冰，等，2021. 全球二氧化碳浓度非均匀分布条件下碳排放与升温关系的统计分析 [J]. 自然资源学报，36(4): 934-947.

丁仲礼，2021. 中国碳中和框架路线图研究 [J]. 中国工业和信息化，8: 54-61.

发展改革委，东吴证券研究所，2021. 东吴证券：东吴碳中和系列报告（九）：各行业受益 CCER 几何？碳价展望及受益敏感性测算. [2021-06-08]. https://www.waitang.com/report/63965.html.

高帅，李梦宇，段茂盛，等，2019. 《巴黎协定》下的国际碳市场机制：基本形式和前景展望 [J]. 气候变化研究进展，15(3): 222-231.

高学杰，赵宗慈，丁一汇，等，2001. 区域气候模式对温室效应引起的中国地区气候变化的数值模拟（英文）[J]. Advances in Atmospheric Sciences，6: 1224-1230.

龚伽萝，2008. 国际碳排放权交易机制最新进展——《巴黎协定》第六条实施细则及其影响 [J]. 阅江学刊，108: 1-15.

任勇，罗姆松，范必，等，2020. 绿色消费在推动高质量发展中的作用 [J]. 中国环境管理，12(1): 24-30.

国家发展改革委，国家能源局，2021. 关于加快推动新型储能发展的指导意见 [EB/OL].（2021-07-15）[2021-09-08]. https://www.ndrc.gov.cn/ xxgk/zcfb/ghxwj/202107/t20210723_1291321.html?code=&state=123.

国家统计局，2022. 中华人民共和国 2021 年国民经济和社会发展统计公报 [R]. 北京：国家统计局.

郭建宇，白婷，2018. 产业扶贫的可持续性探讨——以光伏扶贫为例 [J]. 经济纵横，7: 109-116.

国务院，2018. 中国应对气候变化的政策与行动 2018 年度报告 [R]. 北京：国务院新闻办公室.

荷兰环境评估署，2020. 全球二氧化碳和温室气体总排放量的趋势报告（2020 年）[R]. 阿姆斯特丹：荷兰环境评估署.

何要武，2014. 我国产业结构的转型升级：难点、重点与对策 [J]. 时代金融，3: 23-24.

胡敏，2020. 2020 年《BP 世界能源统计年鉴》正式发布 [J]. 炼油技术与工程，50(8): 51.

黄世忠，2021. 支撑 ESG 的三大理论支柱 [J]. 财会月刊，(19): 3-10.

黄英超，李文哲，张波，2007. 生物质能发电技术现状与展望 [J]. 东北农业大学学报，2: 270-274.

雷鹏飞，孟科学，2019. 碳金融市场发展的概念界定与影响因素研究 [J]. 江西社会科学，39(11): 37-44.

李军，王善勇，范进，等，2016. 个人碳交易机制对消费者能源消费影响研究 [J]. 系统工程理论与实践，36(1): 77-85.

李南枢，宋宗宇，2022. 论碳中和目标下的绿色建筑运行维护制度 [J]. 环境保护，50(Z1): 70-74.

李启平，2010. 经济低碳化对我国就业的影响及政策因应 [J]. 改革，1: 39-44.

林伯强，2022. 碳中和进程中的中国经济高质量增长 [J]. 经济研究，57(1): 56-71.

林卫斌，吴嘉仪，2021. 碳中和愿景下中国能源转型的三大趋势 [J]. 价格理论与实践，7: 21-23.

刘继磊，李德英，2019. 新能源供热技术发展现状 [C]// 2019 供热工程建设与高效运行研讨会.

刘婧，2020. 浅析 ESG 投资理念及评价体系的发展 [J]. 财经界，30: 65-66.

刘精山，任杰，吴志芳，等，2022. 中国核证自愿减排量的发展现状、问题及政策建议 [J]. 海南金融，8: 36-44.

刘强，王恰，洪倩倩，2021. "碳中和"情景下能源转型的选择与路径 [J]. 中国能源，43(4): 19-26.

刘青莲，2015. 新能源发展对能源强度与经济增长的影响 [J]. 现代经济信息，19: 354.

卢风，2020. 论基于自然的解决方案（NbS）与生态文明 [J]. 福建师范大学学报（哲学社会科学版），5: 44-53.

罗云峰，2002. 空气污染与气候变化研究新动向 [J]. 中国科学基金，4: 23-24.

吕歆，王赫，2021. 实现碳中和必须"提高可再生能源比例" [J]. 中国改革，3: 2.

吕指臣，胡鞍钢，2021. 中国建设绿色低碳循环发展的现代化经济体系：实现路径与现实意义 [J]. 北京工业大学学报（社会科学版），21(6): 35-43.

孟惠，石敏，2014.风力发电机组的故障处理和运维措施 [J].科学技术创新，10: 54-54.

秦大河.应对全球气候变化 防御极端气候灾害 [J].求是，2007(8): 51-53.

全球风能理事会，2022.2022 年全球风电行业报告 [R].布鲁塞尔：全球风能理事会.

全球能源互联网发展合作组织，2021.中国 2060 年前碳中和研究报告 [R].北京：全球能源互联网发展合作组织.

山青，1972.太阳能电池的发展概况 [J].无机材料学报，2: 1-18.

生物多样性保护绿色发展，2022.废旧纺织服装回收再利用已被积极推动中 [EB/OL].[2022-08-17]. https://mp.weixin.qq.com/s/T38WD8HevaQyOrNY9hTurw.

世界经济论坛，2021.普华永道中国 .ESG 报告：助力中国腾飞聚势共赢 [R].北京：普华永道中国.

世界气象组织，2020.2019 年度全球大气温室气体公报 [R].日内瓦：世界气象组织.

世界自然保护联盟，2021.基于自然的解决方案全球标准 NbS 的审核、设计和推广框架 [M].格兰德，瑞士：IUCN.

宋德勇，夏天翔，2019.中国碳交易试点政策绩效评估 [J].统计与决策，35(11): 157-160.

苏欢，王丽娜，2022.我国绿色图书馆本土化策略研究——基于对《绿色建筑评价标准》（GB/T 50378—2019）的解读 [J].图书馆理论与实践，4: 96-101.

孙守强，袁隆基，杨宏坤，等，2008.生物质能发电技术及其分析 [J].能源研究与信息，3: 130-135.

孙永平，张欣宇，施训鹏，2022.全球气候治理的自愿合作机制及中国参与策略——以《巴黎协定》第六条为例 [J].天津社会科学，4: 93-99.

特斯拉，2022. Impact Report 2021 [R].旧金山：特斯拉.

田慧芳，2021.中国实现碳中和承诺的挑战与机遇 [J].旗帜，6: 53-54.

田宜水，单明，孔庚，等，2021.我国生物质经济发展战略研究 [J].中国工程科学，23(1): 133-140.

王灿，陈吉宁，邹骥，2005.基于 CGE 模型的 CO_2 减排对中国经济的影响 [J].清华大学学报（自然科学版），12: 1621-1624.

王璐，2022.碳金融标准化建设助力双碳战略——《碳金融产品》标准解读 [J].杭州金融研修学院学报，6: 16-17.

王清勤，叶凌，2019.《绿色建筑评价标准》（GB/T 50378—2019）的编制概况、总则和基本规定 [J].建设科技，4(20): 31-34.

王夏晖，刘桂环，华妍妍，等，2022.基于自然的解决方案：推动气候变化应对与生物多样性保护协同增效 [J].环境保护，50(8): 24-27.

王小翠，2018.我国碳金融市场的 SWOT 研究 [J].统计与决策，34(5): 159-162.

王遥，2010. 碳金融：全球视野与中国布局 [M]. 北京：中国经济出版社．

王镛赫，2021. 我国碳金融产品价格影响因素及定价机制研究 [J]. 时代金融，18:
　　76-79.

王中，元燕，2021. 碳交易机制对金融市场的影响分析 [J]. 开发性金融研究，6: 11-19.

乌力吉图，黄莞，王英立，2021. 架构创新：探索特斯拉的竞争优势形成机
　　理 [J]. 科学学研究，39(11): 2101-2112.

香港联合交易所，2019. ESG 报告指引咨询总结 [R]. 香港：香港联合交易所．

香港联合交易所，2019. 发行人披露 ESG 常规情况的审阅报告 [R]. 香港：香港联合交
　　易所．

肖斌，张衔，2011. 利益相关者理论的贡献与不足 [J]. 当代经济研究，4: 22-26.

徐承红，王旭涛，李俞，2013. 发展低碳经济与就业增长——基于我国 1998—2010 年
　　省级面板数据的实证分析 [J]. 吉林大学社会科学学报，53(3): 40-48.

徐桂华，杨定华，2004. 外部性理论的演变与发展 [J]. 社会科学，3: 26-30.

徐硕，余碧莹，2021. 中国氢能技术发展现状与未来展望 [J]. 北京理工大学学报（社会
　　科学版），23(6): 1-12.

薛汝旦，姚冰格，王珮，2018. 利益相关者与企业绩效的关系实证研究 [J]. 经营与管
　　理，8: 54-56.

杨博文，2021.《巴黎协定》后国际碳市场自愿减排标准的适用与规范完善 [J]. 国际经
　　贸探索，37(6): 102-112.

杨蕙宇，2020. 国内外 ESG 体系的比较 [J]. 企业改革与管理，2: 51-52.

叶飞文，2001. 生态环境与可持续发展的理论认识 [J]. 宏观经济研究，4: 56-58.

易庆玲，2021. 碳中和背景下能源转型与人民币国际化研究 [J]. 福建金融，10: 3-9.

殷红，2022. 银行业服务碳市场的实践与建议 [J]. 现代商业银行，12: 24-27.

余碧莹，赵光普，安润颖，2021. 碳中和目标下中国碳排放路径研究 [J]. 北京理工大学
　　学报（社会科学版），23(2): 17-24.

于贵瑞，牛栋，王秋凤，2001.《联合国气候变化框架公约》谈判中的焦点问
　　题 [J]. 资源科学，6: 10-16.

余娜，2021.《bp 世界能源统计年鉴》第 70 版发布 [N]. 中国工业报，2021-07-
　　13(002).

宛俊，权威，李烨，2021. 汉坤绿色金融系列（一）：奔赴碳交易的星辰与大海．[2021-
　　07-18]. https://mp.weixin.qq.com/s/ULIZf0wGapaDJ4iANrQH0Q.

苑志宏，2019. ESG 投资策略在银行资管业务中的应用 [J]. 中国银行业，2019(10):
　　83-84.

翟超颖，龚晨，2022. 碳足迹研究与应用现状：一个文献综述 [J]. 海南金融，5: 39-50.

张凡，王威，2022. 环境友好型核电厂节地措施研究 [J]. 环境保护，50(11): 52-55.

张锐，2021. 欧盟碳市场的运营绩效与基本经验 [J]. 对外经贸实务，8: 12-17.

张伟，李培杰，2009. 国内外环境金融研究的进展与前瞻 [J]. 济南大学学报（社会科学版），19(2): 5-8.

张希良，黄晓丹，张达，等，2022. 碳中和目标下的能源经济转型路径与政策研究 [J]. 管理世界，38(1): 35-66.

张叶东，2021. "双碳"目标背景下碳金融制度建设：现状、问题与建议 [J]. 南方金融，11: 65-74.

赵立祥，汤静，2018. 中国碳减排政策的量化评价 [J]. 中国科技论坛，1: 116-122.

赵珊珊，2013. 碳金融产品价格特性及风险管理 [D]. 成都：西南交通大学.

智研咨询，2022. 2022—2028 年中国风电行业市场调查研究及发展前景规划报告 [R]. 北京：智研咨询.

中国服装协会，2021. 中国服装行业"十四五"发展指导意见和 2035 年远景目标 [R]. 北京：中国服装协会.

中国化学与物理电源协会，2022. 2022 储能产业应用研究报告 [R]. 北京：中国化学与物理电源协会.

中国气象局，2020. 中国气候变化蓝皮书（2020）[R]. 北京：中国气象局.

中国气象局，2021. 中国气候变化蓝皮书（2021）[R]. 北京：中国气象局.

中国企业论坛，2021. 中央企业上市公司环境、社会及管治（ESG）蓝皮书（2021）[R]. 北京：中国企业论坛.

朱庆，1999. 欧元的实质与国际货币体系新的运行机制 [J]. 上海经济研究，6: 43-46.

庄贵阳，2019. 低碳消费的概念辨识及政策框架 [J]. 人民论坛·学术前沿，2: 47-53.

周宏春，史作廷，2022. 双碳导向下的绿色消费：内涵、传导机制和对策建议 [J]. 中国科学院院刊，37(2): 188-196.

中国人民解放军，2012. 总政治部宣传部. 网络新词语选编 2012[M]. 北京：解放军出版社.

邹才能，熊波，薛华庆，等，2021. 新能源在碳中和中的地位与作用 [J]. 石油勘探与开发，48(2): 411-420.

邹绍辉，张甜，2018. 国际碳期货价格与国内碳价动态关系 [J]. 山东大学学报（理学版），53(5): 70-79.

3D 打印技术参考，2021. 金属和塑料废料皆可回收再利用！3D 打印循环制造链条更加完善 .[2021-06-16]. https://mp.weixin.qq.com/s/x-R3xEz6hNz7NuiNvN9gxQ.

致　谢

　　首先，非常感谢我的家人，是你们对我无条件的爱，让我能够顺利地快速成长。感谢我的妈妈，为了我能高效居家办公，她每天早上八点之前出门上班，晚上回家后陪我锻炼身体，现在家里已经成为我每天能够安静、舒适工作的办公地点。同时，感谢我的爱人罗晞。我很幸运能遇到一个愿意跟我讨论科研的爱人，他常常跟我分享他的投资项目，我也会跟他讨论我的科研课题，我们彼此激励，共同成长。我也要感谢我的爱人罗晞的爸爸妈妈，他们无论是在事业上还是在生活上都给了我非常大的支持，感恩能有如此幸福的家庭。

　　感谢邀请我一起合作出版本书的王爱伟老师。王爱伟老师是我的大学老师，在2012年参加大学科研项目的时候，有幸遇到王老师，在他的指导下，我发表了一篇讨论中国碳市场的文章。非常幸运的是，在2021年，正当我因为移动支付的研究已经相对成熟，想调整研究方向的时候，和王老师一拍即合，我们决定抓住"双碳"的机遇，写作一本关于碳中和的专著。在完成该书的过程中，我对绿色金融有了更加深入的了解，也在早期移动支付的科研基础上，开辟出了新的研究方向。

　　我还要感谢林玉璞老师对我的指导！我和林老师相识于2018年年底，那时候我刚刚毕业回国就业，比较欠缺论文发表和承担科研项目的经验，我甚至对C刊、SSCI期刊等这些词汇比较陌生。感恩能遇见林老师，虽然存在与英国的时差，我们每次开会经常会讨论几个小时。每次从选题、思路框架、数据模型，再到最后成文的每个细节，林老师都无微不至地教会了我很多相关知识，更重要的是让我有了思想上的提升。感恩在我的学术之路上，能有林老师的悉心指导和帮助。

　　最后，我想肯定自2019年工作以来，一直在坚持学习的自己。在这三年的时间里，我通过每次的教学实践，提升了自己的专业知识。同时，勇于探索新的研究方向，不仅出版了学术专著，发表了国内外期刊论文，还创立了个人公众号"珊珊来谈"。希望自己可以坚持热爱的方向，永远生机勃勃、澄澈晴朗、气宇轩昂。

王珊珊

2022 年 5 月 28 日